現代生產管理學

劉 一 忠 著

學歷：國立政治大學國際貿易系畢業
　　　密西根大學企業管理學碩士
　　　奧克拉荷瑪大學企業管理學博士
經歷：國立政治大學教授兼企業管理學系主任
　　　加州州立科技大學講學一年
現職：舊金山州立大學教授

三 民 書 局 印 行

© 現代生產管理學

著　者　劉一忠

發行人　劉振強

出版者　三民書局股份有限公司

印刷所　三民書局股份有限公司

地址／臺北市重慶南路一段六十一號

郵撥／〇〇〇九九九八一五號

初版　中華民國六十六年九月

六版　中華民國七十九年八月

編　號　S 49039

基本定價　現元壹角柒分

行政院新聞局登記證局版臺業字第〇二〇〇號

ISBN 957-14-0269-9 （平裝）

序　言

近代在生產方法和生產技術方面，都有快速的進步，因此工業產品的發展也是日新月異，產品的種類越繁雜，產品的數量也越多，因而生產企業的規模也日漸龐大，以致所面臨的問題更加複雜，其對有效管理之需要也益見迫切，所以企業界——尤其是生產企業——都逐漸覺悟到良好的管理是企業生存發展的重要關鍵。

作者留美讀書及講學期間，曾多次參觀其大企業和大工廠，每次所獲印象最深刻者，厥為偌大之生產機構，各項生產活動之配合銜接井井有條，故能以最低的成本，提供龐大的生產能量，並使其發揮最高的效能，以致消費者可以較低的代價而購得優良的產品，而生產者仍能獲得優厚的利潤，由於民富而使國強，究其原因，主要為管理得法。因此而對各項管理課程益感興趣，曾廣泛涉獵，潛心研習，冀能稍有所獲，以貢獻於國內學術界及企業界，故有撰寫生產管理學之動機。

生產管理之主要目的，係在提高員工的工作效率與提高財物的使用價值。為了達成此等目的，即必須依據最佳的生產政策，決定其生產組織之形態、規模、及能量，然後選擇適當的廠址，建造合宜的廠房，並以最有效的製造方法與製造程序，妥善運用人工、物料、和機器設備等生產因素，線求發揮最大的生產效率，提供最多的優良產品，以期達成「人盡其才，地盡其利，物盡其用，及貨暢其流」的最高經濟原則。俾能減低生產成本，謀求合理的利潤，並承擔適當的社會責任。本書即循此理想而編者之，取材力求淺顯，並多引證事例，以求理論與實務並

重，故本書不但適於作大專商科之教材，亦可供企業界人士之參攷。

　　本書之撰寫及增訂，均蒙韋師仲殷先生及任師維均先生的鼓勵與指導，教澤永懷，益增奮勉。憶在密西根大學 (University of Michigan) 及奧克拉荷瑪大學 (University of Oklahoma) 進修期間，承茂爾教授 (Prof. Franhlin G. Moore)，司夫特教授 (Prof. James D. Scott)，卜勒瑪教授 (Prof. Carl H. Pollmar) 及企昂教授 (Prof. William H. Keown) 等諸師之悉心啓迪，殷切教誨，返國後仍時蒙通訊指導，解惑頗多，銘感亦深。本書排印期間，作者身在國外，幸有研究生蘇瓜藤君負責聯絡並協助校對，特此致謝。作者在國外留學和講學期間及返國任教期間，多賴內子瑞英女士辛勤持家，燈下課子，乃能專心譯述編著，尤感其慰勉之深情與愛護之至意，謹以此書酬答其辛勞焉。

　　近年來管理科學之研究發展突飛猛進，而作者才疏學淺，又缺乏實際經驗，故本書疏漏謬誤之處勢所難免，惟期藉個人歷年研究之心得，抛磚引玉而已，尚祈海內外專家學者不吝賜教為幸。

劉　一　忠　　民國六十七年八月
於舊金山州立大學

現代生產管理學　目錄

第一章　生產政策

第二章　產品設計

第三章　收支平衡分析

第四章　廠址的選擇

第五章　廠房之建築及其附屬設施

第六章　工廠之佈置

第七章　物料之搬運

第八章　工廠之保養與安全

第 九 章　生產控制

第 十 章　品質控制與檢驗

第十一章　統計性品質管制

第十二章　品質管制圖之運用

第十三章　特種品管方法之應用

第十四章　全面品質管制

第十五章　存貨控制

第十六章　成本控制與成本降低

第十七章　企業預算及成本計算

第十八章　作業研究

第十九章　研究與發展

第一章　生產政策

第一節　生產政策的意義

生產企業設立之基本目的在提供價廉物美的產品，透過此一目的之實現，以獲取合理的利潤。自工業革命之後，生產事業多以機器代替人工，因而使產量大增，企業之組織規模也日漸龐大，生產活動更日見紛繁，而且生產程序複雜，所需之原料及設備種類衆多，在此種狀況下，如何才能將有限的生產因素（土地、資本、設備，和勞力）與繁雜的生產活動做有系統的調配，以從事最經濟、最有效的生產，並且要生產優良的產品，俾能謀求較多的利潤，此爲生產企業所應首先考慮的重大課題。故於生產企業籌設之初，即需首先確立有關之各項生產政策，以爲經營管理的準則及營業活動的方針。

生產企業之需要有指導性的生產政策，正如同航海作業之需要有目標及方向盤，否則即如同在汪洋大海中隨波逐流，一遇市場風波其後果將不堪設想。而且現代化的生產企業，其事務千頭萬緒，如果沒有正確的目標，將無所遵循，也無從着手，所以生產企業必須首先確立其基本政策：諸如生產組織之型態及結構，廠房的規模及經濟產量，機器設備之購置與有效利用，工作時間之長短與作業效率，機械化生產之運用與機器停頓時間之考慮，財務的籌措、營運，及調度，所需原料及零件的自製與購買，資產的所有權及取用方式之選擇，以及對季節性營業波動之適應方法等，在在都需要有原則性的政策以爲企業經營活動之指針。

生產政策之設定，一方面能確立達成目標所需要的各項準則，另一方面能使全體經營活動之標準具體而明確。由於生產政策之設定，才能有統籌的指導與有計劃的管理，才可以決定各項相關生產活動之內容、方式，及日程，以確保企業各部門間的聯繫、協調，與互助合作；俾將生產資源作有效的運用，以期發揮最高的效能，所以設立健全合理的生產政策，為企業成功不可或缺的基本條件。

第二節　結合 (*Integration*) 生產

由於時代的進步，科學的昌明，現代工業之趨勢是產品越來越複雜，品質越來越精良，所以分工也越來越細密。一個生產企業為了從事生產，必須購進原料或配件，所買進的任何物品，不管是原料、配件，還是消耗用品，都是其他生產機構的成品。例如棉紡織業所買進的原料棉花，即是棉農的成品；成衣業所買進的原料布匹，即是紡織業的成品。事實上，生產企業所買進的各種原、物料，及零、配件，差不多都可以自己製造，例如棉紡業可以自己經營棉田，並兼營成衣業，此種經營方式即通常所謂之一貫作業。至於從事生產所需之原、物料到底是由自己製造還是買進，則視企業的生產政策及財力而定，如果決定自製則產生結合的問題。所謂結合，係指一個企業操縱兩個或兩個以上作業性質相同或不同，但却相互關連的生產機構之組織型態。此種複式的企業組織，依其結構性質之不同，又可分為三類：即縱的結合 (*Vertical Integration*)、橫的結合 (*Horizontal Integration*)，以及混合式結合 (*Mixed Integration*) 等。茲將各種結合型態之適應性及其功能分述如下：

一、縱的結合 (Vertical Integration)

從生產到銷售的整個過程中，由任何一階段起向前擴展其營業爲自製原料，或者是向後推延其營業爲自營銷售，都屬於縱的結合，在縱式結合中的每一個製造或銷售單位，各自擔任不同的特定職務，分工合作，以達成最佳的產銷配合；所以縱的結合即是在產銷過程中，爲求達成經濟有效的經營，而將前後相關連的異種產業加以結合，也就是俗稱一貫作業的經營方式。例如皮鞋製造廠擁有自己的皮革廠及皮鞋店；又如木器製造廠擁有自己經營的林場及傢具店；再如鋼鐵公司自己採礦、鍊鋼、生產鋼鐵製品，並自設門市部等。

生產企業可以經由縱式結合的組織形態以控制其原料的供應，控制產品的推銷，以及控制研究發展的專利等，玆分述於下：

1. 控制原料的供應

原料的品質及供應價格直接影響產品的品質及生產成本，如果生產企業能夠自己控制原料的來源，卽可依照合理的價格及預計的時間，而獲得合格的品質及所需的數量，以求降低生產成本，保持產品的規格，並可減少因進料過多而積壓資金，或因原料短缺而影響生產等種種風險。

2. 控制產品的銷路

生產企業如果擁有門市部或零售店，直接與顧客交易，則在銷售方面旣能保障其產品之市場，又可以免除中間商的經銷費用，而利於競爭。又因接近顧客，較易瞭解消費者對產品偏好的反應，利於營業之改進。

3. 控制研究發展

一個生產企業要想生存並謀求利潤，一定要時時注意研究改進其生產方法及產品，以求降低生產成本，改良產品之品質，或改進產品之性能，俾適合市場需要。在縱的結合情形下，則能夠依照需要控制各階段

的研究發展，並善加利用研究成果，以謀求較多的利潤。

不過，生產企業的縱式結合使營業風險增大，而且還具有許多不利的因素，茲將其重要缺點列述如下：

1. 需要鉅額資金

縱的結合一定要有充裕的大量資金，以經營各種性質不同的生產事業，否則捉襟見肘，必定阻礙事業之發展；但鉅額資金籌措不易，如果依靠借貸，則利息負擔重大，將增加企業的風險。

2. 經營管理困難

經營一個組織龐大而性質又複雜的生產事業，一定要保持各部門健全，而且要平衡發展，才能有把握立於不敗之地；否則，若其中任何一部門不健全或有調配不當情事，都足以影響整個事業的成敗，機構越龐大越複雜，管理便越困難，管理一個廠地遼濶或分散而又不同性質的複雜企業，誠非易事。

3. 研究發展的費用龐大

據統計 90% 以上的研究發展費用都得不到結果，尤其要從事各種不同性質的研究發展，在營業不景氣的期間，此種費用便成為企業財務上的重大負擔。在自由競爭優勝劣敗的原則下，供應原料或配件的衞星企業單位，必定經營得法，效率卓越，才能生存，各該企業也從事局部的研究發展，向該等企業購買其產品，卽可分享其研究成功的利益，而不必支付其研究失敗的費用，所以，有時向外界買進原料比自己製造也許更合算。

二、橫的結合 (Horizontal Integration)

所謂橫的結合，係指一個生產企業擁有許多製造相同或類似產品的工廠，分設於各適當地區，以求接近原料、市場，或便於轉運，所以橫

的結合即同類產業間的結合,也就是通常所稱之連鎖工廠。例如臺灣製造夾板業的林商號, 於臺北、嘉義、臺南, 及高雄等地, 都設有夾板製造廠。又如臺灣水泥公司在竹東、蘇澳、高雄, 及花蓮等地皆設有水泥製造廠。更顯明的就是臺灣糖業製造公司擁有本省全部糖廠, 臺灣省菸酒公賣局擁有本省所有的菸廠及酒廠, 這些企業都屬於橫式的結合型態。

採取橫式結合的大規模生產企業比較多見, 原因是橫的結合具有以下各項優點:

1. 選擇成本較低處設廠

可依照企業的特性而分散設廠, 以求接近原料, 或接近市場, 或者是接近動力及勞工等, 並且可以統籌計劃就近配送原料和運銷產品, 以減低運輸及人工費用, 俾維持產銷成本於最低。

2. 適合經濟的生產規模

工廠的生產規模太大也不符合經濟原則, 往往由於分工過細或部門眾多,而造成人力或物力的浪費,橫的結合則可考慮實際情形分散設廠,並建立最經濟生產規模的工廠。

3. 專業化產品易求精良

各廠彼此之間也有競爭作用, 各自希望以較低的生產成本推出較優良的產品, 而且集中全力生產單純的一種或少數幾種產品, 技術易求熟練, 利於產品之改良和品質之提高。

4. 便於提供優良的服務

高度技術性產品的應用或操作, 常須技術指導和售後服務, 尤其在同業競爭激烈的情形下, 廠商提供技術服務也是重要的競爭手段。分散設廠, 比較接近顧客, 便於提供週到的服務, 而且也利於推廣業務。

5. 減少意外的災害

工廠過度集中, 容易遭受重大的意外災害, 例如水災、 火災、 地

震、戰禍，及罷工等，而迫使生產全部停頓，甚或資產損失殆盡，故現代的生產企業多趨向於分散設廠，以求將此種意外災害減少到最低限度。

　　像縱的結合一樣，橫的結合若是沒有良好的管理及充裕的資金，經營起來也有許多困難，雖然經營的工廠性質相同，但廠地過於分散，則每因鞭長莫及而不易控制管理。尤其是產品種類單純，對季節性波動的影響非常敏感，如果產品銷售的季節變化顯著，則淡季往往造成財務調度上的困難。

三、混合式結合 (*Mixed Integration*)

　　結合並不僅限於縱式結合及橫式結合兩類，生產企業爲了調濟季節性波動所造成的產銷不均衡，常有運用各種不同性質產品結合的多線生產之情形，例如美國的通用汽車公司 (*General Motor Corporation*) 卽爲一縱橫兼營之企業結合，因其自行提鍊製造汽車所需的鋼鐵，並擁有汽車承銷商，而且在不同地區設有許多製造各式汽車的工廠，所以通用汽車公司實爲一混合式結合之生產企業。在本省者，如臺灣糖業公司在全省擁有許多糖廠，而每個糖廠都有自營的蔗田以種植製糖的原料；並運用製糖過程中產生的廢料製造各種副產品，如糖蜜、酒精、健素、紙漿，以及甘蔗板等，而且還利用蔗渣養豬；更進而利用山坡地種植牧草養牛；甚至還自行設置飼料廠，以製造養牛和養豬的飼料。此種多角經營更是非常顯明的混合式結合。又如大同製鋼機械公司，旣製造電冰箱、電風扇、冷氣機、電鍋、電視機、電錶，及變壓器等電氣產品，又製造馬達、鑽床、鉋床、剪床，及強力壓床等機械產品，而且在全省各主要城鎮都設有大同服務站，以推銷其產品並提供技術服務。又如信東藥廠旣製造各種化學藥品，又擁有自己的玻璃廠，製造各式藥瓶及各種衛生器材。總之，大規模企業組織之結構型態，除了有前述之縱式或橫式結

合之外，尚有本段所述之各種混合式的結合。

　　生產企業的各種組織型態之採擇，其對整個企業之經營重心而言，可能是相互輔助的，也可能是彼此關連的，但企業生產政策之擬訂，必須以對企業的整體營業最有利爲原則。

第三節　原料零件的自製或購買

　　由於市場競爭的激烈化、產品種類的分歧化，以及製造的專業化，生產企業很難（或者不可能）從原料到產品的全部製造過程中一直保持優勢，如果沒有適當的應變策略，則遲早要遭受淘汰，因此而產生原料和零件之自製或購買的決策問題。

　　道理非常顯明，買進的原料或配件越多，所需的機器設備等固定投資即越少，但是賺得的利潤可能也越少。所以，究竟是否從事大規模縱的結合，有正反兩方面的意見。有些情形完全自己製造也確實不合算，譬如一個電晶體收音機製造商，是否應該自製電晶體、線圈、電容器、電阻器、揚聲器、刻度盤、塑膠外殼、人造皮匣，及其他金屬配件？所有的零件都可以自製，也可以向其他廠商購買，究竟自製或購買則應視個別的實際情形加以抉擇，如果自製合算則自製，買進合算即購買。爲什麼買進還會比自製合算呢？因爲有些專業製造商，工作效率高，技術優越，或有專利製造權，所製造的原料或配件可能比較精良，而且售價又較低廉。

　　有些情形自己專業製造某些有專利的或技術性的原料和零件，而買進其他次要部分。有的廠商爲穩重計，對某些項目，自製一部分，買進一部分，如果自製合算則多製，如果買進合算則多買，如此則供應來源比較有把握，不會受偶發事件的影響。通常自製原料或零件比買進的利潤要高，既然如此，而自己又能製造，爲什麼還要買進，其原因可歸納

為以下幾點:

1. 在旺季時定單太多, 為了趕工生產, 所需要的原料或零件太多, 因受機器設備的生產能量所限, 無法全部自己製造。

2. 兩種供應來源較為穩當, 尤其對難以製造的項目, 縱然有一個來源停止, 也不至於影響生產。

3. 由於供應商價格的競爭, 低廉的買進價格可以促使生產企業對自己製造的成本提高警覺。

4. 專業化製造商所提供的產品可能品質比較優良, 價格也比較低廉, 比自己製造更有利。

生產企業對所需之原料或零件自己製造而又同時買進則有以下幾項缺點:

1. 減少了企業內部及外界供應廠商兩方面的產量, 產量少則提高單位生產成本, 對兩方面都不經濟。

2. 既然自製就要增添生產設備, 若不能充分利用便形成浪費, 而且買進又需要另外的搬運及存儲等設備, 增加固定費用。

3. 不同來源之物料或零件所製造的產品, 其品質很難完全一致, 容易造成產品規格不合等情事。

4. 增加對其他廠商的依賴性, 易受其壟斷操縱, 以致對生產成本之預算不易控制。

原料、零件, 及消耗品之自製或買進政策, 也受所需費用多少的影響, 例如大鋼鐵廠都能製造其辦公室用的廢紙筒, 但因每年所費不過數十元或數百元, 實在不值得自己增添一套設備和增加許多麻煩, 假如所花的錢數後面再多幾個零, 則將有不同的決策。自製而又買進的政策也常視工作的負荷量而定, 若是旺季非常忙碌, 則將部分超額定單委託其他廠商製造, 生意清淡時則可全部自製, 這種辦法也可以調濟淡旺季節

的作業使其平衡。通常多將簡易的工作委託外界廠商，一方面比較容易尋求供應商，另一方面供應廠商也不會因工作難以完成而誤時，或因品質不合而誤事。假若本廠對製造某項原料或配件技術上有困難，或成本偏高，則將該項困難工作委託出去。

基於以上的瞭解，生產企業的決策當局於決定原料或零件之自製或購買政策時所需考慮的問題，可歸納為以下幾項原則：

1. 權衡自製或購買的比較成本，取其長期較低者。

2. 現有員工的技術水準及機器設備的性能是否適合承擔自製。

3. 現有機器設備的負荷能量如何？是否尚有剩餘生產力。

4. 如需添置專用機器，其固定費用與報酬率比較是否合算？

5. 製造技術及型式設計之秘密程度如何？其他廠商是否已獲得專利？

6. 可能負擔季節性、週期性，及其他市場風險之程度。

7. 供應廠商之可靠性如何？務求避免誤時誤事延誤生產。

8. 供應廠商是否為獨佔？其對供應市場之壟斷程度如何？務求避免受供應者之操縱壟斷。

9. 供應商是否也是本廠產品的顧客？雙方是否有互惠條件？物料及配件之自製或者買進的政策，對於某些個別項目可能為臨時性的，可視實際情況之變移而隨時改變。但對於大規模縱的結合，則屬永久性不容許輕易變更的決策。總之，原料或零件之自製與買進，其決策應以能為企業謀求最大利潤為原則。

第四節 設備的運用及作業效率

一、機器設備的有效運用

一個小型工廠若將機器設備畫夜不停的作業, 稱爲充分利用 (*Intensive Use*), 例如實行兩班制或三班制。一個較大規模的工廠, 機器設備通常每天只操作一班, 稱爲正常利用 (*Extensive Use*)。一個工廠如果每天只工作八小時一班, 大約需要有三倍大的廠房設備, 才能與全日三班制作業之工廠製造相同數量的產品。

除非生產過程需要每年 365 天, 每天 24 小時連續不斷的作業, 如鍊鋼業及玻璃工業等, 大多數的生產企業, 每天可以作業 8 小時, 或16小時或者24小時。同樣的每週可以作業 5 天、 6 天, 或者 7 天。如果製造一定數量的產品, 工作時間越短, 廠房及機器設備便需要越多。一般的觀念總認爲, 經營一個小型的工廠, 加長工作時間, 以充分利用其設備比較經濟有利, 因爲可以減少單位產品的固定成本及間接成本。但事實上, 如果財力許可, 仍以經營一個適當規模的工廠, 每週作業 5 天至 6 天, 每天作業 8 小時較爲經濟。

雖然一班制作業比一天三班制作業需要較大規模的工廠, 而每單位產品的機器折舊費用, 兩種情形下大致相同, 三班制作業使一部機器的生產能力等於一班制中三部機器, 但是一部機器每天作業24小時, 其使用年限却將縮短爲每天作業 8 小時的三分之一, 所以經過相當期間, 機器的耗損比率仍然相同。

許多間接費用, 例如廠房折舊、保險費、稅捐、投資利息, 以及機器廢舊 (*Obsolescence*) 的損失等等, 當小工廠充分利用時是會減少的;

但三班制作業的缺點却往往大於以上的優點，因爲不但需要支付第二班及第三班員工較高的工資，而且這兩班工人的工作效率較低，以致每單位產品的人工成本增高。如果星期天加班，其人工費用更高，且因工作時間太長，其工作效率將更低。

一班制每週作業 5 天或 6 天，對於設備的維護，較每天三班制每週作業 7 天爲容易，因爲許多修護保養工作都可以在作業時間以外來做，而不致影響正常作業。而且一班制作業的工廠當需要趕工生產時，因爲不必擴充廠房及設備，可以擴大作業而不需增加太多間接費用；假若廠房及機器設備已經晝夜24小時不停的充分利用，便無法再行加班趕工。

有些生產企業將工廠中的部份設備充分利用，其餘部份則保持正常的利用，卽購買小量的昂貴機器，每天作業兩班或三班，而其他機器則從事正常作業。至於究竟如何經濟有效的利用設備，則因生產企業的性質、財力，及經營政策而定，兩者權衡比較各有利弊。

二、工作時間與作業效率

在正常情形下，每個人一星期中工作的時間越短，每小時的平均工作效率越高，但是工作時間由每週48小時再減少，所能引起每小時增加的平均工作效率卽很微少，若繼續減少至每週40小時以下，每小時的工作效率卽不會再增加了。所以美國現在所採行的每週工作40小時的制度，對美國的人工成本及生產效率來說，算是最經濟的生產政策。假若以每人每週工作 40 小時的生產效率爲基數 (100%)，如果將工作時間延長爲每週 48 小時 (120%)，工作時間增加了 20%，總生產力却只能增加16%—18%，若是將工作時間延長爲56小時，所能增加的總生產力將更少。也就是說，工作時間越延長，工作效率越低落，根據試驗的結果顯示，每週工作 56 小時，由於工作時間太長而過份疲勞，每小時的工作

效率，將減爲每週工作 40 小時之每小時效率的 80% 至85%。因此，工作時間增加 40%，總生產力却可能僅增加 20%，所以仍以每週工作 40 小時，每單位產品的人工成本爲最低，茲舉例說明如下：

假如某工廠每週每人工作40小時，每小時完成 100 件產品，每週共製 4,000 件，每小時工資率爲 $5.00，則每週直接人工成本爲 $200，即每件產品的人工成本爲 $ 0.05。若工作時間延長爲每週 48 小時，每小時（連原來的 40 小時）的產量將減少 2 %，即每小時的產量爲98件，每週 48 小時將完成 4,704 件，通常超時工資 (*Overtime pay*) 爲正常工資的150%，增加了 8 小時的工作時間,將增加工資$60.00($7.50×8)；60 元的直接人工成本所增加的 704 件產品，每件爲 $0.085，比每件 5 分增加了70%的人工成本。若將工作時間再延長,增爲每週56小時,可能期望的工作效率，將爲原來的85%，每週產量則爲 85×56＝4,760 件。如果星期日工資加倍 (*Double pay*)，工作時間增加16小時，將增加工資 $140.00($ 7.50×8＋$ 10×8)；140 元的直接人工成本，增加了 760 件產品，每件的直接人工成本爲 $0.184，比原來每件 $0.05增加了 3 倍半以上，即爲原來直接人工成本的 368%。

更重要的是工作時間加長之後，由於工人過度疲勞，將增多意外事件，工人的缺席率也必因此而增加，所以夜班的生產成本較日班爲高，分析其原因約有以下幾點：

1. 夜班的工質率較高，增加人工成本。
2. 夜班的缺席率也高，往往影響生產進度。
3. 夜班的離職率更高，人事變動頻繁，影響技術之熟練。
4. 夜班的生手較多，工作不熟練，瑕疵產品較多。
5. 夜班的工人精神疲倦，工作效率低落。
6. 夜班的意外事件較多，增加額外費用支出。

　　總括以上幾點，可知超時的工資較多，但生產效率較低，因此，除非有特別需要，仍以正常工作時間，每週工作五天或六天，每天工作八小時，人工成本最低，較合經濟原則。所以，生產企業的決策主管，在爲企業謀求最大利益的前提下，於厘訂生產政策時，必須考慮及此。

第五節　　自動化作業之考慮

一、自動化 (*Automation*) 生產

　　由於工業化的結果，使社會的財富增多，國民所得因而增加，對產品的需求量也相對的增加，因此產業界必須採用機械化生產，方足以大量供應。所以許多從前的手工製品，現在都採用機器生產，以往的機器產品，則現在多應用更新的自動化機器生產，效率旣高，產品又好。時下除了少數必須以手工製造的產品外，工業界已普遍採用自動化機器生產，分析其原因，主要有以下幾項：

　　1. 時代潮流的演進，市場需求量增多，而工資又日漸上升，所以唯有實行機械化及自動化大量生產，才合乎經濟原則。

　　2. 自動化機器生產分工專業，技術單純精良，旣可提高產品的品質，又能減低生產成本，有利於同業間之競爭。

　　3. 自動化機器生產使工作標準化、簡單化，減少工作技巧，可減少訓練員工的費用，並減低人工成本。

　　4. 在工業化的國度內工資昂貴，機器節省人工，尤其在機器使用期間內工資上漲時，將更減低生產成本。

　　5. 機器的使用年限往往比預計的要長，預提的折舊費用旣減輕初期的稅捐負擔，而且還多保留了運用資金。

但是添置機器設備需要大量資金，對一個生產企業來說，決定自動化作業乃是重大的決策，雖然自動化可以減少變動成本，但却增加了固定成本。而且所節省的變動成本，通常三、五年內無法抵銷增加的固定投資。所以是否採用自動化機器生產，常視以下幾項因素而定:

1. 決策主管的觀念

自動化生產需要投下大量固定資本，因此而增加許多固定費用，而且對未來市場之預測又未必有把握，若是決策主管保守，便不肯冒險購買大量機器，以免增加企業之風險。

2. 對未來市場之預測

如果預測未來市場樂觀，營業將趨於興旺，企業家必多勇於從事自動化生產，因為大家都期望機器裝置後能有足夠的營業，以免機器閒置增加虧累。

3. 預期投資報酬

企業家總希望將資金作最有效的運用，俾獲致最大利潤，因此，任何一項投資都需要考慮其資本的報酬率，所以未來市場縱然樂觀，利潤是否優厚也需要慎重考慮; 否則，自動化將因積壓大量資金而影響其他有利的投資。

二、機器停頓時間 (*Machine Down-time*)

圖 1-1 所示之四部機器，係表示製造某種產品之四個不同性質的作業過程，當各別作業時，每部機器都將經過製造的產品，由斜槽滑落到搬運箱裡，箱子滿了則由工作人員倒進下一部機器的儲料槽 (*Feed Hopper*) 裏，繼續加工，以迄製造完成。

圖 1-2 係用輸送帶 (*Conveyor*) 將四個製造過程的機器連接起來，每部機器都將經過製造後的產品滑進輸送帶裏，再由輸送帶直接送進下

圖 1-1　未裝輸送帶前之連續作業

一部機器的儲料槽裏。此種全自動的生產方法，既可節省人工，又免除
生產過程中的在製品存貨，更可避免意外損壞。

圖 1-2　裝設輸送帶後之生產線

此種在生產過程中自動輸送的連續作業程序，並非是盡善盡美的，
因為在作業時間內每部機器都可能發生故障，機件也會磨損，或者需要
保養和調整，而致機器停頓。當機器各別作業時，各部機器之間都儲存
有部份原料或在製品可供短時利用，所以一部機器的停頓很少影響其他
機器的作業，假定每部機器的停頓時間約為 10%，則這組機器的利用率
可達90%。

假定將該組機器用輸送帶銜接，而改變為自動化連續作業，其中任何
一部機器故障停頓，生產線上的其他機器都要停止，否則原料不繼也在空
自運轉；因此，這組機器的利用率僅為 $\cdot 9^4 = 66\%$。實際上，利用率可能
略高於 66%，因為每部機器的儲料槽裏都會有少許原料或在製品可供暫
時使用，所以某部機器短暫的停頓，也許不會影響到其他機器的作業。

自動化和近於自動化的生產過程中，多將機器連接為一貫作業的生
產線，但是機器連接後可能會減低使用時間，反而不利；因此，究竟應
否將機器連接為自動化的生產方式，則需加以精確的計算，譬如圖 1-2

裏，取消了各部機器之間的原料搬運箱，假定可以減少在製品存貨的投
資 $600, 節省搬運的人工費用每年約 $1,000, 輸送帶的裝置費$1,000;
因此，第一年將節省 $600，此後每年都可節省 $1,000。如果只從節省
的一方面看，當然很合算；但是還需要考慮機器的停頓時間。以往，機
器的利用率爲 90%， 而現在却只有 66%， 所損失的 24%利用時間，
每部機器每年約 500 小時（爲計算方便，係假定每週工作 5 天，每天工
作 8 小時，每年 52 週，則每部機器每年可工作 2,080 小時，該 2,080
小時中的 24% 約爲 500小時），四部機器總共爲 2,000 小時。假定每部
機器每小時的作業價值爲 $2.00，因此，每年將蒙受損失 $4,000。這
樣比較起來，除非能減少因自動化連續作業而引起的機器停頓時間；否
則，何必將機器銜接連續作業。所以各式的自動化設備，都需要機器零
件精確耐用，否則其中任何一點故障，都會引起很大的損失。但是，如
果自動化生產能節省更多的人工成本和在製品存貨的投資，假定可以減
少在製品存貨的投資 $1,600，每年可減少人工搬運費$12,000，卽節省
的費用遠超過機器停頓的損失，自然以連續的自動化作業較爲有利。

第六節　經濟產量

所謂經濟產量(*Economic Lots*) 係指能使產品的存管成本(*Carrying
Cost or Holding Cost*) 與籌製成本(*Set-up Cost*) 維持均衡，而又能使
兩者的總和爲最低的每批生產數量。如果實行存貨生產，產品的製造是
繼續不斷的,在某一段期間（一週或一月）之內,應該生產多少最經濟？
如果產品是間歇性的成批製造，則每批應該製造多少最經濟？到底應該
批數多而每批數量少？還是應該批數少而每批數量多？必須有個適當的
政策作爲準則。因爲每批或每個期間製造數量的多寡，影響產品的單位
生產成本，決策主管總希望維持產品的籌製成本於最低，而存管成本又

不太高; 為了要確定最有利的生產政策, 卽必須研究最經濟的生產數量。

存貨控制模式是為了使維持存貨的存管成本與籌製成本或籌購成本 (*Ordering Cost*) 之總成本於最低。 本節所討論的是經濟生產批量, 所以總成本中只包括存管成本和籌製成本。由此可知, 本節所指的存貨總成本, 不同於成本會計中所謂由直接人工＋直接物料＋間接製造成本所構成的總成本。

一般的觀念或許會認為, 在機器生產的情況下, 每批或每個期間製造的數量越多, 產品的單位製造成本越低, 縱然加上存管成本, 其總成本亦將因而降低。其實並不盡然, 因為產量必須與銷售量配合; 否則, 每批或每期間的產量越多, 存貨的費用也必定增加, 例如資金的利息負擔、 保管費、 倉儲費、 保險費, 以及過時廢舊的風險等費用越多。但每批的產量若很少, 卽需經常轉換生產, 則籌製成本 (例如調整機器設備、 重新設計圖案, 以及調動技工等費用) 又可能增加; 因此, 轉換生產的籌製成本與存管成本兩者均衡而又能維持總成本最低的產量, 卽為

圖 1-3 經濟批量圖

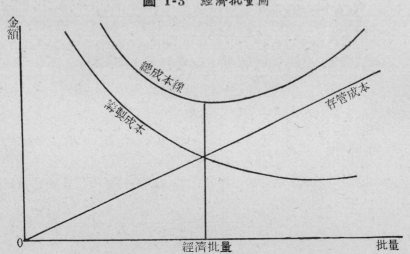

所求之經濟生產批量。如圖 1-3 所示，產量超過此點，所增加的存管成本要多於能減少的籌製成本；產量低於此點，則增加的籌製成本要多於因此而能減少的存管成本。

事實上，根據已知條件及可能獲得之計量資料所求得之總成本曲線上的經濟產量點，只是個近似值，並不是 100% 的確切。由圖 1-3 中也可以看出總成本曲線在經濟產量點（可以計算出的合理產量）附近比較，因此在增減 5% 的範圍內，其對總成本的影響將很平潤少。

計算經濟產量的公式：

為了便於計算經濟生產批量，先列舉代表各項有關因素的符號如下：

設　　X＝經濟批量

　　　　S＝每次轉換生產的籌製成本

　　　　A＝平均年產量

　　　　C＝每單位產品的生產成本

　　　　R＝單位產品的存管費率

則　　　　A/X＝每年生產的批數

　　　　$X/2$＝平均存貨量

每年的總成本　　　　　$TC = SA/X + RCX/2$

上式經一次微分之後得　$dTC/dX = -SA/X^2 + RC/2$

設　　　　　　　　　　$dTC/dX = -SA/X^2 + RC/2 = 0$

即　　　　　　　　　　$-SA/X^2 + RC/2 = 0$

上式經演化後得　$X = \sqrt{\dfrac{2SA}{RC}}$

X 所代表的數量即成本最低的生產量，將上式各符號所代表的有關數字代入則

$$經濟產量 = \sqrt{\dfrac{2 \times 平均年產量 \times 每次的籌製成本}{單位生產成本 \times 存管費率}}$$

由以上計算經濟批量的公式可知，經濟產量之多寡直接受平均年產量及每次轉換生產所化費用多寡之影響；並受單位生產成本及費率高低之相反影響。

茲假定生產某項產品的各項有關資料如下，試求其經濟產量：

平均年產量　　　　　　　　200,000

每次籌製成本　　　　　　　$216

單位生產成本　　　　　　　$20

存管費率　　　　　　　　　12%

$$X = \sqrt{\frac{2 \times 200,000 \times 216}{20 \times \cdot 12}} = \sqrt{\frac{4,320,000}{\cdot 12}} = \sqrt{36,000,000}$$

$$= 6,000 \text{ 個單位。}$$

根據以上計算的結果，顯示該項產品宜每年生產33批（200,000/6,000），每批生產 6,000 個單位，若爲連續生產則每旬（365/33）生產 6,000 個單位，可望保持籌製成本與存管成本均衡，而又使總成本最低。

第七節　適應季節性變動

商業術語中之季節性變動，係指某種產品的銷售量因季節的變化而發生之波動。引起產品銷售量發生季節性波動的原因主要爲氣候與習俗，所以季節性波動的特徵是：多於每年之固定期間重複發生，而且每年在變動中銷售量增減之比率甚爲接近。

反映經濟循環之長期性商業波動，非個別生產企業所能控制，有時甚至無法確切預測，但季節性的營業淡旺波動却是可以預期的，而且要能設法防範或適應，所以儘管有季節波動，企業仍然需要維持穩定的生產。否則，在營業旺季擴充生產設備，趕工生產，以應付大量訂貨；而

在淡季則部份設備將閒置不用，即形成浪費，不合經濟原則；而且在員工之雇用方面，也不可能隨意的呼之即來揮之即去。經營企業的最基本要求是謀生存與求發展，而季節性的營業波動又是不可避免的自然現象，一個企業如果不能適應並控制此種波動，在自由競爭的經濟制度下，遲早會遭受淘汰。所以，如何適應季節性變動是企業謀生存與求發展所應制訂的基本對策。

由生產之觀點看，能維持穩定的生產固爲上策，但是，銷貨若是不規則的，或者有顯著的季節性波動，除非願意保留大量存貨，否則無法維持穩定生產。茲以汽車製造業爲例，說明維持穩定生產的困難，勢必壓積鉅額資金，並因而增加企業的風險。在秋末及多季爲汽車銷售的淡季，美國通用汽車公司 (*General Motor Corporation*) 的雪佛蘭 (*Chevrolet*) 廠，爲了保持穩定生產，從十月至來年三月每月也要生產 70,000 多輛汽車，到三月底則將有 300,000 輛以上的存貨，即使每輛 *U. S.* $2,500，也將積壓資金 $750,000,000，而且需要多大的停車場才能容納這麼多存貨。

存貨太多除了增加財務負擔外，還要冒市場不景氣的風險。假如春季汽車的銷路不佳，仍需立即減產，縱然停止生產也要幾個月才能出清存貨。由此可知，此種性質的企業，一旦估計錯誤，很可能有導致破產的危險。沒有一個企業能夠確切預測未來的銷售量，所以，累積存貨的成本及堆積存貨的場地等種種限制，使企業在銷貨不規則時很難維持穩定生產。但是企業必須有適當的政策以應付季節性變動，並調節生產進度正常化，通常採用的辦法有以下幾項:

1. 儲存過剩產品

如果產品的銷售量有顯明的季節性變化，但未來的市場銷路能有相當把握時，即可於淡季儲存生產過剩的產品，以待應付銷售旺季的需求。

2. 延長購買季節

若消費者有季節性的購買習慣，則設法改良產品的功能或改善推銷計劃，以緩和季節波動或延長其購買季節。譬如冷氣機之改良爲空氣調節器即消除了銷售的季節波動。又如電冰箱可於秋冬兩季改善廣告或改進推銷方式（例如附贈其他產品或給予價格折讓）以延長其購買季節。

3. 刺激購買需要

在淡季可設法刺激消費者的基本需要 (*Primary needs*) 或衝動式的購買動機（限于有剩餘購買力的社會）。例如製造戶外運動器材之廠商，可利用推銷活動，刺激消費者假日多參加戶外運動，不但春秋季節適於戶外運動，夏季可舉辦划船及滑水比賽，冬季則提倡滑雪溜冰。先刺激愛好戶外運動的基本需要，再刺激消費者的選擇需要 (*Selective Demand*) ──即選擇廠商或品牌等。所謂衝動式的購買，即未經事前計劃的購買，例如消費者原計劃購買 *A* 商品，但在店中偶然發現 *B* 商品的包裝或標籤更美觀更新穎，而臨時決定購買 *B* 商品。

4. 遲延交貨時間

假如不會因遲延交貨而影響商譽，或者不會喪失交易，則可於旺季保留部份定單延至淡季交貨。

5. 從事多線生產

即生產淡旺季節不同的數種產品，以調節營業的波動，並分散營業的風險，例如夏天是電暖器和電火鍋的銷售淡季，却是電風扇、冷氣機，及電冰箱的旺季。

6. 實施工作調換

對於新進的的員工可以採取各部門輪調的在職訓練方法，使員工對有關部門的工作都能熟悉，在營業發生季節變動或有週期性波動時，可將閒散的員工調換工作。對於數目眾多的半技術工特別適合此種改調工

作的方法。

7. 調整工作時間

在旺季時延長工作時間爲二班制或三班制，甚至每週工作六天或七天；而在淡季則可以縮短作業時間爲每週四天，或者每天只工作六小時一班。

8. 雇用臨時員工

在旺季營業繁忙時可以增僱臨時員工，俾便在營業淸淡時容易裁減或遣散，而不受工會或法規的限制。

9. 委託他廠承製

在旺季時若定單過多來不及趕工，可將部份定單或某些零件及配件委託或轉包給其他廠商承製，淡季時則由自己生產。

以上各種方法得視個別情形而加以靈活運用，一種方法也許不能單獨奏效，而且也不可能有一種方法能適用於各種不同場合，例如製造多線產品固然可以調節企業的財務困難，但不能解決員工的增減問題，因製造甲產品的技術工不一定能勝任製造乙產品，不過若數種方法配合運用，互相輔助，大致可以調濟因季節性波動而引起之產銷不平衡的困擾。

第八節　資產的所有權 (*Ownership*)

生產企業通常都擁有經營其事業之一切資產，其實對所需要的一切資產都具有所有權並不是必須的，例如廠房、機器，甚至物料等資產都可以用租賃或賒欠等方式取得使用權，而不一定爲公司所有；至於是否要擁有該等資產，亦因企業的經營政策及財務能力而定。茲以廠房、機器設備、存貨，以及應收帳款等重要資產爲例，將其利弊分述如下：

一、廠房 (*Buildings*)

許多企業的辦公室及營業店面都是租賃的，同樣情形，一個生產企業尤其是初創的企業也可以租用廠房以從事生產。大城市裏都有許多位於市區或市郊的廠房，可以依照需要的面積租用，甚至還可以利用原有的機器設備，而且廠房及附屬設備的維護也可以由房東負責。租賃的廠房雖然可以減少對固定資產的投資，但是也有以下幾項嚴重的缺點：

1. 出租的廠房大多過於陳舊，而且不一定完全適合需要，如果勉強遷就，則日後可能發現許多不利的因素。

2. 附屬設備可能陳舊過時，效率及精確度較差，不但在生產過程中可能浪費物料，亦將影響產品的品質。

3. 有些間接費用如保險費及修理費等可能較高,此種間接費用支出,亦將增加經營的困難。

4. 廠房既不屬於自己所有，而且受租約的限制，不便修改或擴充，甚至有些廠房也根本沒有擴充的餘地，故有礙企業之發展。

5. 如果營業情況良好，則房東可能以不准延長租約為要脅而要求提高租金，故租金及租期都不能確定，如果營業蕭條則要受租約的限制，縱然停業也需要照付租金。

針對上述租賃廠房的缺點，美國近年來盛行一種「租回 (*Lease Back*)」的辦法。卽企業機構可將依照生產的需要而設計之廠房，建造完成後賣給保險公司或其他信託機構，同時再簽約將原廠房租回來使用。聽起來顯得不合道理，但事實上對於急需資金週轉擴充的生產企業却非常有幫助。因為租用廠房所支付的租金是免稅的營業費用，而且非營業性的出賣廠房等生產財所得的收入不付所得稅，並可加以運用或轉作其他投資，尤其是租回的廠房比用其他方式租來的廠房符合實用。

二、設備 (*Equipment*)

除了土地及廠房之外，製造業的資產大多自有，尤其是機器設備很少有租賃的情形，但是現代生產企業都普遍的採用分期付款的方式買進機器設備，尤其是昂貴的重機械，往往耗資鉅大，很難一次將價款完全付清，在價款未付清之前，機器設備的所有權仍然屬於賣方。有些機器設備也可以租用，並且還附有選購權 (*Option*)，卽一旦決定買進時，以往所付出的租金也可以折算買價的一部份。譬如電腦及其附屬設備大都是租用的，這樣既可以減少固定投資，又可以減少設備過時廢舊的損失；而且租用的機器仍然由出租的廠商負責修理保養，當然租金費用也很高。

三、存貨 (*Inventories*)

通常存貨都是屬於製造業所有，但是在資金缺乏時，也可以向原料或者零件供應商訂定六十天或九十天的付款條件，等將原料或零件製成產品出售後再付價款；假定生產企業的信用良好還可以向銀行或其他金融機構貸款購買原料或零件。尤其是用製成品的存貨作抵押向銀行借款，在產業界也是非常流行的資金週轉方法。經過抵押或未付清價款的各種存貨，其所有權並不完全屬於該企業。

四、應收賬款 (*Accounts Receivable*)

應收賬款也是工商企業流動資產中的主要項目，在債務人按約付款之前只表示企業對該賬款之合法債權，但是在迫切需要資金週轉時，也可以在應收賬款到期之前持向金融機關貼現 (*Discount*)，此種貼現後的應收賬款卽非該企業所有，而且還由債權人轉變爲債務人，如果其前手之債務人一旦違約失信或喪失償債能力，該企業對貼現之賬款卽負有償

還之義務。

第九節 減輕稅捐負擔

營利事業所得稅及其他臨時性的稅捐，對企業的利潤影響至深且鉅，因此，只要在合法的範圍內，生產企業為了能夠維持生存和謀求利潤，不妨力求減輕稅捐負擔，茲將對生產事業納稅額影響較大的事項如折舊之計提、維護和修葺費之支用，以及研究發展費用之預算等列述如下：

一、折舊 (*Depreciation*) 費

工廠的廠房及機器設備等固定資產，經過一段期間之後，由於自然的耗蝕或者由於使用的耗損，其效能及價值都在逐漸減低，生產企業在維持繼續營業的狀態下，即須每年由收益中提出部份利潤，以沖銷設備費用，並求能繼續不斷的汰舊換新。生產事業依機器設備之耗用比例，而計提盈利以沖銷舊資產或更新設備，在會計處理上之科目名稱為折舊。折舊費用大多依機器設備之耐用年限長短而作合理的計提，故預計機器之耐用年限宜力求正確，惟歐美工業界大多傾向於採用加速折舊的方法，儘早計提完畢。不同的折舊方法，每年計提的折舊額各不相等，折舊額之多寡又直接影響到該期的盈利額，而盈利額又為課稅的依據。而且不同的折舊方法亦關係折舊額之多提少提以及遲提或早提的問題，所以採用的折舊方法必須事前獲得稅捐稽征處的認可。我國商業會計法第卅九條規定「固定資產應設置備抵折舊科目，折舊方法以採用平均法、定率遞減法，或工作時間法為準，……」。茲將工業化國家生產事業常用的折舊方法簡單介紹如下，以便參考採擇：

1. 平均法亦稱直線法 (*Straight-Line Method*)

平均法為最簡易的計提折舊方法，即將機器的耗損值（成本減殘值）除以期望的耐用年限即得。

例一 某企業新添機器的購置費 $20,000，該項機器預計可能使用十年，使用後的殘值約爲 $2,000，依平均法每年應提之折舊額如下：

$$每年折舊額 = \frac{\$20,000 - \$2,000}{10} = \$1,800$$

此法之理論根據係認定機器設備之耗損率各會計期間大致相同。實際上，採用直線法計提折舊的大規模企業，通常多將機器設備依耐用年限長短分組，如五年、十年、十五年等等，耐用年限相同的一組歸入一個總賬戶，譬如每買一套耐用年限爲十年的機器，即將其買價加到耐用年限爲十年的一組賬戶之總額內，每年冲銷總額的十分之一，爲該年度的折舊。採用平均法計提折舊，則固定資產的賬面價值，每年依其折舊額等量遞減，但折舊之累積數額則依等量而遞增，若將此兩種等差級數之變化關係以座標連續表示之，兩者皆爲直線，故平均法又稱爲直線法。

2. 工作時數法 (*Working-Hour Method*)

工作時數法係基於每會計期間機器設備之使用時間並不相等，故其耗損率也不相同，所以不應該以預計的耐用期數計算，而應以預計的工作時數計提折舊。

例二 預計前項機器可能使用之總工作時數爲 20,000 小時，本會計年度實際工作 1,600 小時，依工作時數法本年度應計提之折舊額如下：

$$本年度折舊 = \frac{\$20,000 - \$2,000}{20,000} \times 1,600 = \$1,440$$

此法多適用於間歇性的生產作業，因各會計期間之開工時數不等，工作時間長則機器耗損多，即應多提折舊費用以符合費用均衡法則。否則，即增加該期間的課稅額，徒增稅捐負擔。

3. 定率遞減法又稱餘額遞減法 (*Double-Declining Balance*)

餘額遞減法即每年計提該項機器期初賬面價值的某一定額百分比作爲折舊。採用此法時，機器的賬面餘額將永遠計提不完，但如果估計正

確，於機器的耐用年限終了時，其賬面餘額大約相當於殘值。否則，亦可於機器的耐用年限接近終了的幾年，再改用直線法以計提完畢。

　　例三　某項設備的購置價格爲 $20,000，預計可以使用十年。依餘額遞減法，每年以賬面價值的20%計提折舊，其每年的折舊額如下：

$$第一年　$20,000×20\%=$4,000$$

$$第二年($20,000-4,000)20\%=$3,200$$

$$第三年($16,000-3,200)20\%=$2,560$$

$$\vdots$$

$$第十年　$2,684.35×20\%=$536.87$$

第十年底賬面餘額爲 $2,147，大約相當於殘值。

　　餘額遞減法在起初幾年加速計提折舊，以後逐年減少，其理論上的根據係認定新設備的生產效能高，應該多負擔折舊費用，機器逐漸陳舊，其效能卽逐年遞減，而且新機器之修理費用低，故起初宜多提折舊，以符合費用均衡法則。尤其是價值昂貴的重機械比較適於採用此法，在起初幾年可以計提較多的折舊，以免機器於耐用年限終了前因淘汰或廢舊而蒙受損失，故頗能符合會計上的穩健原則。更重要的是初期多提的折舊旣增加運用資金 (*Working Capital*)，又減輕稅捐負擔。至於計提折舊的百分比並沒有最低限額，須視預期耐用年限而定，用18%或15%等皆可，但最高額不得超過直線法的一倍，所以在例三中折舊率不得超過20%，此卽英文原名 *double-declining* 的起因。

　　4. 年數合計法 (*Sum-of-Years Digits*) 或等差遞減法

　　年數合計法卽以機器耐用年限的各年度數字和爲分母，以該年度機器的可用年限爲分子，每年以不同的分數乘機器的耗損值（設置成本減殘值），依機器效能的遞減而比例計提折舊。

　　例四　某項機器的設置費爲 $20,000，殘值約爲 $2,000，預計可

以使用十年，依年數合計法計提折舊其方式如下：

耐用年限數字和＝1＋2＋3＋4＋…＋10＝55

第一年　（$ 20,000－2,000)$\frac{10}{55}$＝$3,272.73

第二年　$18,000×$\frac{9}{55}$＝$ 2,945.45

$\vdots$

第十年　$18,000×$\frac{1}{55}$＝$327.27

　　此法與餘額遞減法的目的及效果大致相同，早期多提，逐年依攤提率遞減。而且每年的折舊額成等差遞減，最後一期的折舊額恰好等於每期遞減之差額，故又稱爲等差遞減法。如果預計正確而機器又有殘值，則最後一期計提完畢時，賬面餘額約等於殘值。

　　一個生產企業的機器設備及廠房等固定資產，通常多佔該企業總資產額的半數以上，故每年的折舊額數目龐大，而折舊之計提又直接影響當期的盈利，卽多提折舊則減少盈利；反之，則盈利增多，而盈利之多寡又爲課稅的依據。有些折舊方法在起初幾年加速計提折舊，卽可少納營利所得稅，所以不同的折舊方法課稅額卽不相同，每期所能保有的可用盈餘數額亦不相同。我國五五年公佈的所得稅稅率條例第五條規定「營利事業所得稅起徵點，課稅級距及稅率如下：（一）營利事業全年所得額在五萬元以下課征 8 %，不及一萬元者免征。（二）超過五萬元以上至十萬元者，就其超過額課征 14%。（三）超過十萬元以上者，就其超過額課征 18%（四）超過二十五萬元以上者，就其超過額課征25%。」玆舉例說明不同的折舊方法對課稅額之影響。

　　例五　假定某工廠現有設備價值 $1,000,000，預計可以使用 10 年，期末殘值約 $100,000，本年度盈餘 $400,000，玆比較直線法與餘額遞

減法計提折舊, 營利事業所得稅課征額之不同。

	直線法	餘額遞減法
盈　　餘	$ 400,000	$ 400,000
折　　舊	90,000	180,000
淨　　利	$ 310,000	$ 220,000
營利事業所得稅	53,000	32,600
保留盈餘	$ 257,000	$ 187,400

以上結果顯示採用餘額遞減法因加速計提折舊, 稅額負擔較直線法減少 20,400 故能多保留 $20,400 的可用資金, 即 (187,400+180,000)－(257,000+90,000)＝$20,400。此法雖有逃避納稅之嫌, 但工業化國家, 政府爲了鼓勵將盈利轉爲再投資, 以增加國家的生產力起見, 對計提折舊的方法並無嚴格的限制, 因爲以後幾年折舊數額減少時, 仍須多課稅。但起初幾年多保留的運用資金, 則可能爲企業賺取更多利潤, 所以企業爲了減輕稅捐負擔, 及謀求更多利潤, 對計提折舊費用所採取的方法, 不得不妥爲考慮, 以謀求適當決策。

二、維護及修葺費

維護和修葺費用的開支也因減少本期淨盈而將減少納稅額, 所以在營業不景氣而致利潤微薄, 甚或發生虧損的時期, 許多額外的維護或不急需的修葺宜儘可能延緩, 以求減少開支, 等利潤豐厚的時期再加以營修。因爲盈利如果不從事維護費及修葺費等支出, 即因增加淨利而相對的增加課稅額。而且在沒有利潤或發生虧損的期間, 此等開支即將減少營運資金, 並增加企業的財務負擔。如果營業情況良好, 每年都有利潤, 則可不必計較; 但考慮對企業最有利的情況下, 爲避免累進所得稅

的增加，最好選擇營利較多的年度從事大規模的額外維護或修茸。

三、研究發展費

生產企業爲了利於生存競爭和謀求專利，必須不斷的對生產技術、生產方法，及產品的品質和用途等從事研究與發展。而在工業化的國度內，研究及發展的費用也是免稅的開支，因該項費用將減少同額淨利，即可減輕稅捐的負擔，所以在有盈餘的年度所化的研究費，等於政府支付四分之一（營利事業全年所得額超過廿五萬以上者，就其超過額課征所得稅 25%），但研究發展所得的結果，則歸企業專利獨享。故於營業情況良好利潤豐厚的期間，宜大量從事有計劃的研究發展，以求減少稅捐負擔。但在營業蕭條或利潤微薄的年度，則宜考慮減縮開支，以減輕企業的財務負擔。

影響企業稅捐負擔的項目很多，而且由於企業的性質不同，影響其稅捐負擔的項目也不一樣，所以上面所列舉的只是幾個較顯明的，也是影響較大的項目，以供參考。至於運用的方法和程度，也因各國稅務法規的不同，而有很大的差異；因此，實際運用時，必須斟酌各別企業的性質，並考慮稅法的規定而慎重處理，在稅法允許的可能範圍內，力求減輕稅捐負擔，創造更多的利潤，以增加企業的營運能力。

練　習　題

一、何謂生產政策？生產企業爲什麼需要制定生產政策？

二、何謂結合生產？此種生產方式都具有那幾種組織形態？

三、甚麼樣的生產結構稱爲縱的結合？此種結構形態有什麼優點和缺點？

四、甚麼樣的生產結構稱爲橫的結合？此種結構形態有什麼優點和缺點？

五、何謂混合式的生產結構？試舉例說明之。

六、從事生產所需的原料和零件之自製或外購如何決定？在從事此種決策時應考慮那些問題？

七、生產企業對所需要的原料和零件大多有能力自製，但是爲什麼還要外購？此種作業方式有什麼利弊？

八、如何才能將機器設備作有效的運用？常用的有那些方式？

九、工作時間的長短與作業效率的高低有什麼關係？如何才能提高效率？

十、爲什麼生產企業都逐漸採用自動化的機器設備？試分析其原因。

十一、購置自動化設備的決策受那些因素的影響？試列述之。

十二、自動化作業與機器的停頓時間有什麼關連？怎樣才能使機器停頓的損失減至最少？

十三、何謂經濟產量？那些因素會影響經濟產量？

十四、設某工廠全年需生產某種零件 50,000 個單位，每單位生產成本爲 $100，每單位存貨之全年存管成本爲其生產成本的 1%；每次轉換生產的籌製成本爲 $1,000，試求其經濟生產批量爲若干？

十五、若上題中的產量大於經濟批量時，對總成本會有什麼影響？爲什麼？

十六、設某工廠全年需製造某項產品 1,000 件，每件生產成本爲 $100，已知該項產品的存管成本爲平均存量價值的 1.25%；而每次轉換生產的籌製成本爲 $25，試求該項產品的經濟生產批量。

十七、若十六題中的產量少於經濟批量時，對總成本會有什麼影響？試以圖形或列表說明之。

十八、何謂季節性變動？生產企業對銷售量有季節性變動的產品都有那些調節方法？

十九、生產企業對從事生產所需要的廠房是否必須具有所有權？利弊如何？

二十、租賃的廠房有那些重大缺點？可用什麼方法彌補此項缺點？

廿一、影響企業稅捐負擔的都有那些重要項目？試列述之。

廿二、生產企業常用那些方法計提折舊？各種方法適用的場合如何？

第二章　產品設計

第一節　產品設計的重要性

一切商品，無論是傢具、炊具、食品、服裝、電器，以及機器設備，甚至汽車、飛機、輪船等，凡是經過製造的產品，沒有不經過設計的。所以產品的製造應從產品設計 (*Product Design*) 開始，而產品設計則指對產品的效用、形態、質料、結構，以及外貌的色彩等一切特性之周詳計劃。

工商業競爭激烈化的現代，產品非價廉物美不能爭取市場，而且產品非精益求精無法保持既有的市場。欲求產品價廉物美與精益求精，必須不斷的設計改良，俾能降低成本，改進品質。生產事業的營業活動始於產品設計，即設計好產品之後，才能從事製造及銷售等營業活動，所以新設立的工廠之首要工作固為設計產品，即使是成立很久的工廠，也需要隨時注意改良原有的產品，或設計新的產品，以求適應動態的市場需要及同業間的激烈競爭，在消費者願意支付的價格下廣為銷售而求取利潤。

無論從社會的觀點或從經濟的觀點來看，生產事業之存在原因係由於其能對消費者提供服務或物質上的滿足，而顧客的消費慾望則常隨社會環境之變遷而改變，消費者選擇產品的知識也因科學之日益昌明而在不停的進步，所以生產事業對消費者所提供之產品，必須不斷的改良與創新 (*Innovation*)，才能保持或推廣其產品的銷路，以謀求事業之生存

與發展；否則，原有的產品很可能被新產品所取代，也可能因同業間製造出品質較優或價格較低的產品，在市場上從事競爭，或因消費者偏好 (*Preference*) 與購買習慣的改變，而促使原有的舊產品銷路中斷。

卽令是品質最優良的產品，如果能設計得更令人賞心悅目，產品的本身卽具有廣告作用，則其銷路必定更廣大。所以在工商業自由競爭的時代，任何生產企業要想生存發展，必須將產品設計得更爲暢銷，不但產品本身要好，更要令顧客看起來和用起來覺得它好。由此可知，產品設計之目的係爲生產企業本身之利益，依消費者的願望及市場的需求變化，而設計改良或製造最適當的產品，以資供應。所以產品之設計實爲生產企業生存發展的重要關鍵，也是生產企業獲利的決定因素。

第二節　促使設計產品之因素

在設計產品之前，固應先研判是否有需求新產品之明顯事實，但是生產企業亦經常爲了配合其生產政策，或因受到某種特殊時機之刺激，或因有新的設計構想等，而不斷的推出新產品，因此卽須設法刺激消費者的購買慾望，以造成消費市場的新需求；而且消費傾向亦經常會因生產技術之進步而轉移。所以需求固然能刺激產品之設計，而新的設計亦能夠創造需求。茲將促使產品之不斷設計改進的各項重要因素分析如下：

一、配合生產企業之政策

商場之競爭，每因出奇而制勝，故生產企業亦常因產品性質之不同，而採用各種推銷政策，茲列舉如下：

1. 新式樣 (*New Model*) 政策

有些生產企業，尤其是消費品製造業，如時裝業及玩具製造業等，

爲求刺激消費者的購買慾望，在其正常業務情況下，經常定期或不定期的推出新花樣或新型式的產品。例如服裝業將西裝由窄領變寬領，由窄褲管變喇叭式等。

2. 擴展產品線 (*Extension of Range*) 政策

擴展產品線係指增加同類產品中，型式、大小，及顏色等可能影響價格之差異。生產企業常就其某項產品中，欠缺或不足供應市場需求之部份，設計出中間式樣 (*Inter-mediate Model*) 或極端式樣 (*Extreme Model*) 的產品，以增加產品之銷路，例如飲料業之推出小瓶汽水及特大號瓶裝可口可樂等。

3. 差異化 (*Diversification*) 政策

生產企業爲了標新立異，常在原有的產品線 (*Production Line*) 上增加若干新式產品，或將原有的產品改變新式樣或增加新功能，以滿足消費者需求新奇貨品的慾望，俾利於競爭，例如相同價格的毛巾却有粉紅、黃、藍，及淡綠等各種顏色，和素面及花面等不同式樣；再如電暖器上裝置電火鍋等。

二、受特殊時機之刺激

時代不停的進步，科學因而日見昌明，促進時代進步和科學發展過程中的許多因素，都足以刺激產品之不斷設計改良，玆將刺激產品設計改良的主要因素列述如下：

1. 由科學研究造成之時機

當科學研究獲致可供工商業應用或發展之新原料或新技術時，便直接或間接促成生產企業設計發展新產品之時機，例如尼龍產品和塑膠產品之普通製造供應。

2. 由創造發明造成之時機

一些有創造發明才能，而缺乏資金或管理能力的人，多將其創造或發明新產品所獲致之專利權，委託或讓售與生產企業，從事新產品之製造。

3.因消費者需求範圍的擴大

由於經濟之繁榮，國民所得逐年提高，以致對消費品的需求越來越廣泛，而且也越來越講究，因此生產企業原有之產品線，往往無法滿足消費者的需求慾望，而必須設計新產品以適應需求，例如自動點火的瓦斯爐以及遙控的彩色電視機等。

4.爲情勢所迫

生產事業常被情勢所迫，必須及時發展新產品。有時因經濟或政治情況改變而摧毀了原有的市場，或因有價廉物美的競爭品上市而取代了原有的產品，生產企業卽須急起直追不斷的推出新產品以求生存並推廣市場。例如政府命令強制取銷三輪車營業後，原有製造三輪車的工廠卽必須改變作業而製造脚踏車或機車。

三、新構想

產品之設計通常多開始於創意或新構想，當生產企業受到上述各因素之影響，而必須發展新產品時，負責設計者首先需要搜集有關新產品的構想和創意，加以分析整理，俾作設計的依據，新構想通常來自以下幾方面：

1.企業內部之建議

新構想和創意常來自企業內部人員之意見，例如製造、管理，及銷售等部門的員工，往往由於他們對工作的接觸，而對實際情況了解較多，故常能提供對產品設計上的具體意見。其意見如果是針對改良產品之形態、功能、製造方法或銷售計劃等，可分別交由製造部門或銷售部門研

究其可行性，最後再由設計部門整理歸納，以作成切實可行的方案而付諸實施。採納員工的意見可促使其對所掌理的業務發生興趣，增加其榮譽感及合作的態度。

2. 外界的反映

消費者或產品的直接操作運用者，常常會對產品提供建議或批評，他們的構想也是設計或改良產品時最好的參考意見。另外還有分配通路 (*Distribution Channels*) 之批發商和零售商，最易感受到市場競爭的壓力，而且對消費者的反映也最敏感，故彼等也常能提出有價值的改進建議，或設計構想，若能給予鼓勵和重視，並加以適當的運用，往往對產品之設計改進也能產生卓越的效果。

第三節　　產品設計之範圍

產品之設計乃為一項費錢耗時，而且又牽連廣泛的工作，不僅關係着新產品將來上市的銷路，而且也是生產企業日後成敗的關鍵。所以事前審慎的考慮和周詳的計劃，都是新產品設計成功的基本要件。惟設計之策劃則因產品的性質與企業的特性之不同而各異，茲將設計時所應考慮之範圍略述如下：

一、形態設計與功能設計

一個人的儀容和風度有所謂內在美與外在美之分，同樣的，產品也有它的內在美與外在美，外在就是形態 (*Form*) 或色澤，內在就是功能 (*Function*) 或品質。當然，最理想的產品是外表美觀，而性能又優越者。茲將此兩種設計的要點分述如下：

1. 形態之設計

所謂形態設計是指產品的外表、形狀、大小、式樣、色彩，和結構的設計。一般顧客很難立即判斷產品的功能和品質之優劣，所能看到的只是產品的外表；尤其是市場上同類產品之種類繁多，難以分辨其優劣，所以在一般顧客的心目中，總認爲產品如果外表設計精良，其性能及品質也必定優異，故每每購買外觀或包裝誘人的產品，可見形態設計是何等重要。所以產品必須要有精美的包裝、醒目的標籤、鮮艷的色彩，及精美的裝璜等，以吸引顧客，使其產生購買慾望。

2. 功能之設計

所謂功能設計係指產品的效用和作業能力之設計。尤其是機器設備等生產器材，一定要性能優越品質良好才有銷路，所以在設計之初，一定要考慮到由誰使用此項產品？如何使用？其預期的功能如何？一併考慮之後，才能設計出功能優良且又合用的產品。許多工業化國家多由政府主管官署或同業工會規定產品的功能及效用之標準，並副以嚴密的檢驗，以保障消費者的利益。

機器設備之設計雖然着重於功能，但形式也需要注意，譬如時下最流行的流線型 (*Stream-line*) 設計，即是外表光滑美觀易於擦拭，而且又沒有尖銳突出的彎角以傷及人體之毛病。總之，產品之不斷設計，並非只在外表上時加變革，而必須在應用上或性能上有所改進以與之配合，所以產品之設計必須求得兩者之平衡。一方面要使顧客覺察到該產品確經革新；另一方面，仍需保持原來產品因某項特質在顧客心目中所建立之印象 (*image*)。尤其是一些須靠顧客經常照顧的商品，在形式上易於辨認非常重要，所以最好能於外表上創造一種予人深刻印象的特徵。貨眞價實的產品，再輔以醒目易辨的外形，將更增加其銷路。

二、模仿設計與再設計

　　事實上並不是每個生產企業都在精心設計或研究發展其所製造的產品,有些企業因為資本有限或者因為其產品的市場佔有率(*market share*)太小,　而不肯花費大量投資於產品的研究設計,　乃經常在不侵犯專利權的原則下模仿(*Imitate*)已成功的產品。通常,　一般性的產品設計是不能獲得長期專利的,　所以許多產品都不能長期維持豐厚的利潤,　當有利可圖時,　其他廠商可能群起仿造,　並以較低的價格出售,　結果新加入的廠商因不必花費研究發展及設計改良的費用,　可能比原來投資設計產品的廠商獲利更多。

　　產品之設計並不一定是經常創新,　而是繼續不斷的設計改良,　所以產品設計之重要工作係為重設計(*Redesign*),　尤其是歷時長久的產品,經過相當期間之後難免過時或發現缺點,　即使沒有嚴重的缺點,　也會因有更優良的新產品上市而遭受到取代的威脅;　因此,　大多數產品都有重新設計改良的必要。但是,　如果產品上市後,　銷路良好,　則應盡量避免經常的重設計,　否則會影響產品的銷路。一種設計的變更,　可能需要新的設計方案,　新的經營計劃,　或新的生產設備和新的製造工具,　才能適應。此外,　也應顧慮到設計改變後,　廠方和中間商所存有的舊產品將遭廢棄,　不但加重生產和經營的成本,　而且消費者也會感到無所適從;　因此,　產品不宜經常變更設計,　最好集合數項改變,　待必須重設計時,　才來一次大變更。

三、製造設計 (*Manufacturing Design*)

　　所謂製造設計,　係指產品由原料製成成品的全部製造過程中各項步驟的精細規劃。產品的設計者首需認清,　製造工作之進行務求以最低的

成本、合格的品質，以及最高的生產效率，製造成所要求的產品。故擬訂設計計劃之初，除預算最經濟的成本，規定品質標準之外，尚須依照預計的銷售量，以確定生產率。茲將製造設計中之重要事項如成本、規格，以及檢驗與允差等分述如下：

1. 成本 (*Cost*)

在產品設計製造之初，首需考慮製造成本，若製造成本超過顧客願意支付的購買價格，則必須重新設計，以求減低成本。生產企業之廠房、機器設備，以及管理費等固定成本和間接成本，決定於總生產量，非單獨某項產品所能左右，故假定固定成本及間接成本不變，茲僅討論人工及原料等變動成本最低之設計：

（一）人工成本——在工業化的國度裏，工資比較昂貴，人工成本每佔產品總成本中相當高的比例，所以如何減低人工成本每為設計產品時首先考慮的問題，通常採用的減低人工成本方法有以下幾項：

(1) 機械化生產，以減少人工數量。

(2) 提高生產效率，以縮短工作時間。

(3) 改進生產方法，以減少技術性工資昂貴的工作。

(4) 工作力求單純，以免延誤之損失。

（二）原料成本——原料的好壞，直接影響產品的品質，原料價格的高低，則影響產品的製造成本，而且原料成本每佔產品總成本的絕大部份，故設計和製造產品時，務須注意下列各項以求減低產品的物料成本：

(1) 有無價廉物美的代用品。

(2) 物料成本務求最低。

(3) 利用廢料製造副產品，以減低主產品之成本。

2. 規格之釐訂

如果是創新的產品，必須在設計時同時釐訂其規格及預期之效能，並須註明所用原料之品質、物料之成份，及結構之方式等，以期製成之產品能合乎要求之標準。如果是仿製已上市的產品，卽可依照旣有的標準或按照顧客指定的規格而生產。現代化的國家，爲了保障公共安全或消費者的利益，常對某些產品制訂國家標準，以限定產品的規格或效能。凡訂有國家標準的產品，則需設計其產品之製造成本最低，而又合乎國家制訂的標準。又現代國際貿易非常發達，國際間工商業接觸頻繁，有些產品的規格因此而有世界公認的標準，生產企業欲求推廣外銷，爭取世界市場，則設計產品時，必須注意其規格要符合國際標準。

3. 檢驗 (*Inspection*) 與允差 (*Tolerance*)

產品在製造過程中或於製造完成後，宜適時加以檢驗，以確保產品符合訂定之規格，並減少產生瑕疵產品之浪費，及避免因品質不符而發生退貨之損失。但有些工業的製造技術很難達到絕對精確之程度，無論原料或產品都可能與原設計的標準稍有出入，但在不影響產品的功能或效用之情形下，可於設計時同時制定出品質標準變異的寬容限度—允差，作爲檢驗時決定接受與否之依據。

四、營銷設計

所謂營銷設計，係指如何使產品合乎顧客的心意和需要，以及如何設法使產品能吸引顧客的注意，故營銷設計的目的是使產品易於推銷並爭取市場。以往的廠商只注重製造設計，以爲只要產品的性能優良就可以暢銷，其實優良的產品不一定能暢銷，所以營銷與製造同等重要。尤其現今產品銷售競爭非常激烈，如果能將產品設計得更誘人，則其銷路必定增加；否則，一旦滯銷，再好的產品也將成爲廢物，所以營銷設計應從心理上 (*Psychological*) 和實體上 (*Physical*) 兩方面同時考慮；前者

爲設法誘導消費者購買的意願，後者則進一步希望能將產品完整無損的送達顧客手中，要達到此種理想，必須着重以下兩方面的設計：

1. 包裝精美

包裝爲形態設計中的主要事項，精美別緻的包裝，不但能引發顧客的購買動機，而且還可以造成產品差異化，有別於其他有競爭性的產品，易於被消費者所識別。至於包裝之設計，將於本章第八節中再詳細討論。

2. 便於搬運

產品一旦製造完成，卽需搬運，在到達消費者手中之前，可能已經過許多次搬運，而在應用期間也可能需要時常搬運，故產品之設計務求靈巧輕便，便於搬運。

第四節　標準化 *(Standardization)*

生產企業的營銷部門，爲了迎合各類顧客的需要，總是希望將產品的種類儘量加多，以求增廣銷路。但生產部門則希望產品的種類儘量單純，卽最好大量生產少數幾種產品，以求簡化工作，降低生產成本。而財務部門也希望能簡化產品種類，以免因存貨過多而壓積大量資金，並增加營運之風險。協調以上各種極端意見的最好方法卽是製造標準化產品 *(Standardized Products)*。

所謂標準化就是將生命週期 *(Life Cycle)* 比較長久之產品的性能、式樣、大小，和品質等製造規格，選定最適當的標準，以爲繼續製造所依據的準則，使製造程序及原料之採用都有一定的規範。換言之，標準化就是將產品之製造，從原料到成品間的全部製造過程，以及製成品的各項規格，都制定標準。但所選定之標準並不是一成不變的，每因客觀環境之變遷和物質文明的進步而發生變動，所以標準必須適時加以修正，

以符合實際的需要。茲將實施標準化所應注意之要點列述如下：

一、標準化的範圍

通常所謂的標準化，大多指產品的形態、大小、功能，和品質之一致。其實標準化在工業上的應用範圍極爲廣泛，可以擴大到由原料和配件，經製造過程到製成產品的一切程序，以及製造方法和機器設備等各方面，卽標準化可以包括生產企業的一切營業活動。茲將其範圍中的主要事項簡列如下：

1. 產品標準化

所謂產品標準化，係考慮生產成本並依照消費者的需求水準，而爲某種產品訂定適當的標準規格，以控制該項產品的式樣、大小、品質，及效用等，使規格劃一，具有互換性。產品標準的制定當然應該以最能滿足消費者的需要爲準，但產品標準若過高，則增加製造成本，因而加重消費者的負擔，可能對廠方與顧客皆不利，故產品標準的訂定，必須同時考慮生產成本及消費者的負擔能力而制訂合理的標準。

2. 原料標準化

所謂原料標準化，係指將生產所需要之原料或物料的成份、式樣、尺碼，以及品質等，都制定合理的標準。產品標準化必須從原料標準化着手，否則，如果原料的規格不合，不但在製造過程中可能會發生困難，也絕難製造出合格的產品。但原料標準化並非指全用特優的原料，而爲合於特定目的之原料。

3. 設備標準化

所謂設備標準化，係指將生產所需要之工具、機械、運輸器材、廠房設施以及儀器等，都依照工廠的特定製造計劃及生產方法，而選擇最適合此種生產目標的設備。標準化的設備未必是最優良的設備，但其中

的機器大多為專用 (*Special purpose*) 的和自動化的設備，因為此種專用的自動化設備才有客觀的標準。

4. 數量標準化

在商業競爭中，要能够適當的控制原料、產品、製造，及銷售的數量，才能有必勝的把握，但各項數字應有所依據，卽以最低成本獲致最大利潤為準則；所以數量標準化，係將某特定期間內所應完成的產品數量，以及所需要的人工和物料數量，也制定標準，並根據此項標準以測定每位員工及每部機器的生產效率，俾計算製造費用或生產成本，以決定適宜的售價。

5. 工作標準化

工作標準化應以勞工標準化為基礎，因工廠中縱然有優良的原料、工具，及設備，若無適當之勞工，也難以達成理想之績效；故對一切工作都應詳加分析研究，而制訂合理之標準，俾能由最適當之勞工擔任最適當之工作。凡生產計劃、工作分派，以及製造命令之發佈與推行，皆依所制訂的合理工作標準而行，故工作標準化為生產企業製造管理之重心。

6. 程序標準化

所謂程序標準化，卽結合標準化的人工、原料、機器，以及合理的工作標準，而使製造程序與操作方法，皆有標準可循。標準化的作業程序，對於工作效率、業務管制，以及責任之追查等，皆有裨益，所以生產企業必須重視作業程序之標準化。

二、施行標準化的原則

產品變化標奇立異的現代工商業中，實施標準化確有必要，而且其重要性日漸顯著，至於如何有效推行標準化，及標準如何確立，玆舉以下幾項原則，略予說明：

1. 標準要精確一致

在現代化分工合作的生產作業中，一件產品的製成，必須經過許多工人及數部機器的不同製造步驟，或者由各別工人分別各自製造不同的配件，然後再集合成一整體，如果廠內標準不精確或不一致，各配件如無共同標準，則很難裝配成完美的整體，而且也將增加管理上的困難，更難以達成大量生產的目的，所以施行標準化必須要有精確一致的標準。

2. 標準要正確合理

所謂正確合理的標準是要製造者能够達成，而對消費者又適宜。標準如果定的太高，可能會受技術、設備，或原料品質等各項條件的限制，而無法達成，如果勉強以赴，則生產成本必因而增加，銷售價格也必須提高，所以品質標準過高的產品，可能無人敢予問津；而品質過低的產品則價廉物不美，兩者均不合消費者的需要。因此，生產企業於釐訂各項準標時，必須同時考慮產品的品質與成本，和消費者的偏好 (*Preference*) 與群眾的時尚 (*Fashion*)，在各項問題之間求出一項均衡而又合理的標準。

3. 標準要周密徹底

現代化的連續性大量生產，各項作業都需要密切配合，所以實施標準化制度，必須從原料所經過的製造過程，以至於製成品，甚至包裝運送都要合乎標準化，才能收到預期的效果。如果製造過程中絕大部份都合乎標準，只要其中有一小部份與標準不合，即將因配合不當而使標準化的效果完全抵銷，所以標準化之實施必須要計劃周密，而且要實施徹底才能奏效。

4. 標準內的寬容限度

一般性的工業，產品的規格要達到百分之百的標準化，而毫無差異 (*Variation*)，事實上頗有困難，因為技術上和設備上的精確程度有限，

難免會發生誤差，而且成本又不能太高，所以在訂定標準時，常同時規定其允差（*Tolerance*），以限定產品規格變異的限度。故允差卽產品的品質規格雖未達到標準，但在未嚴重影響其效用的範圍內，仍予寬容接受的限度。

三、實施標準化的優點

標準化之實施，對生產企業而言，有許多可取的優點，玆擇要列舉如下以供參考：

1. 減低製造成本

實施標準化的結果，可以使生產所需的物料、設備，以及製造方法等皆有標準可循，生產效率必定提高，而且還能減少浪費，故可節省製造費用。

2. 減少銷貨及存貨之費用

產品標準化，品質可靠而且劃一，可使交易簡便快速；尤其是原料及成品之儲存比較單純，也易於管理，故能節省有關銷貨及存貨的人工費用。

3. 利於大量生產

實施標準化，可使採購、生產，及銷售等各項營業活動單純便捷，而且成本也比較低廉，在物美價廉的情況下，有利於推廣市場增加銷售數量，故可實施大量生產以求進一步降低生產成本。

4. 規格劃一具有互換性

產品經過標準化之後，縱然是由不同廠商所製造的不同品牌之商品，其規格必定一致，例如電燈泡和螢光燈管等產品，全世界每家製造廠出品的規格都大致一樣，因此既利於製造廠商，又便於消費者，用戶買到任何品牌的都可以自行安裝應用。

四、實施標準化的缺點

生產企業實施標準化，也有幾項重大的缺點，必須加以密切注意，茲舉例說明如下：

1. 影響自由競爭

標準化之實施，已具有規模之大企業，可享有大量生產之經濟利益；而新創設之企業或小廠商，可能因為資本薄弱，產量少而成本高，即無法在同一條件下與大廠商抗衡，生產企業間不能自由競爭，即妨礙產品之進步發展。

2. 缺乏應變之彈性

標準化的結果，各種業務之執行會受到較嚴格的限制，難以迎合不同偏好之消費者；而且標準化生產線上專用的機器 (*Special Purpose Machine*) 不易轉換生產，因此而使營業無法及時通權達變，以適應市場需求之劇烈變化。

3. 工作單調乏味

現代化分工合作的情況下，工作非常單純，而一切生產活動又皆標準化，無工作技巧可言，機械化的單調工作，引不起自動自發的學習及研究樂趣，易使員工對工作感覺厭倦乏味。

4. 阻礙產品進步

標準一經設定，即不能輕易變更，若新產品標準化太早，設計未達完善，則可能妨礙產品之進步和發展。例如英文打字機鍵盤的安排非常拙劣，但是由於標準化普遍採用後，如果想重新安排，顧客反而會感覺不便。

以上的利弊分析，係指一般性的標準化設計，各別企業及各別產品，又有其各別特性，故利弊得失之權衡，並不能一概而論，究竟如何取捨

以作最有利之決定，卽有賴決策主管高度智慧之運用。

第五節　簡單化(*Simplification*)

現代的工業產品，除了少數特別注重外表式樣變化的貨品，例如女士們的時裝、衣帽，及手提包之類以外，很少有以複雜多變而見愛於顧客者；而且產品的花式、大小，及品質如果太繁雜，而產量又不多，卽增加每單位產品的製造成本及銷售費用，又易於蒙受式樣過時的損失。所以生產者爲了減低成本，便利顧客，乃力求將產品形式上、品質上，尤其是結構上的差異減至最少限度，卽所謂產品簡單化。所以簡單化是指生產企業根據市場的需求變化，及產品性質的分析，以減少產品的種類、式樣、大小，及結構等的變化，而集中力量生產少數幾種產品，以提高生產效率；且大量生產，以減低生產成本。產品簡單化的結果，也可以減少原料的種類及製造程序的複雜性。茲將施行簡單化的有關各項因素分述如下：

一、影響簡單化的因素

影響產品簡單化的因素很多，茲擇要列舉如下，以供斟酌參考：

1. 產品的性質

產品依性質之不同，可分爲生產性用品與消費性用品（卽經濟學中所謂之生產財與消費財），對於生產性的機械用品，通常偏重於其性能優越，使用簡便，價格低廉，及品質精良等諸方面，所以應使其簡單化及標準化，以求符合經濟實用的原則。

2. 同業間的競爭

競爭劇烈的產品，若減低成本或改良品質，仍不足以取勝時，卽需

以產品種類或花式之多變，而吸引不同的消費者，以爭取廣大市場。但如爲獨佔性產品，可以壟斷市場，則應簡化產品的差別，以符合大量生產的經濟法則。

3. 價格與銷路

如果簡單化能大量降低成本，其利益遠超過因產品差異減少所可能產生之損失，當然應該考慮施行簡單化，而且大多數消費者都喜歡價廉物美的產品，產品簡單化，可以減低製造成本及銷售費用，因而可以降低售價，以利於擴大市場推廣銷路。

二、簡單化的優點

實施產品簡單化的優點很多，玆擇要列述如下以資參考:

1. 產品的種類、形狀，及其他變化減少，製造過程簡化，可以減低製造成本。

2. 生產所需之機械工具種類簡單，可以減少固定投資；而且易於維護保養，備用零件較少，節省保養費，並可減少技師及管理人員的費用。

3. 員工的工作單純，容易訓練，生產技術也易於熟練，故員工的工作效率較高。

4. 工人所需的專門知識較少，可以雇用工資低廉的半技術工，故能節省人工成本。

5. 生產計劃及工廠管理單純簡便，品質控制較易實施，並可節省管理費用，故能降低間接成本。

6. 原料、在製品，及製成品之種類較少，因此總存貨量亦少，故能減少資金的壓積及存貨管理的費用。

7. 原料種類少，每次採購量多，價格必定低廉，故能降低物料成本。

8. 產品經濟實惠，合乎消費者的需要，銷售量多，可以獲致大量生

產之經濟利益。

9. 產品單純而產量大，可以降低生產成本；推銷簡便，節省銷售費用，故可降低產品之售價以利於銷售之競爭。

三、簡單化的缺點

推行產品簡單化也有其缺點，玆擇要略述如下以供比較:

1. 產品種類少，難以迎合顧客的廣泛需求和消費慾望，營業範圍小，企業之成長可能會受限制。

2. 簡單化之結果，增加有關工廠相互間之依賴性，任一工廠發生意外，其他有關之工廠易受影響。

3. 生產比較缺乏彈性，難以轉換生產其他產品，淡季時可能會荒廢專用設備的生產能量。

4. 一旦有新產品或代用品出現，市場卽形惡化，由於轉業困難，故企業經營之風險較大。

5. 欲求產品簡化，原有的設備可能會有部份閒置，但仍需增添專用機器，往往會造成浪費。

上述簡單化之各項利弊，仍需視產品的各別特性而定，若爲工業用品，有理性的購買 (Rational Purchasing)，重視產品的性能及價格，宜於推行簡單化；若爲消費品，隨意性的購買(Discretionary Purchasing)，則產品外表之花式、色澤，及裝璜等之吸引力仍甚重要，故不宜採用簡單化。另外產品線完整之企業，亦不適於推行簡單化，以免破壞顧客對企業原有之印象。

第六節　差異化(*Diversification*)

　　近年來機器的性能越來越優良，而且由於複式操作機器 (*Multi-operation Machine*) 之發明，使一部機器能對單一產品實行多種不同的操作，或對多種不同的產品實行類似的操作；因此，有些工業之小規模生產，其成本與大規模生產所差無幾，加以廠商間競爭激烈，往往利用市場的區隔(*Marketing Segmentation*)來分占市場，或以產品的差異來獲得消費者的喜愛和偏好。尤其是時下消費品之銷售，在超級市場(*Super-Market*)中多採自助方式(*Self-service*)進行，以致產品的外表及形式之差異更顯得重要。而且隨意性購買力(*Discretionary Purchasing Power*)之增加，非必需品的銷路大增，則產品之特性更加重要，故一般製造特殊品及選擇品之廠商，普遍採用差異化之策略，以求改變消費者之印象。

　　所謂差異化即指增加或改變產品的種類、式樣，和大小，藉花式繁多以吸引或刺激消費者的購買慾望，俾增加產品的銷路。茲將實施產品差異化所應注意研究之事項列述如下：

一、差異化的範圍

　　產品差異化之範圍包括非常廣泛，茲僅以下列三項為例加以簡略的說明：

1. 擴大產品之種類

　　可以擴大產品線之濶度與深度 (*The Bredth or Depth within a Product Line*)，即增加不同種類的新產品使產品種類增多，以及增加同種類中之不同產品，以顯示產品之差異，並使產品線更齊全，俾能推廣產品之銷路。

2. 變更現有之產品

在不增加產品種類之原則下，也可以實施產品差異化，通常多採用更換原料以改進品質，或改變包裝以變更外形等方法，都可以使消費者改變對產品之印象，以產生購買動機，例如汽車之改變型態以顯示年份之差異。

3. 發展產品之新用途

發展原有產品的新功能或新用途，並且利用大眾傳播工具指導消費者，以刺激新的消費慾望，俾能擴大銷售，例如電暖器上可以加裝電火鍋，又如電冰箱上可以附加果汁機等。

二、差異化的優點

推行產品差異化可以產生以下幾項優點，茲略述之：

1. 穩定營業之發展

因每種產品之生命週期有限，多數產品在發展成熟，並經過相當時間之後，銷售量及利潤即將逐漸減少。故生產企業最好能發展多種不同的產品，以擴大營業範圍，俾減少對少數幾種產品之依賴性，而使企業所經營之產品有新陳代謝作用，以求穩定之發展。

2. 消除季節波動之影響

產品之種類若眾多，即可互相調劑，以避免機器設備及人工因季節性波動而發生之閒置現象，可對工廠之生產力及分配途徑 (*Distribution Channel*) 作有利之運用。尤其可以減少因季節性變化所引起之財務困難。

3. 分散企業之風險

若產品的種類眾多，也可以避免或減少因集中生產一種或少數幾種產品時，所可能遭遇的銷路減少或售價下跌，以及過時廢舊 (*Obsolesc-*

ence) 等原因所造成的營業風險。

4. 廢物利用以增加利潤

大規模的生產事業，生產主要產品所剩餘之廢棄物料，數量往往很大，此種廢物如能善加利用，以製造各種副產品，不但可以推廣產品之銷路，而且還能減少浪費以增加企業之利潤。

三、差異化的缺點

實施差異化也有以下幾項不利的因素，須要加以考慮：

1. 增加籌製成本

產品之種類多，每種之產量少，經常需要轉換生產，機器設備之裝卸調整費時，生產不能全速進行，因而增加生產成本。

2. 增加存貨成本

產品之種類多，存貨之總數量亦必因而增多，不但可能增加存貨成本；而且還會增加產品廢舊過時的風險，又將積壓大量的週轉資金。

3. 製造程序複雜

對於各種不同性質和不同規格之產品，其製造之計劃，生產之控制，途程 (*Routing*) 之規劃，日程 (*Scheduling*) 之安排，以及工作之發派 (*Dispatching*) 等，都會因程序複雜而增加困難。

四、實施差異化的限制

產品差異化政策並不能隨意實施，只有在下列兩種情形下才有實施之可能性：

1. 產品為消費品

決定消費品的選購因素，往往是外表的式樣、色澤，和裝璜等之優劣重於品質的好壞；例如傢具、玩具、婦女的衣料、時裝，及手提包等。

此類產品之設計務求標新立異，以迎合時尚及消費者的新奇感。

2.同業競爭激烈

如果實施標準化或簡單化，不足以在品質或成本方面取得有利的競爭條件時，則可考慮採取差異化，以產品之花色或式樣刺激消費者的購買慾望，俾爭取同業間競爭之有利地位。

第七節　微小化(*Miniaturization*)

現代的高級科學工業，大多趨向於力求其產品的重量之減輕及體積之縮小，即所謂產品微小化。當然，一般性的工業產品則必須維持其必要的大小、尺碼，和重量。譬如一把椅子或一張床，太小了即不適用；又如打字機等，太小了即無法操作；再如汽車等交通工具，太小或太輕了在行駛中即不够穩定而容易發生意外。所以微小化並非對任何產品都絕對可行，必須視微小後的實用價值而定。

由於產品之體積力求減小，而且產品內部的設計也日趨精密複雜，所以內部零件及配件之縮小和減輕要求就更爲迫切，有些產品雖然不能整體的縮小，但某些內部零件總可加以縮小。尤其是近年來電子工業對產品之縮小最爲重視，美國無線電公司 (*R. C. A. i. e. Radio Corporation of America*) 早期出品的 *GT* 眞空管，經改造成 *MT* 管後，體積及重量都縮小了一半以上，自從電晶體問世之後，其體積縮小了更多，只剩下一英吋長的鉛筆大小，而現在微集線路 (*Micro-Circuit*) 及印刷線路 (*Print Circuit*) 之採用，其體積及重量都縮小的極其微小。

產品之縮小通常須採用體積小、重量輕的原料及配件，尤其是飛機、船、火箭等所用之零件和各種儀器,空間和重量的節省都十分重要，例如發展太空科學所用之電腦及傳眞設備等，即必須要求體積小、重量輕，而且構造還要精密才合用。

　　產品之縮小不但要減少體積和重量，製造費用也要求儘量減少，才可能降低成本。但往往產品一經縮小，其原料和配件之成本即必須增加，而且其維護及修理費用也相對的增加，因爲沒有足以容納手指或鉗子的空間，而必須用放大鏡及其他精細工具才能修理或裝配，這些精細工具的價值可能要高出標準產品的修理工具數倍乃至數十倍，其修理工具尚且如此，則製造成本之提高即不難想見。同時零件多而細密的機器，必須有空氣調節器 (*Air Conditioner*) 來平衡溫度和濕度，否則會減少機器的使用年限，並影響其準確程度；因此，經微小化的產品其購置成本及維護費用大多提高，所以到現在爲止，微小化的實施只限於高級的及尖端的科學工業。

第八節　包裝之設計

　　俗語說：「佛要金裝，人要衣裝」。這種重視外表的觀念應用到生產企業，就產生產品的包裝問題。所謂包裝係指用適當容器或包紮材料，以保護產品之價值、品質，及狀態，便利產品之運送和儲存，並能發揮識別和招徠的功能。一般的觀念或認爲只有粉質或液體的產品才發生包裝問題，其實在各種生產事業中，隨時而且到處都有包裝問題，我們日常所接觸到的形形色色的箱子、瓶子、罐子、盒子，以及袋子等都是包裝物。所以包裝是生產事業營業活動中的一部份，是一種科學，也是一種藝術。由於包裝精美與否所給予顧客的印象，亦能影響產品的銷路，所以包裝設計之目的，除了保護產品之外，而且還要具有識別及廣告的作用。良好的包裝設計，不論企業之大小及產品之性質都值得注意。茲將研究包裝設計所應注意之事項列述如下：

一、良好的包裝應具有之功能

一般的產品大多經過包裝，良好的包裝應依產品之性質和需要之不同，而發揮以下各項功能：

1. 保護產品

貨品由生產者傳遞至消費者的過程中，或者當消費者保存和使用貨品的期間，其中可能要經過相當長的時間，或無數次的搬運，所以必須要有良好的包裝，才能防止產品的損壞、散落、乾燥、潮濕，或者染污，以求保持產品的品質或價值，例如罐裝之奶粉及盒裝之鞋油等。

2. 便於使用

几貨品應用罐子、瓶子、箱子，或者筒管之類的容器送達顧客手中後，最好能直接使用，不需要改換容器或包裝，而且一定要設計得使消費者感覺很方便合用為原則，例如有噴嘴裝置之瓶罐及易開啓之罐裝汽水或啤酒等。

3. 維護安全

有些產品具有腐蝕性、易燃性、爆炸性，或有異嗅等，則此等產品的包裝物必須要能防止產品在傳遞過程中，或使用期間，發生意外而傷害到週圍的人或物，以保障使用者之安全，例如用鋼筒裝置的液體煤氣等。

4. 利於識別

工業化的國度裏，工資昂貴，故零售市場中儘量減少人手，在沒有售貨員的超級市場或自助商場(*Self-service Market*)中銷售的商品，包裝即需華麗動人具有替代廣告或具有識別的功用，以刺激消費者的購買慾望，才能利於產品的出售，例如牙膏、香皂及餅乾等產品。

5. 指示說明

有些產品常因顧客不瞭解其功能或使用方法，而不敢貿然購買，故此種產品的包裝上應儘可能附以插圖或說明，以產生指示或解說的作用，例如藥瓶上的服法及功效說明等。

6. 能反覆使用或作其他容器

有些包裝容器必須經久耐用，俾供經常反覆使用以節省包裝費用，例如液化煤氣筒。至於設計精美別緻的瓶罐則可用作盛器，或其他容器，長年使用或陳列，可產生高度的廣告作用，例如手提箱式之精美餅乾盒等。

二、包裝的性質

包裝依照其性質和功用之不同，可以區分為內部包裝與外部包裝兩種，茲分述如下：

1. 內部包裝

內部包裝係指為求維持產品之品質，避免水浸、熱潮、透光，或撞擊等損傷，用適宜的材料或容器以保護產品的狀態及功效。故此種包裝之設計，應異於其他廠商之同種或同類商品之包裝，且宜具有識別作用及誘人的廣告能力。

2. 外部包裝

外部包裝係指將產品裝入箱、盒、袋，或桶等容器內，予以捆縛，並附予標記，以便運送或保管。故其包裝材料應求堅固、耐壓、防震，或防濕，且需能完全保護產品之品質及狀態，並應注意其重量及體積，以求搬動及運輸之方便。

三、包裝容器及材料之選擇

通常使用之包裝容器約有以下幾類：

1. 紙製品——如紙袋、紙盒、紙箱，及紙筒等。

2. 塑膠製品——如塑膠袋、塑膠盒、塑膠箱，及塑膠筒等。

3. 玻璃製品——如玻璃瓶、玻璃罐等。

4. 木製品——如木盒、木箱，及木桶等。

5. 金屬製品——如各種金屬的桶、罐、盒，及箱等。

常用的包裝材料有以下幾種：

1. 防水材料——如柏油紙、塑膠紙、鋁箔及其他化學製品。

2. 防油材料——如防油紙及防油纖維膜等。

3. 襯墊材料——如橡膠海棉體、塑膠泡棉、毛墊、木絲、玻璃絲，及瓦楞紙板等。

4. 打包材料——如紙帶、鋼絲、鋼條，及各種釘扣等。

5. 封接材料——如膠紙、膠帶，及各種粘料。

包裝的主要目的已如上述，約而言之，則爲保護商品，便利使用，維護安全，利於識別，指示說明，及能反覆使用或作其他用途等，因此。包裝之容器及包裝之材料，必須依產品之性質及包裝之目的，加以適當的選擇。

包裝之本身雖不附帶任何價值，但却能控制或影響產品的價值。從「防護」的觀點看，包裝的作用在使貨品不受損害；從「銷售」方面看，包裝可對消費者發生吸引力。所以包裝又可以分爲工業包裝與商業包裝兩種：工業包裝着重於保護產品，如機器之裝運；商業包裝着重在便利銷售，如消費品之包裝。當然，有些產品如化學藥品等之包裝，則應具有以上兩種性質，旣要保護產品，又要利於銷售。

由以上的分析可知，包裝設計不但需要考慮視覺的藝術，還應當考慮到包裝的功能，而且包裝容器之製造成本也是很重要的因素，成本適當並具備應有之功能的包裝，才是好的包裝。所以包裝之設計，就是要

研究如何使包裝發揮最高之功能，而包裝成本又能維持於最低。

練 習 題

一、產品爲什麼要經過設計？設計良好的產品對銷路會有什麼影響？

二、有那些因素促使產品必須不斷進行設計？列述之。

三、生產企業可以運用那些方法鼓勵員工關心產品的設計？此種策略能夠產生何種相關的效果？

四、在設計產品時需要考慮那些相關事項？列述之。

五、何謂形態設計？何謂功能設計？兩者之關連如何？

六、從事製造設計時，應注意那些重要事項？

七、從事銷售設計時，應從那些方面着眼？試舉例說明之。

八、何謂標準化？甚麼性質的產品才需要標準化？

九、標準化的範圍如何？都有那些重要事項需要考慮？

十、實施產品標準化應該注意那些原則性事項？列述之。

十一、實施標準化可能產生那些利弊？申述之。

十二、何謂簡單化？何種產品需要簡單化？

十三、影響產品簡單化的因素如何？試舉例說明之。

十四、實施產品簡單化可能產生那些利弊？列述之。

十五、何謂差異化？在那些情況下需要實施產品差異化？

十六、從事產品差異化都有那些方式？申述之。

十七、實施產品差異化有些什麼優點和缺點？列述之。

十八、何謂微小化？甚麼性質的產品才值得微小化？

十九、實施產品微小化都有那些限制？舉例說明之。

二十、產品的包裝爲什麼也需要設計？申述其原因。

廿一、產品的包裝應具有那些重要功能？列述之。

廿二、依照包裝性質的不同應如何選擇包裝材料？舉例說明之。

第三章　收支平衡分析

第一節　收支平衡分析的意義

近年來由於學術研究的飛躍進步，許多計量方法都被運用於管理決策，其中的收支平衡分析 (*Break-even Analysis*) 也被廣泛的運用作爲規劃及控制的工具，尤其對生產企業的貢獻最大。因爲有效的生產管理必須先有合理的經營政策，而切實可行的政策之擬訂，則必須有可靠的營業資料作依據，若想求得正確可靠的數據，卽需首先解答可能面臨的許多疑難的決策問題，例如：

1. 在某一營業額或產量下，究竟能產生多少利潤或損失？
2. 爲了要實現一定數額的利潤，應該有多少營業額？
3. 如果可以增加某定量營業額，究竟能產生多少利潤？
4. 如何獲致最大的利潤，其產品之售價應該如何決定？
5. 如果降低售價，利潤可能減少若干？假定減價後可能增加營業額，能增加多少？對利潤之影響如何？
6. 如因增添生產設備而增加固定成本時，利潤是否能成比例的增加？究竟能增加多少？
7. 在某一預期營業額下，若欲維持定額的利潤，需要如何控制成本？
8. 合理的成本控制，如減少浪費等，對利潤之貢獻如何？

收支平衡分析，卽有助於對以上諸問題之解答，並能提供具體而且正確

的數字依據。收支平衡分析以圖解說明之，容易獲致具體的概念，卽收支平衡圖 (*Break-even Charts*) 爲收支平衡分析之重要工具，故先將收支平衡圖的意義說明如下。

所謂收支平衡圖，係以圖解顯示一個企業需要多少營業額才能維持收支平衡，卽總收益與總成本相等（沒有利潤也不發生虧損），以及在各種不同的營業額下所能產生的利潤或虧損。所以收支平衡圖之應用乃在於對企業經營狀況的分析，以補充一般成本分析工具說明之不足。通常所用的財務報告分析方法，只能說明企業之過去或現在所經營的靜態結果，不能滿足現代企業決策者的要求，而現代化生產企業最迫切需要的是預計企業經營之趨勢，以及如何預測未來營業的動態變化，以便能及早採取適當的適應措施，而收支平衡圖之分析，正足以具體的顯示成本、營業額或產量，及損益間之相互依存關係，俾能預測在各種可能營業額下，成本與收益之不同變化，及在各種情況下可能產生的利潤或虧損。

生產企業一切營業活動的最終目的都在追求最大利潤。而生產設備之添置，通常需要冒險預作大量的投資，以便能大量生產供應，俾能謀求較多的利潤。但是市場的需求量有限，而且又變化莫測，如果有利可圖，則競爭者必定衆多，以致廠商大多無法發揮其全部生產能量 (*capacity*)；因此卽不一定能獲致最大的利潤，故需預計在各種產量下所能謀求的利潤。退而求其次，也要能預知如何維持收支平衡。甚至於萬一商業蕭條，也希望能預計在低於收支平衡點的各種產量下，所可能產生的虧損。收支平衡分析最能把握以上各種關係，而且收支平衡圖還可以用圖解來表示並解釋以上各種變化，所以收支平衡分析之被用爲管理上的決策工具，確實有其重大價值。玆以事例說明其運用方法如下:

假定義泰實業公司生產某種產品之固定成本爲 $10,000，變動成本每單位 $7，最大生產能量爲10,000個單位，每單位售價 $10。玆以收支

衡圖表示在各種營業額下的成本（固定成本及變動成本）、收益，與損失之變化關係。

　圖 3-1 係表示一個機器很少的生產企業之收支平衡圖，其橫軸表示營業額（產量或銷售量之單位或者百分比），縱軸則以金額表示損益和成本。由於機器設備不多，固定成本佔總成本之比例很少。所謂固定成本，卽在某一限度內不因營業額或產量多寡而變更之成本，不論營業額為零或為 10,000 個單位, 固定成本均為 \$10,000, 故自縱座標上 \$10,000 處劃橫線與橫座標平行，表示固定成本。變動成本則因產量之增減而增減，當產量為零時不發生變動成本，但固定成本仍為 \$10,000; 若產量為 10,000 個單位時, 變動成本應為 \$70,000, 再加固定成本 \$10,000, 所以總成本為 \$80,000, 於左縱座標上 \$10,000 處及右縱座標上 \$80,000

圖 3-1　固定成本較少的收支平衡圖

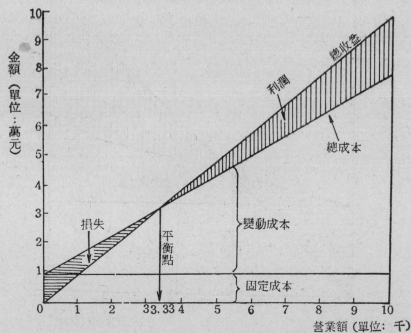

處作連線，即爲總成本線，總成本與固定成本間之變動差額即爲變動成本。每單位產品售價$10，當營業額爲零時不發生收益，營業額爲10,000個單位時，總收益爲$100,000，聯結原點與右縱座標上100,000處之連線，即爲總收益線。總收益線與總成本線之交點即爲收支平衡點。在平衡點以右總收益大於總成本，其差額爲利潤；平衡點以左總成本大於總收益，其差額爲損失。利潤額及損失額各如圖中劃直線及劃橫線之暗影部分。

此種固定投資很少的企業，收支平衡點較低，產量很少時即可獲利，而且營業不景氣時也不會產生大量虧損；但是因爲變動成本所佔之比例太大，以致利潤微薄，縱然在大量生產時也難獲鉅利。

圖 3-2 固定成本較多的收支平衡圖

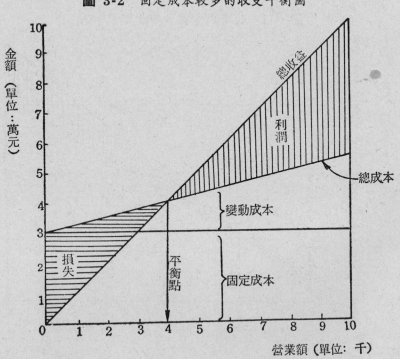

金額（單位：萬元）

營業額（單位：千）

　　圖3-2是一個擁有大量固定投資的生產企業之收支平衡圖。假定義泰公司因自動化生產而添設大量新機器，固定成本爲 $30,000， 但是因爲自動化生產可以減少大量的直接人工，故變動成本減爲每單位$2.50，產品單位售價不變仍爲 $10。 因爲機器的折舊費用龐大，固定成本佔總成本之比例很多，所以需要較多的營業額才能維持收支平衡；但是機械化自動生產所需要的變動成本很少，所以大量生產時可獲致較多的利潤。相反的，由於固定成本的龐大，如果產量低於平衡點時，則將發生較多的損失。

第二節　　收支平衡分析的功用

　　收支平衡分析旣被普遍的用於管理上，作爲決策工具，可見其功用甚爲廣泛，茲擇要列述於下，至於本節所未列述的其他功用，待以後各節作變動分析時，再分別討論。

一、確定收支平衡點

　　損益表中的主要項目應爲：

　　　　營業收益＝固定成本＋變動成本＋利潤（或損失）

卽　　　銷售量×單價＝固定成本＋單位變動成本×銷售量＋利潤（或損失）

爲了表達簡便起見，用下列各符號代表上式之各有關因素：

設　　　X＝產量（或銷售量）

　　　　R＝營業收益($revenue$)

　　　　C＝總成本($total\ cost$)

　　　　F＝固定成本($fixed\ cost$)

$V=$單位變動成本 (*unit variable cost*)

$P=$單位售價 (*unit selling price*)

$E=$利潤 (*earnings*)

則上式的收益及成本關係應為以下的函數式:

營業收益: $R(X)=PX$ 式中 $X \geq 0$; $P \geq 0$

總 成 本: $C(X)=F+VX$ 式中 $X \geq 0$; $F \geq 0$; $V \geq 0$

所謂收支平衡係指營業收益=總成本, 卽

$R(X)=C(X)$

亦卽 $PX=F+VX$

而收支平衡點則指由產量（或銷售量）X 所得之總收益=總成本, 將上式移項演化則得

$PX-VX=F$

$\therefore$ 收支平衡點 $X_B = \dfrac{F}{P-V}$

解上式所得之 X_B 值, 卽為維持收支平衡之產量（或銷售量）。

茲以下述的例子說明如何確定收支平衡之產量。

例一 假定由某生產企業的會計記錄中獲得有關某項產品之成本資料如下:

製造成本:

原　　料　　　　　　@ $ 20

直接人工　　　　　　@ $ 8

間接成本:

固　　定　　　　　　$ 70,000

變　　動　　　　　　@ $ 6

銷貨費用及雜支:

固　　定	$30,000
變　　動	@$6
單位售價	$60

茲計算該企業之收支平衡點如下：

已知　$P = \$60$

$F = \$70,000 + \$30,000 = \$100,000$

$V = \$20 + \$8 + \$6 + \$6 = \$40$

∴　$X_B = \dfrac{F}{P-V} = \dfrac{100,000}{60-40} = 5,000$ 個單位。

既生產或銷售 5,000 個單位產品時，所賺取的利潤才足以支付各項費用，而維持收支平衡。茲以其函數式證明如下：

總收益　$R(5,000) = PX = \$60 \times 5,000 = \$300,000$

圖 3-3　收支平衡圖

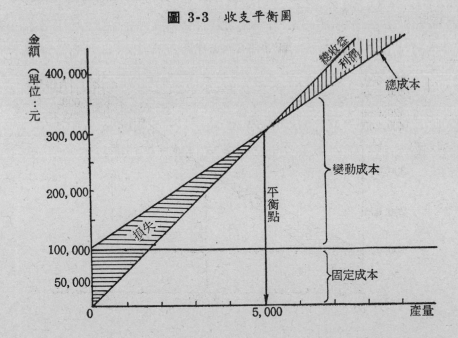

總成本　$C(5,000)=F+VX$

$$= \$100,000 + \$40(5,000) = \$300,000$$

以上所討論之結果，以收支平衡圖 3-3 表示如上。

二、確定一定利潤下的產量

企業之經營都希望能謀求利潤，表示利潤之方程式應為:

利潤＝營業收益－總成本

　　　＝銷售量×單價－(固定成本＋單位變動成本×銷售量)

即　　　　$E=R(X)-C(X)=PX-(F+VX)$

上式移項演化得　　$PX-VX=F+E$

$$\therefore \quad X=\frac{F+E}{P-V}$$

解上式所得之 X 值，即為欲求實現某定額利潤 E 所需達成之產量 (或銷售量)。

圖 3-4　收支平衡圖

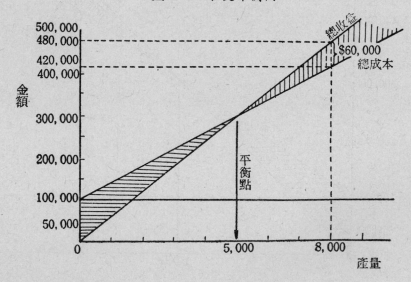

例二　如果例一中所述之企業希望能賺得 $ 60,000 的利潤，試求應製造多少單位產品。

$$E= \$ 60,000$$

$$\therefore \quad X=\frac{F+E}{P-V}=\frac{100,000+60,000}{60-40}=\frac{160,000}{20}=8,000 單位$$

即該企業在前述之條件下，必須生產或銷售 8,000 個單位產品，才能賺得 $ 60,000 的利潤。此項分析結果，亦可用收支平衡圖 3-4 表示如上。圖中顯示，產量在 8,000 個單位時，總收益大於總成本，其超過的部份 $ 60,000，即為所追求之利潤。

三、確定一定產量下的利潤

如果生產企業受到某些客觀條件的限制，生產量固定，必須或者只能達到某種限額，所以企業亦需預知在各種不同產量下可能產生之利潤。表示利潤之方程式為：

$$E=R(X)-C(X)=PX-(F+VX)$$
$$=PX-VX-F$$
$$=(P-V)X-F$$

例三　假定例一中因為市場需求量有限，或者因為物料供應受配額所限，某期間內只能生產 8,000 個單位，試求其利潤若干。

$$X=8,000 單位$$

$$\therefore \quad E=(P-V)X-F=(60-40)8,000-100,000$$
$$= \$ 160,000- \$ 100,000$$
$$= \$ 60,000$$

即在產量為 8,000 個單位時，利潤應為 $ 60,000。此項結果之收支平衡分析同圖 3-4。

四、比較不同的生產方法

收支平衡分析也可以用來比較不同的生產方法之優劣，藉以選擇各別情況下最適宜的生產方法。譬如工作量很少時，縱然人工的工作效率很慢，也不必添置價值昂貴而效率較高的新設備；否則，機器設備之閒置浪費將造成企業的虧損。但是當有大量訂貨時，雖然機器的購置費用很貴，由於生產量大而又快速，並且可以節省人工成本，所以還是添設效率快速的新機器較為有利。

圖 3-5 是織毛線衣的三種方法之比較。當工作數量很少時，手工編製的速度雖然很慢，但是成本較低，而且卽使沒有工作時也不會發生虧損。手搖編織機卽需花費設備費用，但是長期大量作業却生產快速，而且產品精良。當產量增加更多時，則以採用價值昂貴的電動編織機，單位成本最經濟。

以 X 表示單位產量，圖 3-5 中三種成本線的公式如下：

設 備	生產成本
手 工 編 織	$\$50X$
手搖編織機	$\$3,000 + \$20X$
電動編織機	$\$14,000 + \$10X$

根據以上的資料可以各設兩個相等的方程式，解方程式求出 X 值，卽可確定圖 3-5 中的轉換點(*Crossover Points*)：

I. $\quad \$50X = \$3,000 + \$20X$

$\qquad \therefore \quad X = 100$

II. $\quad \$3,000 + \$20X = \$14,000 + \$10X$

$\qquad \therefore \quad X = 1,100$

III. $\quad \$14,000 + \$10X = \$50X$

$$\therefore \quad X = 350$$

方程式 I 的結果顯示產品在 100 個單位之內, 宜用手工編織, 超過 100個單位以上卽該購買手搖編織機。方程式 II 表示產品在1,100個單位以內應該採用手搖編織機, 若需求量繼續增加, 超過 1,100 個單位則需改用電動編織機。方程式 III 顯示, 假若爲了趕工, 或者市場預測樂觀, 產量在 350 個單位以上卽可採用電動編織機。

圖 3-5　三種不同生產方法的成本線

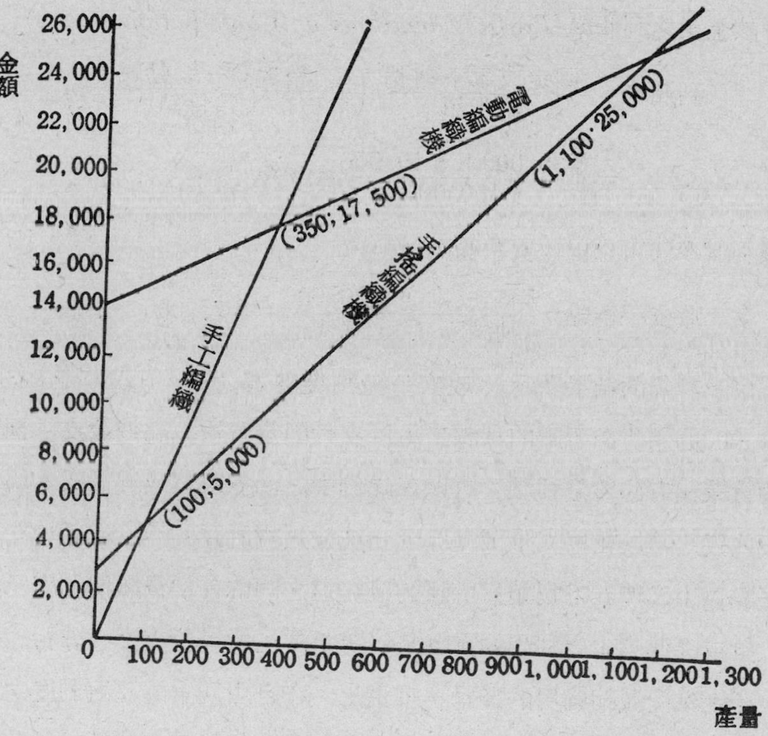

五、提高對減少浪費或降低成本的警覺

由於對收支平衡的分析, 也可以幫助決策階層了解減縮開支的重要性。減少浪費或降低成本省下一塊錢比由增加銷貨多賺一塊錢要容易得

多，因爲由減少支出省下一塊錢，卽直接增加一塊錢的盈餘，如果想由增加銷貨中多賺一塊錢，設有10%的淨利，也要賣出價值十元的貨品，才能賺取一塊錢，而且還要相對的增加銷貨費用。茲以事例說明如下：

例四 假定某生產企業去年度的營業情況如下：

銷　　貨	$ 100,000
固定成本	30,000
變動成本	60,000

先求該企業之利潤率(*Profit Variations or Contribution Ratios*)

$$利潤率 = \frac{固定成本＋利潤}{銷貨額} \left(或 \frac{銷貨額－變動成本}{銷貨額} \right)$$

$$= \frac{\$30,000＋\$10,000}{\$100,000} = 40\%$$

根據利潤率卽可求出收支平衡點

$$收支平衡點 = \frac{固定成本}{利潤率} = \frac{\$30,000}{0.4} = \$75,000$$

以上計算的結果顯示，收支平衡點是 $75,000，也就是說要有 $75,000的銷貨額所賺的利潤才足以支付固定費用，超過收支平衡點以上的營業額有40%是利潤。所以在此例中，節省浪費或減低成本所省下的一塊錢，等於在收支平衡點以下十塊錢銷貨所賺的錢，或等於在收支平衡點以上二塊五毛錢銷貨所賺的錢。這之間的差額很顯明的表示出節省浪費或降低成本對利潤的貢獻是何等重要，所以收支平衡分析也有助於生產企業對減縮費用的警覺。事實上，在自由競爭的經濟制度之下，超過收支平衡點以上也不會允許有太多利潤，如果眞有40%的利潤，則競爭者必定衆多，價格卽將下降，利潤也將因之而減少。而且，若想增加銷貨額卽需增加銷售費用，尤其是銷貨費用多先銷貨收入而支出，所以減少浪費和降低成本，實在是生產企業謀求利潤的重要途徑。

六、作爲決定產品售價的工具

「價格爲決定利潤並影響企業成敗的重要因素」，所以產品之售價必須適當合理，才有希望獲致較多的利潤。如果定價偏高，單位利潤固然增多，但銷售量則可能減少；如果定價偏低，銷售量固然可能增加，但利潤微薄或者可能引起虧損，也非善策；因此對於產品售價的釐訂，必須有妥善的方法加以精確的分析。

表 3-1　售價與利潤之變動分析

單　價 (1)	單位變動成　本 (2)	對間接費用的貢獻 (3)=(1)—(2)	固定成本 (4)	收　支平衡點 (5)=(4)÷(3)	市　場需要量 (6)	總收入 (7)=(1)×(6)	總成本 (8)=(4)+(2)×(6)	利　潤（或虧損）(9)=(7)—(8)
$60	$30	$30	$250	8.3單位	7 單位	$420	$460	$ —40
80	30	50	250	5.0單位	6 單位	480	430	50
100	30	70	250	3.6單位	5 單位	500	400	100
150	30	120	250	2.1單位	2 單位	300	310	—10

圖 3-6　不同售價下之收益曲線圖

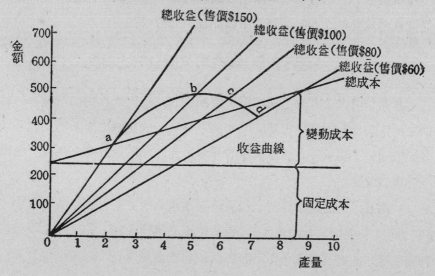

根據表 3-1 中的資料，可以分析出在各種不同價格下的收支平衡點，同時也可以根據市場的需求量而求出四個不同的利潤（或損失）點，如圖 3-6 中 a、b、c、及 d 四點所表示者。而企業經營活動之主要目的又在賺取最大利潤，在圖解中最大利潤的決定點，就是要在某種適當的售價之下，收益曲線交於總收益線，而其交點與總成本線之垂直距離又最長的一點之產量，其利潤為最多。生產企業決定其產品之售價應合乎以上的條件，即表 3-1 中之資料顯示每單位售價為 $ 100 時，其利潤為最多。而以上各種關係之分析，以收支平衡圖表示之最為顯明，如圖 3-6 所示。所以收支平衡分析又可以在某些已知條件下，用作決定產品售價的工具。

第三節　收益及成本發生增減變動時之分析

事實上，產品的售價及製造成本並不是固定不變的，隨時都可能發生增減變動，所以收支平衡圖中收益線及成本線的斜率也經常有變化，而此種增減變動，各對利潤的影響如何？茲分述如下：

一、收益(售價)發生增減變動時之分析

產品售價之上升或下跌直接影響銷貨收益，成正比例之增減，但售價之漲落卻可能影響銷售量成反比例之增減，故售價之增減變動對利潤之影響如何？必須事先加以愼重的分析研究，俾做最有利之抉擇。茲以下述事例解說之。

例五　假定義泰實業公司製造某種產品所需要之固定成本為 $20,000，變動成本每單位 $ 5，每單位產品售價 $ 10。如果該企業感到利潤微薄，欲提高售價10%，即每單位售價漲為 $ 11，以求增加利潤；

或者該企業因同業間競爭激烈, 欲減低售價10%, 即每單位售價降爲$9, 以利競爭。玆以收支平衡圖 3-7 分析如下:

圖 3-7 售價變動時之收支平衡圖

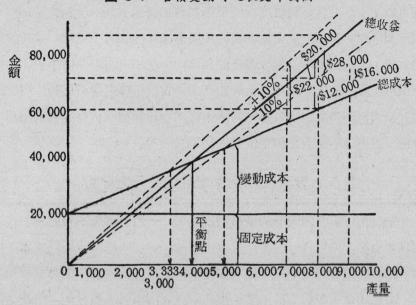

由圖 3-7 中可以顯明的看出, 如果產品的售價由 $10 上漲至每單位 $11, 收支平衡點即將由 4,000 個單位下降爲 3,333 個單位, 假定銷售量或產量仍能保持 8,000 個單位, 銷貨收入由 $80,000 增至 $88,000, 利潤增加 $8,000, 由 $20,000 增爲 $28,000; 但是, 除非需求完全沒有彈性, 否則, 售價上漲之後, 銷售量可能會相對的減少, 若減至 7,000 個單位時, 總收益爲 $77,000, 減去總成本 $55,000, 利潤仍有 $22,000。如果售價減至每單位 $9, 新的平衡點爲 5,000 個單位, 假定產量或銷售量仍然是 8,000 個單位, 則銷貨收入由 $80,000 減至 $72,000, 利潤減少 $8,000 後只有 $12,000; 但是除非需求量已達飽和, 否則售價減低之後, 銷售量可能會相對的增加, 若增加至9,000個

單位時，總收益爲 ＄81,000， 減去總成本 ＄65,000， 利潤只有
＄16,000。

由以上的分析可知， 銷售價格增加， 平衡點會相對的下降， 但銷售
量可能減少; 反之， 售價降低， 平衡點會相對的上升， 但銷售量却可能
因此而增加。至於究竟影響如何， 要視需求彈性的大小而定， 若需求彈
性大於 1， 則減價可能獲致較多的利潤; 反之， 若需求彈性小於 1， 則
漲價可能獲致較多的利潤。由於產品的銷售價格發生增減變動， 對營業
額及利潤可能產生上述各種不同的影響， 而此種相互依存的變動關係之
分析， 正可以作爲產銷和定價提供決策之參考。

二、變動成本發生增減變動時之分析

在自由市場公開競爭的價格制度之下， 一般生產企業很難左右產品
的銷售價格， 但對自己的生產成本則可加以適當的控制， 而且成本之增
減直接影響損益， 成本增加則利潤減少; 反之， 成本減少則利潤增加。

上述之企業如果因爲生產技術改進， 或因原料進價減低， 而使生產
成本中之變動成本減低20%， 卽每單位產品之變動成本降爲＄4; 又如
果因原料進價或直接人工的工資漲價， 而使變動成本增加20%， 卽每單
位產品之變動成本漲爲＄6。 茲將變動成本之增減變化對利潤之影響以
收支平衡圖分析如下:

由圖 3-8 中很清楚的顯示出， 如果產品的售價不變仍爲＄10， 並假
定銷貨額爲8,000個單位時， 變動成本減低20%之後, 利潤增加＄8,000,
由＄20,000增至＄28,000; 若變動成本增加20%, 利潤額減少＄8,000,
卽由＄20,000減爲＄12,000。

由以上的分析可知， 減低成本對企業利潤的貢獻比增加銷貨額還要
直接有效， 尤其當銷貨額達到某種限度後， 要想再增加擴充， 卽需減低

售價或增加推銷費用，但此兩種方法所增加的費用或損失可能正好抵銷因增加銷貨額所增加之利潤。所以在現代自由競爭的經濟制度，唯有控制成本和改良品質，才是謀求利潤的最佳途徑。

圖 3-8　變動成本增減變動時之收支平衡圖

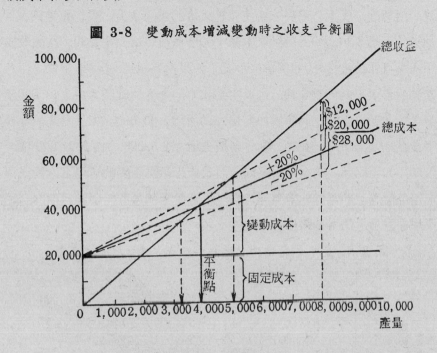

三、固定成本發生增減變動時之分析

生產企業爲了要適應時代潮流，有時需要變更營業方針，例如採用機械化自動製造程序等。此種政策性的重大變更，需要大量固定投資，而固定成本的增加使損益發生的程度愈大，卽營業額增多時會增加大量利潤；但營業不景氣時，却可能發生更多的損失，因此而增加企業經營的風險。事實上，生產企業日漸機械化，所以，固定成本之增加爲經濟發展的必然趨勢，因此企業的決策階層必須面對現實，來分析研究若增添機器而增加固定成本，需要多少營業額才能維持收支平衡，若銷貨額

超過平衡點在某定額下可能增加多少利潤，如果銷貨額低於平衡點可能增加多少損失，俾決定在何種情況下增添固定投資最有利。

圖 3-9 中表示固定成本之虛線係因自動化生產所需增加的固定投資，由於固定成本之增加，而使變動成本相對的減少。假定固定成本增加50%而為 $ 30,000，變動成本減少50%而為每單位 $ 2.50，結果收支平衡點可能仍維指4,000個單位不變。如果營業額為8,000個單位，而且產品的售價不變仍為 $ 10，由於變動成本的降低，總成本由 $ 60,000降至 $ 50,000，因此利潤額增加 $ 10,000而為 $ 30,000。如果營業額低於平衡點，為 2,000 個單位時，則損失增加 $ 5,000，由 $ 10,000 增至 $ 15,000。因此，在增加固定成本而收支平衡點不變的情況下，營業額超過平衡點，則營利能力增加；反之，若營業額低於平衡點，則因固定費用之增加，而增加虧損。

圖 3-9　固定成本增加、變動成本減少後之收支平衡圖

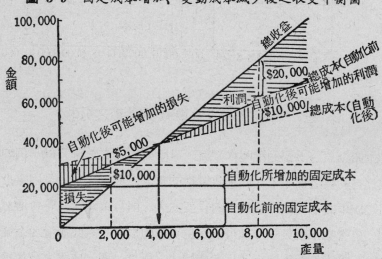

生產企業固定成本之增加既為經濟發展的必然趨勢，而同業間又因大量生產，以致競爭激烈，所以利潤微薄也是經濟發展的必然傾向；因

此, 平衡點之升高乃在所必然。

　圖3-10表示固定成本增加50%之後, 每單位產品的變動成本祇減低40%, 單位利潤可能減少, 所以平衡點上升, 由4,000個單位增至4,285個單位, 卽需有 4,285 個單位的營業額才能維持收支平衡。如果企業的營業額只有5,000個單位或低於5,000個單位時, 則變動後的成本結構卻使獲利能力降低, 圖3-10中三角形暗影部分卽表示利潤減少的數量。營業額在 5,000 個單位以上時, 新的成本結構使獲利能力增加, 如果營業額爲8,000個單位, 則利潤增加 $6,000, 由 $20,000增至 $26,000。所以自動化生產需要增加固定成本必須考慮兩項問題, 除了要權衡可能減少的變動成本之外, 還需要預測未來營業額的增加數量, 超過平衡點的數量愈多, 獲利能力愈大; 反之, 如果超過新平衡點的數量很少, 獲利能力可能反而減少; 而且當營業額低於平衡點時, 因固定費用增加, 則

圖 3-10　固定成本與變動成本不成比例增減之收支平衡圖

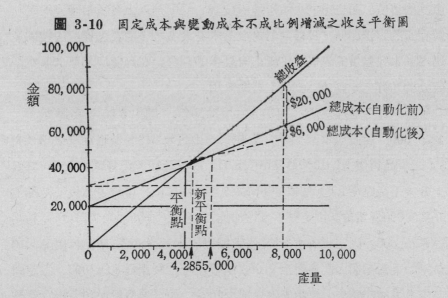

產生大量損失。所以在增加固定投資之先, 不得不預作精確之分析, 俾

設法降低變動成本或增加銷貨額，以求增加單位利潤。其他如實行合理化經營、提高效率、節省浪費等也能增加企業之利潤。

四、固定成本、動變成本、及售價同時變動之平衡分析

事實上，固定成本、變動成本，以及產品售價之增減變動，很少單獨發生，由於彼此互相關連，所以多是數種變動同時發生。譬如固定成本增加後，變動成本大致會相對的減少，而且營業額超過平衡點之後，總成本亦可能降低；再者，生產企業為了充分利用其生產設備以減低單位產品的生產成本，極可能考慮減低產品的售價。又如固定成本增加之後，若變動成本不能相對的減少，或略微減少，甚至於營業額僅能維持收支平衡，或者超過平衡點很少時，在不影響營業額或者影響甚少的情況下，即在產品的需求彈性小於 1 的情況下，生產企業極可能考慮提高產品的售價。而企業的決策階層所最關心的則是以上各種相關連的變動對利潤的影響如何？那種變動對企業本身最有利？而且怎樣設法控制並運用成本與售價的變動，才能求取最多的利潤；在此種情形下，收支平衡分析乃可充分發揮其決策工具的效用。

圖3-11中虛線表示： 固定成本增加50%， 即由 $20,000 增至 $30,000；變動成本減少40%或20%， 由每單位 $5 減至每單位 $3 或 $4 ； 產品售價上升10%為每單位 $11，或下降10%為每單位 $9；售價上升後平衡點從4,000個單位下降為3,750個單位，售價下降後平衡點上升為5,000個單位。固定成本未增加前，當營業額為8,000個單位時,利潤為 $20,000。固定成本增加後,假定變動成本減少40%,產品售價降低10%，如果營業額因此而增至 9,000 個單位時， 利潤為 $24,000。假定固定成本增加50%後， 變動成本只減少20%， 如果售價增加10%後， 營業額減為 7,000 個單位， 則利潤僅有 $19,000。由以上的簡單分析， 不難

了解各種變動對企業利潤的影響而產生之利弊得失，足供生產企業決策者參考，以選擇最有利的策略。

圖 3-11　成本與售價同時變動之收支平衡圖

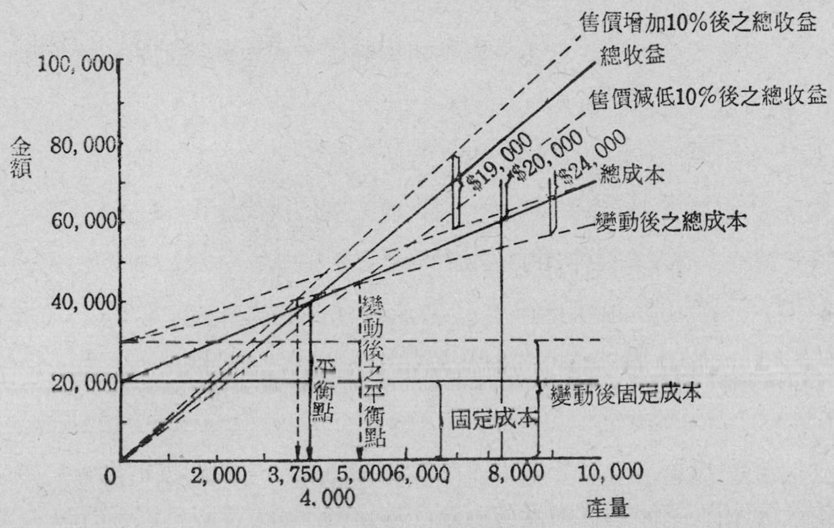

第四節　成本線呈階梯狀變動時之分析

事實上，收支平衡圖中表示收益和成本的線段並非都是直線，尤其是成本線更為顯明，例如要想增加產量，便需要加班或延長工作時間，甚至還需要擴充設備和增加工人及領班，因此便要增加許多直接或間接費用；換言之，產量超過某一限度後便要增加單位成本。所以將全部成本計算起來，成本線是呈階梯狀向右遞增上升。茲舉例說明如下：

例六　假定某工廠只製造一種產品，售價每單位 $7，最大生產能量為每年 100,000 個單位，當產量在 60,000 個單位以上時，每年固定成本為 $125,000；若產量降落到 60,000 個單位以下至 20,000 個單位時，

每年固定成本爲 $100,000；若產量降至 20,000 個單位以下時，固定成本只有 $90,000；若工廠停工，因爲部份固定費用減少，其損失只有 $80,000。全部變動成本爲每單位產品 $3。根據上述的資料，說明以下各點：

1. 以收支平衡圖表示產量變動所引起固定成本和變動成本之變動，以及銷貨收入之變動情形（如圖3-12）。

2. 求出圖3-12的收支平衡點之產量。

收支平衡點：利潤＝銷貨收入－總成本＝0

即　　　　　$7X-(100,000+3X)=0$

　　　　　　$4X=100,000$　　　∴　$X=25,000$個單位

或　$X_B=\dfrac{F}{P-V}=\dfrac{100,000}{7-3}=25,000$個單位

3. 如果機器不能充分利用而勉強開工，所引起的虧損可能等於停工的固定費用，求圖3-12中所能表示的產量。

因爲停工的固定費用爲 $80,000，而產量在 20,000 個單位以下時，固定費用爲 $90,000，所以

　　　　　$(90,000+3X)-7X=80,000$

　　　　　$4X=10,000$　　　∴　$X=2,500$個單位

或　$X=\dfrac{F+(-E)}{P-V}=\dfrac{90,000-80,000}{7-3}=2,500$個單位

即生產 2,500 個單位產品時，所發生的虧損相當於停工期間的固定費用 $80,000。

4. 當該工廠的營業額只能達到機器生產能量的 40%（40,000 個單位）時，有人建議將產品的售價由 $7 減低爲 $6，以求增加營業額，俾充分利用生產設備。於圖3-12中表示售價爲 $6 時的銷貨收入，並求

了有多少產量才能獲得與40％營業額時相同的利潤？

圖 3-12 成本線呈階梯狀變動之收支平衡圖

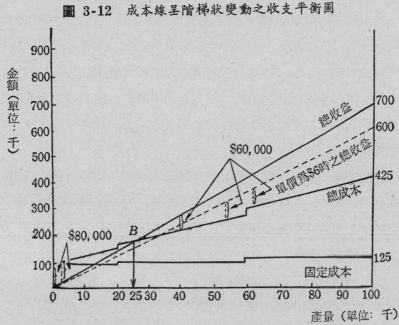

機器生產能量的40％應為 40,000 個單位，此項產量的固定費用是
$ 100,000，所以與生產40,000個單位時獲致相同利潤的產量應為：

$$\$ 7 \times 40,000 - (\$ 100,000 + \$ 3 \times 40,000) = \$ 6 \times X -$$

$$(\$100,000 + \$ 3 \times X)$$

$$\$ 280,000 - (\$ 100,000 + \$ 120,000) = \$ 3X - \$ 100,000$$

$$\$3X = \$160,000 \qquad \therefore \quad X = 53,333 \text{ 個單位}$$

另外因為總成本線呈階梯狀上升，觀察圖3-12可以發現，產量在
60,000個單位以上時，也可能獲致與產量在40,000個單位時相等的利潤；
而產量超過60,000個單位時，固定成本為 $ 125,000，所以其產量應為：

$$\$ 7 \times 40,000 - (\$ 100,000 + \$ 3 \times 40,000) = \$ 6 \times X -$$

$$(\$125,000 + \$3 \times X)$$

$$\$3X = \$185,000 \qquad \therefore \quad X = 61,666 \text{ 個單位}$$

以上兩項結果顯示,當單位售價減低為 $ 6 時,必須能够銷售53,333 或61,666個單位的產品,才能獲得售價為 $ 7 時, 銷售40,000個單位產品相等的利潤（ $ 60,000)。此項結果說明,減低售價以求增加銷貨（或生產量）未必能增加利潤, 甚至可能會得不償失,而且還要看產品需求彈性的大小才能決定銷售量是否會增加, 所以是否值得減價求售, 必須詳加考慮。

5. 假若時下該工廠每年只有40,000個單位產品的營業額,某出口商願以每單位 $ 4 , 買60,000個單位產品外銷,並保證不流入國內市場,考慮該出口商的條件能否接受。

現有的營業:

銷貨收入(40,000@ $ 7)	$ 280,000
成本($ 100,000+40,000× $ 3)	220,000
利　潤	$ 60,000

外銷營業:

銷貨收入(60,000@ $ 4)	$ 240,000
成本($ 25,000+60,000× $ 3)	205,000
外銷利潤	35,000
總利潤	$ 95,000

以上計算的結果顯示, 接受此項定單後可以增加 $ 35,000的利潤, 如果這批產品確能全部外銷, 當可接受其定單;否則, 萬一流入國內市場,因為需要量有限, 供應增加的結果, 價格必定下降, 則將得不償失;例如, 若因此而使國內的售價降至 $ 5 時, 定貨的廠商仍然有利可圖, 但該工廠現有的40,000個單位銷貨, 則不但將喪失其 $ 60,000的利潤, 反

而會因此而產生 $ 20,000的損失。由以上的說明可知，是否應該接受此
項定貨，必須愼重的權衡其得失。

第五節 成本及收益呈拋物線狀變動時之分析

　　如果產品在某種價格下，市場的需求是無限的，而且成本線與收益
線都按一定比率成直線上升，則收益線與成本線間的距離將越來越大，
也就表示利潤將越來越多；因此，生產企業必定儘力擴充生產，以謀求
更多的利潤，但事實上，此種情況不會存在。而且只有在以下兩種情形
下才能增加產品的銷售數量，卽降低售價或增加推銷費用，而其中任何
一項變動，都足以影響收支平衡圖中收益線和成本線的傾斜度及平衡點
的位置，玆將各種變化分別以圖解說明如下：

　　圖3-13顯示銷售量達到某種限度後，如果削價求售，銷售數量雖然
增加，但每單位產品的利潤却將因此而下降，故收益線呈拋物線狀向下
延伸。

圖 3-13　收益遞減情況下之收支平衡圖

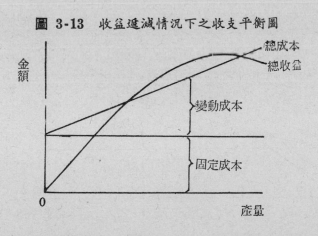

圖3-14顯示銷售量達到某一限度後，如果大量刊登廣告或增加其他

推銷費用，產品的銷售數量雖然可能增加，但變動成本却會急速上升，而使總成本線呈拋物線狀向上延伸。由於成本的增加，利潤也因此而逐漸減少。

圖 3-14 成本遞增情況下之收支平衡圖

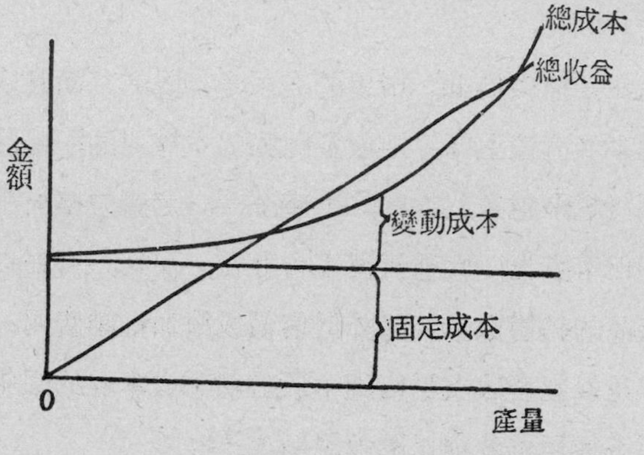

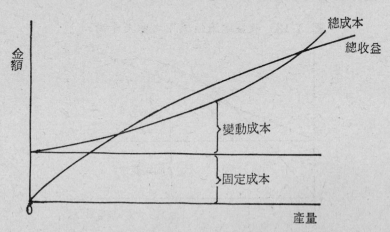

圖3-15表示減低產品的售價和增加推銷費用兩種方法同時採用時之情形，以致成本線與收益線兩者皆呈拋物線狀變動。

圖 3-15 收益遞減和成本遞增兩種情況下之收支平衡圖

以上三種圖形顯示，減低產品的售價或增加太多推銷費用，銷售數

量雖然可能增加，但超過某一限度後總利潤却可能逐漸減少，如果盲目的繼續增加銷售量，以致因此而產生第二個平衡點或超過第二個交點（如圖3-15所示），則增加銷售的努力即將完全白費。

事實上，工廠的生產設備不可能也不允許任意擴充。在產量有限的情形下，也許不會產生第二個交點，其情況如圖3-16所示者。

圖 **3-16** 設備能量有限的情況下之收支平衡圖

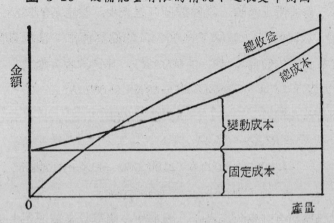

由以上解說的各種情況可以了解，企業的決策者必須加以週詳的考慮，不可以盲目的擴充生產，更不可以不計成本的增加銷售量；否則，如果計劃不周，即可能因此而減少利潤或者產生虧損。

第六節 收支平衡分析與最大利潤之確定

以上幾節所討論的成本及收益之各種變動情形，都只有一個最適當的產量 (*Optimum Volume*) 能使總利潤爲最多。以下用簡單的例子說明當成本或收益呈曲線變動時，或兩者皆爲曲線時，如何決定使總利潤爲最大的產量。

在本章例一中，假定由於增加原料的採購數量，而使原料的進價降低爲每單位 $(20-0.001X)，設 X 代表10個單位，以致每單位產品所需之變動成本爲 $(40-0.001X)，則總成本應爲：

$$C(X)=F+VX=100,000+(40-0.001X)X$$

$$=100,000+40X-0.001X^2$$

此式顯示，當採購量爲 X 時，賣方所提供的折扣是 $0.001X^2$。

通常，當售價上漲時，銷售數量可能減少，假定新的售價爲每單位 $68，爲了鼓勵購買，而給予 $0.0024X$ 的價格折扣，故當銷售量爲 X 時，第 X 單位的售價爲 $(68-0.0024X)，其銷貨收入應爲：

$$R(X)=(68-0.0024X)X=68X-0.0024X^2$$

已知利潤方程式爲：

$$E(X)=R(X)-C(X)$$

$$=68X-0.0024X^2-100,000-40X+0.001X^2$$

$$=-0.0014X^2+28X-100,000$$

在經濟學和會計學的術語中，因增加一個單位產量或銷售量所引起總收益的變動量，稱爲邊際收益 (*Marginal Revenue*)，此一關係式爲收益函數式之第一次導函數 (*First Derivative*)，卽

$$R'(X)=\frac{dR(X)}{dX}=68-0.0048X$$

同樣情形，因增加一個單位的產量或銷售量所引起總成本的變動量，稱爲邊際成本 (*Marginal Cost*)，此一關係式爲成本函數式之第一次導函數，卽

$$C'(X)=\frac{dC(X)}{dX}=40-0.002X$$

而且經濟理論中證實當邊際收益等於邊際成本 (*M.R.=M.C.*) 時，總利潤爲最大，卽

$$R'(X) = C'(X) \qquad 或 \quad R'(X) - C'(X) = 0$$

亦卽 $\quad E'(X) = \dfrac{dE(X)}{dX} = 0$

而 $\quad E'(X) = R'(X) - C'(X)$

$$= 68 - 0.0048X - 40 + 0.002X$$

$$= -0.0028X + 28$$

因爲 $\quad E'(X) = 0$

卽 $\quad -0.0028X + 28 = 0$

$\therefore \quad X = \dfrac{28}{0.0028} = 10,000$ 個單位

而且當此式二次微分之後，其導函數爲負值時，才能確定該產量的總利潤爲最大，卽

$$E''(X) = \dfrac{dE'(X)}{dX} = -0.0028 < 0$$

故可確定當產量爲10,000個單位時總利潤爲最大。玆以下述之表 3-2 計算各種產量下之利潤增減變化，以證明所演化之結果完全正確。

表 3-2 產量與利潤增減變化表

產 量 X	6,000	8,000	9,000	10,000	11,000	12,000	14,000
$R(X) = (68 - 0.0024X)X$	321,600	390,400	417,600	440,000	457,600	470,000	481,000
$C(X) = 100,000 + (40 - 0.001X)X$	304,000	356,000	379,000	400,000	419,000	436,000	464,000
$E(X) = R(X) - C(X)$	17,600	34,400	38,600	40,000	38,600	34,000	17,000

由表中所列舉的各項產量與利潤的增減關係可以清楚的顯示出，當產量低於10,000個單位時，利潤隨產量之增加而逐漸遞增，但是產量超

過10,000個單位以上時，則利潤却隨產量之增加而逐漸遞減，此項資料充份證明，只有當產量爲10,000個單位時利潤爲最多。

第七節　對收支平衡分析之評價

由以上各節的解說可以了解，收支平衡分析係以下列各項假定爲基礎:

　　1. 所有的成本或費用都可以區分爲固定的與變動的兩部份。

　　2. 成本控制之方式和策略沒有改變，卽沒有加強也不會放鬆。

　　3. 管理政策、生產技術，以及人工和機器的效率都沒有變化。

　　但就長期而言，以上各項假定都不是固定不變的，所以在運用收支平衡分析時，必須注意以下之限制:

　　1. 只能用作短期情況之分析,對長期趨勢之演變無法作有效之預測。

　　2. 只適用於經濟穩定或市場波動較小的情況下。

　　3. 必須成本會計制度良好的生產企業才能有效的運用。

　　4. 無法作多項產品之線圖分析，所以只適用於產品種類單純的生產企業。

　　5. 收支平衡圖中只能顯示產量、收益，及成本間之簡單關係，並不能取代明智的價值判斷。

　　沒有一種計量方法是盡善盡美的，收支平衡分析也同其他計量方法一樣，免不了會有若干缺點，只要我們瞭解其缺點，而在運用時能設法防止或加以改善，仍然不失爲可用的決策工具。例如有數種不同產品的生產企業，而其各種產品之生產比率及利潤率又各不相同時，雖然收支平衡圖不能作爲該企業全部產品產銷量之測度標準，仍然可以將各種產品分別各自以收支平衡圖分析衡量之；或者先將各種產品之銷售額折算爲主要產品或標準產品之銷售額，然後再做該企業全部營業之收支平衡分析。

　　收支平衡圖中表示收益和成本間變動關係的線段，都可以因產銷量及市場情況之變化而加以變動，所以收支平衡分析可以對營業情況作動態的分析，以補助一般成本分析工具之不足，可以分析在各種不同成本、各種不同售價，以及各種不同營業額之下，對企業的營利能力可能發生之各種不同影響；運用此種分析方法所獲得之資料，可以了解在投資、定價，以及銷售額等各方面應該採取的最有利策略，以求獲致最多的利潤，所以收支平衡分析雖然有缺點，仍然被廣泛的用作決策工具。

　　事實上，國內企業界時下對處理實際業務所採用之決策方法，常與學理相距甚遠，甚至有時會背道而馳；當然，學理也可能脫離企業的實際問題而不適用。如何縮短學理與實際業務問題間之距離，而使學術理論對工商企業發揮更大的貢獻，或者由於工商企業界業務上的需要，而加速促進學術研究之進步發展，仍有賴於學術界與企業界之共同合作與努力。

練　習　題

一、何謂收支平衡點？其作用如何？

二、收支平衡圖如何構成？其功用如何？

三、收支平衡分析有那些重要功用？

四、確定一定利潤下的產量與確定一定產量下的利潤，兩者之公式如何演化？比較兩者有什麼不同？

五、在收支平衡點以下的銷貨收益與收支平衡點以上的銷貨利益，對利潤的貢獻有什麼不同？

六、售價的增減變動對收支平衡的影響如何？產品的需求彈性大於 1 或小於 1 時，採用何種價格政策比較有利？為什麼？

七、變動成本發生增減變動時，對收支平衡點之影響如何？說明其原因。

八、固定成本發生增減變動時，對收支平衡點之影響如何？此種變動對損益有什麼影響？

九、增加固定投資時，從損益的觀點需要考慮那些問題？為什麼？

十、固定成本、變動成本，以及售價都可能產生那些相關連的變動？各對收支平衡點和利潤產生那些影響？

十一、若總成本線呈階梯狀遞增時，用減低售價的方式以求增加銷售量，會發生甚麼現象？此種情況對利潤會有什麼影響？

十二、如果運用增加推銷費用的方式以求增加銷售量，對於收支平衡點和利潤會有什麼影響？

十三、某公司預計其產品之單位售價為 $1 時，可以銷售一百萬個單位，在此項銷貨數額下，全部變動成本為 $600,000，固定成本為 $200,000，試求其收支平衡點。

十四、某工廠之全年產量為 9,000 件，預計可以全部售出。其各項成本如下：直接人工每件 $1.50，物料每件 $1.00，其他變動成本每件 $0.50；固定成本總計 $24,000。若該廠希望獲得 $21,000 的利潤，試決定該項產品之售價。依照所決定之售價，其收支平衡點是多少？

十五、某項產品在銷貨額為 $125,000 時，其變動成本為 $60,000，固定成本為 $50,000，利潤為 $15,000。其收支平衡點何在？在此種營業情況下，試問要多少營業額所獲致的利潤才能等於縮減成本 $500 所獲致的同樣效果？

十六、某公司設備之能量全年可以生產 600,000 個單位，時下的作業只達到其能量的 65%，全年的銷貨收益為 $425,000，固定成本為 $200,000，單位變動成本為 $0.60。在此項營業額下之損益若干？該公司之收支平衡點如何？如果營業額能夠達到生產能量的 80% 時，可以賺取多少利潤？

十七、某項產品之單位售價為 $10，變動成本為售價的 40%，固定成本為 $200,000，收支平衡點為若干單位？假定時下的銷貨額恰好能維持收支平衡，預計若將單位售價降至 $8 時，可能將營業額增為 50,000 個單位，試決定是否應該減價以求增加銷售額？

十八、設某工廠只生產一種產品，其固定成本為 $ 20,000， 每單位之變動成本為
　　　$ 50， 為了謀求較多的利潤，有人建議再花 $ 30,000改良機器設備，並將單
　　　位變動成本再加 $ 50， 以求改進產品的品質，而且也將單位售價提高，市場
　　　部門對此項策略可能產生的結果估計如下：

單　位　售　價	每　年　銷　售　量	
	改　進　前	改　進　後
$ 100	900單位	2,000單位
150	500單位	1,000單位
200	250單位	600單位
250	100單位	375單位
300	40單位	200單位
350	15單位	125單位
400	5單位	40單位

　　　試決定採用甚麼策略才能求得最多利潤？

十九、試根據下述已知資料解答以下各問題：

自動化工具的購置成本	$ 800
預計耐用年限	5 年
資金的利率	10%
每年保險費及修護費	$ 80
每年使用次數	10
每次的籌製 (setup) 成本	$ 10
應用新工具預計每單位節省人工成本	$ 0.05
應用新工具每單位增加物料成本	$ 0.015

　　1. 計算維持收支平衡所需要的產量。

　　2. 如果不計算節省的人工成本，收支平衡產量應為多少？

3. 若以金額表示之，收支平衡點爲若干？

二十、某公司擁有兩座工廠製造相同的產品。A廠年產量爲50,000個單位，其固定成本爲 $ 240,000，單位變動成本爲 $ 3；B廠的年產量爲75,000個單位，固定成本爲 $ 260,000，單位變動成本爲 $ 4。時下A廠每年生產 22,000 個單位，B廠每年生產45,000個單位，試決定：

1. 依現在的生產狀況，各廠的單位生產成本如何？

2. 如果各廠都依照能量生產，各自的單位生產成本如何？

3. 將目前的67,000個單位產品如何分配於 A、B 兩廠，才能使生產成本最經濟？

4. 預估下年度的營業額可以到達75,000個單位，如何分配於兩廠生產才能使生產成本最經濟？

廿一、設某工廠的年產量爲200,000個單位，固定成本爲 $ 450,000，變動成本每單位是 $ 3。在國內市場若以單位售價 $ 13可以銷售100,000個單位；若將單位售價降至 $ 7，可以將其餘的100,000個單位外銷。試計算：

1. 國內市場的銷貨利潤若干？

2. 如果將另外100,000個單位以單價 $ 7外銷，對損益的影響如何？

廿二、設某工廠時下只工作一班，最大年產量爲4,000個單位，單位售價爲 $ 175，可以全部賣出。固定成本爲 $ 300,000，全部變動成本爲 $ 360,000。如果加班可以將年產量增至4,500個單位，由於部份變動成本並不是成比例的增減，因此全部變動成本只需 400,000。據預測市場的需求情況，若將單位售價升至 $ 180，可以銷售 4,100 個單位。試決定採取何種策略才能獲得最多的利潤？

第四章　廠址的選擇

第一節　選擇廠址的重要性

工廠的廠址 (*Plant Site*) 乃是生產事業從事生產活動和推動營業的地點，關係到獲取生產資源的成本之高低，以及製成產品後營銷之是否便利。雖然理想的廠址並不能保證生產企業一定會獲得成功，但是若廠址選擇不當，却往往會為該企業造成不易克服的困擾，甚至會註定一個企業的失敗，所以廠址的選擇適當與否，足以決定企業的前途，並關係到經營的成敗。俗語說「好的開始，就是成功的一半」，這句話若用來說明選擇廠址對生產企業經營的重要性，可謂恰到好處。

企業的組織結構如有不善，建立的制度如有不妥，還可以再加研究，重行改組或變革，但是萬一廠址選擇錯誤，則失敗的命運即已註定。因為擇址建廠是件鉅大而又永久的固定投資，在廠房建造完成，機器設備佈置妥當之後，如果發覺廠址選擇錯誤，則為時已晚，將難以補救。因為新建的廠房既然不利於經營，出售亦必無人問津，將廠房及設備拆卸而易地重建，所需費用過於浩大，往往不勝負擔。若遷就維持下去，則成本將始終高出同業，營業即將永遠居於不利的地位，一旦市場發生劇烈的波動，在無力繼續支持的情況下只有停工或倒閉。故於建廠之初，必先縝密分析與慎審選擇，首先擇定若干「有可能的廠址 (*Potential Site*)」，進而比較各可能廠址的經濟條件、政治條件、自然條件、及社會環境等，以選擇其經營成本（生產成本及銷售成本）最低，且又具備優良的

發展條件者爲廠址。

擇址設廠是關係到企業生存發展的百年大計，所以企業家必須要能顧及現實並料及將來，二者缺一卽非善策。國家擇地建都攸關國運之隆替，企業擇址設廠則影響到業運之盛衰，宋代由於建都開封而始終貧弱，香港開埠適宜而工商迅速發展，擇地之重要誠如斯者，故闢專章討論之。

第二節　選擇廠址的基本原則

生產企業並不是經常需要選擇新廠址，只有在以下幾種情況下才發生選擇廠址的問題:

1. 新的生產企業創辦成功，開始設廠生產; 或原有的生產企業需要設立分廠時。

2. 產品的市場需求量增加，必須擴充生產，但舊的廠地無法擴建，或不合於擴建經濟原則時。

3. 原租賃之廠房租約期滿不克續租，或因其陳舊過時不合需要，必須另覓廠址時。

4. 原有的廠址選擇錯誤，或因社會及經濟情況變遷，舊廠不利於繼續經營時。

綜觀以上各項原因，除了第一項之外，其他三項皆與廠址選擇錯誤有關，爲了避免重蹈他人的覆轍，故於選擇廠址之初，必須愼重的考慮。當然，完全理想的廠址常不易尋求，各地區都可能有其優點與缺點，因此新廠址的選擇，常須權衡比較，以定取捨。因爲工廠的區位與營業成本之高低有直接關係，所以最重要的基本原則，就是要使生產企業的經營成本能長期維持於最低，此項原則適用於任何一種生產事業。

首先應權衡比較的問題是廠地的投資數額及營業成本。利於營業的廠址，可能是地價貴，租金高，需要大量資金，但有利的廠址却便於跟顧客交接，能接受較多的訂貨，當營業量較大時，則單位成本比例減少。有利的廠址，且能減低企業的製造成本及運輸費用，而使產品的售價低廉，利於競爭，在經營上長期居於有利的地位。

所謂經營成本的高低，廠址的有利或不利，必須權衡比較才能決定；有些地區往往長於此而短於彼，卽在某些條件上有優點，而在另外一些條件上却有缺點，所以在選擇時，必須就生產企業之特性，如所採用之機器設備、原料、製造方法、銷售過程，以及運輸工具等有關問題，先有通盤之了解，然後就客觀之條件，如經濟因素、政治因素、社會環境，及自然環境等，多預定幾個有建廠可能的地址，逐一分析調查，權衡比較之後再定取捨，尤其要預測其未來的發展趨勢及可能發生的變化，期能長臻繁榮而立於不敗之地。

第三節　理想的工廠區位應具備之條件

生產企業選擇廠址的目的大致略同，但其條件却因各別企業之特性，及客觀的經濟情況而異，並沒有永久不變的固定標準，但理想的工廠區位 (*Plant Location*) 仍須具備某些原則性的基本條件，依各項條件性質之不同，可以歸納為經濟因素、政治因素、社會因素，以及自然因素等，茲擇要列述如下：

一、經濟因素

生產企業無不希望以最經濟的生產手段，製造出價廉物美的產品，並藉消費者慾望之獲得滿足，以推銷產品謀求利潤，因此，選擇廠址時，

卽需考慮有利於減低成本之各項經濟因素:

1. 接近原料產地

原料爲製造業的命脈，沒有原料卽無法從事生產。在許多工業中，原料成本常佔產品總成本的最大部份，故工廠區位之選擇與原料之質量及其供應價格，關係特別重大，有的工業需用之原料量多而又笨重，長距離運送時，費用浩大，勢必增加產品的成本，故以接近原料的產地爲宜。但是有些工業需用之原料項目眾多，遍佈各地，產地分散無法一一遷就，故所謂接近原料產地也只能接近較重要的項目。大致下列情形之工廠，設在原料產地爲宜:

（一）原料笨重而又價值低廉者——如磚瓦廠、水泥廠、玻璃廠、鋼鐵廠，及木材廠等。

（二）原料易於腐壞損失者——如魚鮮罐頭廠、蔬菜及水菓罐頭廠等。

（三）產品由原料中之小部份提煉出，而原料笨重產品價值昂貴者——如金屬鑛廠及製糖廠等。

（四）原料運輸不便者——如屠宰廠等。

工廠的區位如果需要接近原料的產地，卽應先對該產地之原料的品質、產量、價格，以及各種潛在供應力，加以詳細的調查研究，以免設廠後發現原料耗竭或品質低劣等情事，而蒙受被迫減產或停工的損失。

2. 接近消費市場

在現代大規模生產事業所製造之產品，不管是靠訂貨生產或者是存貨生產，都是爲了銷售，而且商品化生產之目的，是在藉消費者慾望之獲得滿足以求取利潤，而此種交易行爲又賴市場之功能始得完成，所以工廠之設立必須考慮其產品的市場所在地。

在自由競爭的經濟制度之下，任何一種生產事業，欲求生存發展，

而不被同業競爭所淘汰，卽必須積極爭取市場，以推廣產品的銷路，故一般的消費品製造業大多集中於都市及消費市場，至於市場的選擇，除應注意其銷路擴展之可能性外，還需注意其需求的穩定性。一般言之，廠址離市場越近越好。

但是接近市場的地區地價必定昂貴，生活程度高，工資也高，而且稅捐負擔也可能較重，更有嚴格的法律限制，此等因素均足以增加營業成本，間接也就影響到產品的競銷能力。工廠區位接近市場的主要目的，在求節省運費，便於提供較佳的服務，及便利銷售，以爭取市場。如果製造成本因而提高，售價反而較同業昂貴，則必無法競爭而喪失市場。所以在選擇廠址時，必須權衡各項有關因素的利弊，選擇單位產品的生產成本及運輸成本皆爲最低的地區爲最理想之廠址，不可只圖接近市場，而忽略其他因素。大體上，下列情形之工廠必須接近市場：

（一）製造完成後運輸不便者——如傢具廠。

（二）製成的產品易於腐損者——如食品廠、製冰廠。

（三）提供技術性服務者——如修配廠、印刷廠。

（四）迎合特殊需要者——如仕女的時裝業等。

3. 接近勞工

雖然現代科學昌明，生產儘量機械化自動化，但機器仍需工人來操縱與保養，所以卽使機械化生產的工廠也少不了工人，尤其是某些需要大量人工的工業，更須設廠於勞工衆多，工資低廉的地區，以求降低人工成本，例如許多紡織工業都設廠於臺北市郊及三重、中壢等地，就是基於此種理由。

勞工可分爲粗工、半粗工、技術工，及精巧工等多種。凡使用粗工的工業，工人易於訓練，可以隨時招募，勞工不是決定廠址的重要條件。而技術工和精巧工則徵聘不易，而且訓練頗需時日。故需要大量技

術精巧工人之工業, 如紡織業、製藥業、汽車製造業, 及電子工業等, 勞工成本佔製造成本之比例甚大, 而且勞工的技術及工作效率, 又直接影響產品的品質和產量, 此等工業則勞工的供給常為設廠地址的決定條件。

技術工人雖然可以自由流動, 但除非能提供較高的工資和職位, 或其他有利條件, 否則無人願意輕易離開原工作或原居處。如果以利誘吸收工人, 則有失減低生產成本之旨意。所以許多早期發展的工業城市, 能歷久不衰, 未被新興工業區所取代, 因有大量技術工人聚居其地, 亦為主要原因之一。

4. 交通運輸方便

交通運輸為生產企業之動脈, 諸如物料、工具、成品、職工等等之運送, 在在影響產品成本的增減。交通便利能使原料和成品之運送迅速, 以節省時間成本, 而且運輸方便能使原料產地與消費市場銜接連繫, 不受自然條件的限制。尤其現代大規模的生產企業, 市場廣大, 原料供應者衆多, 例如美國雪佛蘭 (*Chevrolet*) 汽車廠, 其生產之雪佛蘭汽車遍銷美國全國及世界各地, 而且從七百多個不同地區 (二萬四千多原料供應商) 購入不同的原料、物料及零配件 (註), 其廠址之接近原料或接近市場, 均將顧此失彼, 故廠址之選擇應以總運費最低的地點為最有利。

運輸工具中, 以水道運輸的載運量大, 運費較低; 陸路運輸 (如火車、汽車) 次之; 空中運輸除時間上快速外, 運輸量有限, 運費較高, 最不經濟, 所以工廠如能選擇一個水陸交通兩便的區位最為理想。生產事業考慮運輸問題時, 必須注意其產品的性質, 譬如笨重粗大之物品, 廠址宜接近鐵路車站或河海港口; 銷往農村鄉鎮之產品, 宜靠近公路; 專為銷售海外之產品, 則廠址最好接近港埠碼頭。一般性生產事業之廠址須注意以下之運輸問題:

（一）廠址附近之交通運輸是否便利。

（二）本路線與其他交通路線之聯運業務是否發達。

（三）有無水道或鐵路運輸可資利用。

（四）原料及產品之體積、重量、及性質是否適合於現有的運輸工具。

5. 接近動力

現代機械化生產之企業，動力成本每佔總成本中的重要部份，所以動力成本也日受重視。任何企業無不希望其動力成本能保持最低，故在生產過程中需要動力至巨或燃料甚多之工業，如鋼鐵工業、煉鋁工業、以及火力發電廠等，其廠址應以接近動力或燃料供應地爲宜，俾可獲得充分的供應，而且價格也可能較爲低廉；更應進一步對其廠址附近的動力資源之儲藏量與可靠性等，詳加調查，俾作最有利之選擇。有些大規模的工業，爲了確保動力供應，甚至於自設動力系統。但近年來由於長距離輸電技術之進步，此一因素，對一般製造工業之重要性已顯著減低。

6. 資金融通便利

無充足的資金工業不易創辦，無融通之資金則工業難求發展。生產企業的原料、配件、在製品、及製成品等各階段，往往都要積壓大量的資金；尤其是廠房之擴充，設備之汰換，隨時需要長期、短期、或臨時性的資金融通；特別是偶發性的資金週轉，每每緊急迫切，一旦資金週轉不靈，足使生產企業停頓或破產。故於設廠之初，若兩地條件略同，宜擇其資金之籌措及調度便利者爲佳，以免陷於短絀拮據之困境。

二、政治因素

欲求發展國家的工商企業，以促進社會經濟的繁榮進步，必以政治

註 Franklin G. Moore: *Manufacturing Management*, Chapter 11, P.203

清明及社會安定為前提，所以生產企業無不擇其治安良好，法律公允，而且稅捐負擔又公平合理之地區設廠。茲將選擇廠址時必須考慮的有關政治因素列述如下：

1. 社會安定繁榮

投資設廠是一種富有風險的商業行為，所以必須社會安定、政治清明才會有人敢於投資以從事生產事業；且需幣值穩定，衆人才肯將儲蓄轉作投資。也唯有繁榮進步的社會，國民所得高，大衆購買力强，產品才有銷路，所以生產企業一定要選擇社會秩序穩定與社會經濟繁榮的地區設廠。

2. 權益受法律保障

有些國家或地區的自然環境很適合某種工業設廠，但因其法律變更無常，資本權益得不到合理的保障，或該地區採行過度的管制政策，如共產主義國家之沒收外人資產，實行全面工業國有化，及菲律賓之菲化法案等，致使境內企業家及外資都裹足不前，而阻礙工商企業之發展。相反的，有些國家或地區為了促進工業之發展，對生產事業，制定建廠地價優待，保障市場權益，並採取減免稅捐等等獎助政策；如我國現行之優待外資及僑資的措施，卽在造成有利的投資環境，以促進國內生產事業之迅速成長。

我國的法令規章全國一致，故法規影響於新廠擇址的重要性不太顯明。而美國及其他聯邦國家，各州的立法獨立，互不相同，假如兩地區之其他條件相同，則宜選擇有法律保障，而又可享受優惠之地區設廠。

3. 稅捐負擔較輕

生產事業的廠房及機械設備等固定投資，往往數額龐大，因此，財產稅的負擔每為可觀的數額；而其他各種苛捐雜稅，也直接增加企業的財務負擔，並減少營業之利潤。所以儘管其他條件有利，如果稅捐太重，

也非理想的建廠區位。地方政府每以稅捐爲其主要的財政收入，但若過於繁苛，則對企業之投資可能產生嚇阻作用，而對其財政目標可能適得其反。因此，有些地區爲了吸收投資以發展工業，繁榮地方以培養稅源，每每制定稅捐優待或減免的辦法。所以，如果其他設廠條件相同，則宜儘量優先考慮利用此種稅捐優惠，以減輕負擔而增加利潤，俾利於企業之發展。

三、社會因素

不管其他因素如何有利，除特殊工業如發電廠、礦場，及林場之外，一般工廠都不能設在人烟罕至的曠荒之野，所以設廠之初，必須明瞭廠址所在地的社會狀況；至於如何選擇及適應當地的環境，則須注意以下各項因素：

1. 產品要適合當地的生活習慣

世界各地的生活習慣互不相同，生產事業欲求生存並謀發展，其產品除非專爲外銷，否則產品的性質一定要適合當地的需要，而且要順應當地的生活習慣。例如世人皆知鮮乳及乳製食品對人體的營養價值極高，而臺灣的坡地甚多，氣候又溫和，極適宜於發展乳牛事業。而且臺灣人口稠密，消費量多；尤其多數人缺乏動物蛋白質，乳牛事業理應合乎當地需要。中國農村復興委員會有見及此，乃大力提倡，出資培植牧草，購進乳牛，並貸款輔導農家飼養，以爲農村之副業，更進而出資補助味全食品公司收購牛乳價款之差額，以維持乳農的合理收益。本省農民與業者又具有勤奮容易接受新知識的特質，飼養及管理技術的吸收和改進非常容易；而且農復會又派遣獸醫下鄉巡廻，免費爲乳牛醫療服務，並廣事宣傳以鼓勵消費，可謂煞費苦心，備盡倡導之力。經政府民間多年來如此大力推動，照理臺灣的畜牧業及乳製食品業，應該蓬勃興

盛才對，但因國人對鮮乳飲用不慣，乳製品的食用無法普遍；而少數食用者又多偏愛舶來品，對本省產品缺少信心，以致多年來乳牛業及乳製品工業之發展始終不如理想。

2. 注意當地的文化水準與宗教信仰

居民的文化水準（指其民情風俗與教育程度）及宗教信仰，對生產事業的生存及成長關係亦甚密切；蓋居民教育程度之高低，直接關係到員工的素質及其工作效率，間接影響到產品的質量及生產成本。文明進步的地區，其民眾社團會盡力協助企業的發展，以求造福地方；反之，則可能百般阻撓，以致企業無法開創。例如滿清末年國內風氣未開，鐵路事業之創辦，卽曾遭遇舉國上下的嚴厲反對，甚至有愚民及頑吏從事抵制破壞。由此可見，風俗對生產事業關係之重大。至於宗教信仰的影響則尤甚於前者，如果生產事業的性質與當地的宗教信仰相違背，則不但原料來源及產品銷路有問題，員工的招募也有困難，而且會遭遇到無端的非難或干涉。當然企業家不會如此盲目的投資，但事實上，越是需要開發的地區，其居民越是愚昧與迷信，所以企業之擇址設廠不可不注意及此。

3. 生活水準不宜過高

工廠員工的薪給和酬勞，及一般用品的售價，往往受所在地生活水準的影響，若生活水準高，其薪工率也必須提高，才能與生活水準成比例；反之，生活水準較低的地區，薪工率卽可降低。因為勞工的工資、職員的薪金，與加工製品的各項費用是構成生產成本的重要因素。故工資及費用的高低直接影響生產成本，間接影響到與同業競爭的能力。因此，生產企業選擇廠址時，該地區生活水準的高低，也須列入考慮。美國及其他工業先進國家中，有許多生產企業都到海外建廠，其主要原因卽在逃避國內高工資的負擔。

4. 同業發達的專業化地區

工業社會發展的結果，有些工業往往聚集於同業發達之專業地區，而形成該工業產品之聚散地，究其原因，可歸納為以下幾項：

（一）歷史悠久信用卓著——被公認的悠久商譽，容易吸引顧客，例如江西景德鎮的瓷器，其信譽絕非其他地區之同業短期內所能建樹。

（二）有技術精良的勞工——工人的技術影響產品的質量及生產成本，尤其技術工訓練不易，而且訓練費用很大，但專業化地區之工人技術較為精良，也容易徵聘。

（三）原料供給充裕——同業發達的地區，原料、物料必定充裕，供應數量較多，價格也合理，而且容易獲得品質適宜的原料。

（四）衛星工業發達——現代工業很少能不依賴其他相關工業而單獨存在者，尤其有些生產事業，時常需要某些零件、配件，及技術性的服務，在同業發達之專業化地區即易於獲得所需要的各種服務。

由以上的分析可知，新創辦的工廠最好能設立於商譽卓著且同業發達之地區，同業間雖有競爭之弊，但亦有相互觀摩以促進改善之利。

四、自然因素

科學儘管發達，生產企業之受自然因素的影響仍然在所難免，如果強以人力克服不適宜的天然條件，其費用必定龐大，且間接增加生產成本，所以生產企業之設廠，仍需選擇自然條件優良的廠址，理想的自然條件約有以下幾項：

1. 氣候適宜

據美國製造業協會發表的統計資料顯示，氣溫在華氏 59°～70°時，勞工的工作效率最高，氣溫過高或過低都將影響生產效率，此外如逢嚴寒大雪則曠工加多。故氣溫是否適宜，直接影響員工的健康及工作效

率, 間接影響生產成本。近代科學雖然昌明, 氣候對選擇廠址的影響仍不失為一項重要因素。調節氣溫和濕度之科學設備, 雖然應用日廣, 但耗資鉅大, 增加生產成本。氣溫甚且關係於廠房的建築設計, 寒冷地帶的廠房要能禦寒, 以保持室內溫暖; 炎熱地帶的廠房要能防熱, 以保持室內涼爽, 兩者皆增加建築費用。

氣候對工業影響較顯明的有紡織業、製菸業, 及電影拍片業等。例如英國曼徹斯特 (*Manchester*) 和美國的新英格蘭 (*New England*) 諸州, 都是世界著名的紡織業區, 氣溫及濕度適宜為主要原因。電影拍片業之所以集中於好萊塢 (*Holly-wood*), 即因該地區終年乾燥, 氣候溫和, 適宜於室外拍片活動。故工廠區位決定之前, 必須對當地的氣候充分了解, 以作有利的選擇。

此外, 氣候之良好與否往往會影響企業高級決策人員及其家屬的生活狀況, 因此亦間接影響廠址的選擇。

2. 地基優良

廠址的地形與地質等, 對於廠房之建築關係殊為重大, 例如地質鬆軟則承受力較差, 不適宜重工業建廠; 若地形不平或過於低窪則容易積水, 若是污水排除困難, 而需以人力改良, 則又費用浩大, 增加企業的負擔。又如廠址附近地質之鹽性或硫性過強亦不相宜, 不但腐蝕機器設備, 增加折舊及維護費用, 而且也會引起產品之化學變化, 損傷產品的品質。所以設廠之前, 對於地基之可用情形, 必須加以精確的探測研究。

3. 接近水源

有些工業如水電廠、造紙廠、鋼鐵廠、鍊鋁廠、肥料廠, 以及尼龍 (*Nylon*) 廠等, 耗水量大, 廠址必須接近充裕的水源或取水方便處, 例如美國腓力斯鋼鐵廠 (*U.S. Steel's Fairless Works*), 每日耗水量在兩

億五千萬加侖以上 (註)，若水源一旦枯竭或不足，則只有停工倒閉。

有些工業產品的品質常因水質的化學成份之不同而有差異，例如釀造業等。而且飲用水質不良，也會影響員工的健康。所以生產企業於設廠之前，務須詳細勘察廠地水源之水質及其潛在存量，特別注意其枯水期的水量，以期將來能充分供應而不虞匱乏。

第四節　廠址的確定

經權衡上節所述之各種因素而決定設廠於某一地區 (*Location*) 之後，即須進一步考慮確定廠址 (*Plant site*)。在同一區位內可能有數處廠址可供選用，此時必須針對生產企業的特性，更深入的分析研究其各項有關因素。通常多依據單位產品的生產及分配成本百分比而分析比較之，例如直接人工、物料運費，及業務費用等，在不同廠址各佔總成本的百分比之大小，選其生產及分配之成本最低，而固定投資又最小者為廠址。依廠址性質之不同，又可分為一般性廠址及特定廠址，茲將各種情形應考慮之事項分述如下：

一、一般性廠址的選擇

確定一般性的廠址時，所需進一步深入考慮的問題約有以下幾點，茲略述之：

1. 廠址宜合於廠房佈置計劃並有擴充餘地

購置廠地之先，即應有工廠建築藍圖及廠房佈置草案，俾憑以計劃建廠用地，而且生產企業應有長遠的發展計劃，所以設廠之初，除廠房、

註　Franklin G. Moore: *Manufacturing Management*, Chapter 11,

　　　P. 204

倉庫，及道路等所需之建地外，並應考慮將來擴建的餘地。當然此種固定投資會增加財務負擔，尤其是一個新創的企業，資金可能短絀，也許沒有財力預購空地，但對一個經營合理而且又有開拓遠景的生產企業來說，此種投資是值得考慮的，可能爲未來節省極大的費用，而且土地的購買只是一次投資，所以建廠用地的投資不能只圖近利。

2. 整理廠地環境的費用

籌建一個工廠，不能單考慮廠房的建築費用，舉凡工廠四週的環境、通路、下水道，及排泄污物和堆存廢料之處所，都需一併修建。尤其設在郊區或鄉間的工廠，公共設施比較缺乏，一切都需自理，此種費用往往相當龐大，所以此項修建廠房環境及有關設施的費用亦需預計在內，以便權衡比較。

3. 貨物之裝卸運輸力求經濟方便

無論原料進廠或成品出廠都需要裝卸和搬運，而此項費用又是繼續性的長期開銷，其增加不足以增進產品的價值，其減少亦不足以影響產品的質量，故工廠之修建務求便於物料及成品之裝卸搬運，以期減少運輸成本至最低限度。

4. 員工往返便利

若員工往返於交通不便之處所，不但浪費時間與消耗體力，而且還會影響員工的工作情緒，間接也會影響生產效率及產品的質量。譬如居住在臺北市的員工，早上爲了趕車上班，必須提早離家至車站等候搭乘公共汽車，而公車之擁擠及過站不停又爲常事，員工在候車過久以致誤點遲到的情形下，必定心情煩燥，其工作效率難免低落。所以在選擇廠址時卽需考慮到員工的交通問題，以便有適當的解決方法。許多大規模的企業機構，往往自備交通車輛，亦不失爲解決之道；然而，此種額外的耗費，自亦增加其經營之成本；是以事之利者，其弊也隨之。

二、特定廠址的選擇

在某些國度或地區內，常有自然形成之工業區，或由政府劃定之工業區，以及港埠附近的「加工出口區」等。設廠於此等地區，往往享有許多優惠，故生產企業在設廠時，應盡可能優先考慮此等有利地區。玆將工業區及加工出口區的各別特性簡單介紹如下：

1. 工業區

時下凡由政府設定之工業區多係有計劃的進行，且有主管機構加以輔導和協助，故每每享受許多便利和優待，譬如有已開闢及修建完成之馬路和下水道，購置廠地之手續簡便，地價公平，而且還有供水接電等公共設施，衞星工廠之服務，運輸設備之便利，以及專業銀行之財務融通等，以上各項均足以使區內工廠之製造成本或營業成本降低，以利競爭。

不過，此種工業區也有其嚴重的缺點：

（一）區內工會組織較堅強，往往與生產企業的資本主形成對立，因而造成許多困擾，會影響企業之發展。

（二）主管官員每每利用職權，由輔導而變爲刁難，辦事因循，手續繁複，往往誤時誤事；而且陋規因襲，企業家每因煩瑣困擾而裹足不前。

（三）社會環境如白雲蒼狗，不停在演變，每因新社區之發展或人口之流動，以及政治或經濟上的種種原因，而令原有的工業區減少或喪失其重要性，例如安平港及金山礦場之廢棄。

2. 港口附近之加工出口區

如我國高雄之加工出口區及西德之漢堡 (*Hamburg*) 出口區。此類工業地區之設置，主要目的爲鼓勵輸出以賺取外滙，政府爲了鼓勵產品外

銷，盡量設法減低其成本，以利於在國際市場上競爭，故原料輸入之進口稅及產品出廠的貨物稅，一律減免，甚至連營業稅在某種限度內也享受優惠。但區內工業的產品必須外銷，流入國內市場的部份則不得享受優待。如果廠商有可靠的國外市場，設廠製造外銷產品時，應儘可能利用此種優惠地區。

3. 國外設廠

如果國外市場需求量特別大，而國內生產成本又很高，尤其遠距離運輸費用浩大時，為了利於競爭，宜於國外就地設廠生產,直接供應之。也有的廠商於國外設廠製造本國大宗進口之產品，以輸入國內，此種現象主要是遷就國外的原料產地，或基於國外的工資低廉，或者是國外有獎勵外人投資的優惠條件等因素。近年來許多美商來臺投資設廠，從事各種需要大量人工之製造業，再將產品輸往美國，卽是很顯明的例子。

第五節　城市、郊區，及鄉間設廠區位之比較

一、城市設廠

城市通常都是人口稠密，交通發達，工商金融滙集之地，故設廠於城市，可獲接近市場，運輸方便，動力供應便利，勞工充裕，資金易於融通之利；而且也可以享受現代化市政設施之便利，諸於馬路和下水道之修建，以及防火防盜等社會安全措施。尤其是小型衞星工廠，專門製造各項工業之配件和附件，並有賴其他工業之配合者，必須設廠於城市才能生存。

但城市地價昂貴，建築物毗鄰銜接，無擴充發展之餘地，而且容易遭受意外災害，如火災的波及等是。又城市中生活水準高，工資因而高於郊區和鄉間。更且城市對於工廠烟囪排烟、廢物處理，以及機器聲浪

等的限制較嚴；有些租稅也常較鄉郊爲高，是以過多的限制律例亦有礙於工廠之發展。

綜合以上的分析比較，大致言之，具有下列情況的生產企業以設廠於市區比較適宜：

1. 工廠規模不大，但需雇用大量高度技術性員工者。
2. 需要與顧客及供應商直接接觸，而且要迅速方便者。
3. 必須依賴現代都市的公共設施，而無力自行設置者。
4. 廠地所需之空間較小，或可設置於多層建築內者。
5. 在市區內能租用廠地，可減少固定投資者。
6. 需要依賴其他工業及與許多衞星工廠配合者。

二、鄉間設廠

設廠於鄉間，地價較爲低廉，法律限制也較小，廠房可依理想或需要而計劃建造，且可預留將來擴充的廠地，例如水泥廠及磚瓦廠等，每因佔地廣濶，且需土石爲原料，故必須設廠於鄉村。而且鄉村生活水準較低，工資亦較低廉，工人的生活純樸，易於管理，工會組織等之干擾也較少，甚至某些稅捐負擔也較輕。因之，生產和營運成本較低，利於競爭。

但地處鄉間，廠房的四週環境皆須自理，譬如修建道路及排水系統等，費用往往很大；又鄉間較偏僻，員工及其眷屬之育樂場合欠缺，其他生活必需設施亦較缺乏，尤其是員工進修，及子女教育等都有不便；而用品之採購，又須跑向城市，且消息不夠靈便，難以順應市場的變化。

綜括以上的分析比較，綜合言之，具有下列情形的生產企業，宜設廠於鄉區：

1. 工廠規模宏大，需要佔用大量土地者。

2. 機器振動聲浪過大而產生噪音，或製造過程中產生有害的液體或氣體者。

3. 需要大量非技術性粗工，而人工成本所佔比例甚大者。

4. 產品具有易燃或易爆等危險性，而需隔離設廠者。

5. 富有高度製造機密，需與同業隔離者。

三、郊區設廠

郊區位於城市與鄉區之間，往往兼有城市與鄉區的優點，而少二者之缺點。由於現代交通便利，郊區居民在清靜的鄉村生活中，仍可獲得城市中現代化的享受；而且郊區地價也較低廉，易於擴充發展；再者，郊區的管制較少，所以一般工業均願設廠於市郊，尤其對中型規模之工廠，設廠於市郊特別相宜。

第六節　遷移新廠址

任何生產企業都希望廠房一經建造完成，一切有關原料、動力、市場，及勞工等因素皆不發生重大變化，以免重新設廠或遷廠之累。但是現今文明進步日新月異，滄海桑田，世事不斷在變化，目前我們認為選擇錯誤的廠址，其設立之初也許是相當理想的區位，例如五十年前，大多數的廠房都設立於勞工供應充足及交通便利的城鎮，但時至今日，一切改觀，每有設廠錯誤之歎！

新市場的開闢和急劇發展，新技術的發明和廣泛應用，促使社會經濟迅速的成長，於是各種生產企業大多生意興隆，產品供不應求，而必需擴大生產以資供應。但原有的廠址可能已無法擴建，乃不得不另覓廠址建造新廠；舊廠址也可能因為經濟及政治環境或人口的變遷，而無法

繼續經營；或因原廠的生產成本增高，競銷困難而使利潤減少，甚至瀕臨破產的惡運時，卽必須考慮移址重建新廠。新廠建造完成後，如何計劃搬遷？以及生產企業需要遷移新廠時應該注意那些事項？玆擇要列舉如下以供參考：

1. 應有周密的計劃

遷移作業的順序、所用之交通工具，以及新廠房的佈置和機器的安裝位置等問題，都應預先計劃妥當，俾能有條不紊，依次搬遷並順序安裝。

2. 不可喪失顧客

遷移前後，在新廠尚未納入正規生產期間，應預先製造足够的存貨，以應付預期的新訂單，而對原有的訂單更不能延誤，以免影響信譽，或喪失顧客。

3. 員工需作妥善安排

員工是否隨遷？亦應預作安排，隨遷的員工在新廠中的職務如何，應有詳細的說明，規定其應於何時抵達新廠報到，在那一部門擔任何種工作，以及他們的住所甚至生活瑣事都應預作妥善安排。至於不隨遷的員工卽應辦理遣散，並於新廠附近及早招募訓練新員工，以便接替其工作職位。

4. 預爲新廠訂貨

遷移之前應爲新廠預訂原料、器材，及用品，俾搬遷之後能及時開工生產，如果舊廠存有超額的原料及用品，亦應事前運往新廠儲存備用。

5. 物品盤點包裝

遷移之前應將所有的機器設備、存貨、工具、物料及用品等加以盤點標簽，以免拆離及搬運期間散失，可用的物品應予適當之包裝，以免在裝卸時或在運輸途中損壞，不堪繼續使用之物品應予及早報廢處理。

工廠在搬遷的前後，工作事項千頭萬緒，而且各工廠由於性質不同，所應注意的事項也不一樣，所以無法一一詳細列述，以上所列舉的五項，係一般工廠在遷移時所應共同注意之事項，其餘細節可自行參酌處理。

練 習 題

一、生產企業的廠址選擇適當與否對未來成敗之影響如何？

二、在那些情況下需要選擇新廠址？是否都與廠址選擇錯誤有關？

三、選擇廠址的基本原則如何？申述之。

四、理想的工廠區位應具備那些重要條件？列述之。

五、選擇工廠區位時所應注意的經濟因素包括那些事項？

六、何種性質的工業應接近原料產地？

七、何種性質的工業應接近消費市場？

八、何種性質的工業應接近勞工供應地？

九、交通運輸對工業設廠的關係如何？舉例說明之。

十、選擇工廠區位時應考慮那些政治因素？列述之。

十一、社會秩序對工業設廠的關係如何？舉例說明之。

十二、權益保障之程度對工業設廠的關係如何？舉例說明之。

十三、稅捐負擔對工業設廠的關係如何？舉例說明之。

十四、選擇工廠區位時應考慮那些社會因素？列述之。

十五、生活習慣對工業設廠的關係如何？舉例說明之。

十六、文化水準和宗教信仰對工業設廠的關係如何？舉例說明之。

十七、同業滙聚之地區對工業設廠的關係如何？舉例說明之。

十八、生活水準之高低對工業設廠的關係如何？舉例說明之。

十九、選擇工廠區位時應考慮那些自然因素？列述之。

二十、氣候對工業設廠的關係如何？舉例說明之。

廿一、確定一般性的廠址時，有那些問題需要深入考慮？

廿二、設廠於工業區或港口附近的加工出口區，會有那些利弊？

廿三、在何種情況下才有必要到國外去設廠？舉例說明之。

廿四、在市區設廠有那些利弊？甚麼性質的工業需要在市區設廠？

廿五、在鄉間設廠有那些利弊？甚麼性質的工業需要在鄉間設廠？

廿六、工廠在搬遷時應注意那些事項？列述之。

第五章　廠房之建築及其附屬設施

第一節　廠房及附屬設施對生產之重要性

企業家於從事生產事業之策劃時，除了首應確定生產政策，設計產品，以及選擇適當的廠址外，對廠房建築 (*Factory Buildings*) 之設計，與工廠附屬設施 (*Factory Services*) 之配置等，亦應有通盤的妥善計劃，以求配合得當，以便未來作業期間能發揮生產工作之最高經濟效率。

廠內員工的心理感受，常因工作環境之刺激而反應於工作情緒上，即員工的心理狀態（如友善、合作、焦慮、恐懼、或消極等表現），每因工作環境的物質條件之是否如意，而有不同的反應，或者可能改變其反應的程度。故工廠的廠房之建造及其附屬設施之配置，應儘量使工作環境中的物質條件與實際需要配合，而達到完美的地步，以求員工表現於工作情緒上的良好反應。

目前我國工業界人士，對於選購精良的機器設備，要求合格的原料物料，雇用熟練的工人等項，認識至為正確，惟對廠址之選擇和廠房之建築，每每因陋就簡，不作深入的考慮。至於對廠內附屬設施之配合，更是隨意設置，未能於廠房建築之初，同時給予以周詳之設計，以致雜亂無章，配屬不當，往往因此而減低生產效率。尤其，一旦企業成長發展的時機到臨，但因廠房設計配合不當，可能產生許多限制，既不能增產供應，又無法擴充發展，而導致企業蒙受停步不前之損失，深值殷鑒。

工廠中的附屬設施也是一種投資，如因此種投資支出而能增加員工

的工作效率，而且因工作效率之增加而使企業獲得之利益大於所付出的
投資，則生產企業在追求更多利潤之前提下，亦應考慮改善其附屬設施
至適當程度。所以生產企業的廠房及其附屬設施，與精良的機器設備、
合格的原料、及熟練的工人等，同樣負有達成生產作業最高經濟效率的
使命，故廠房之設計是否完善、建築是否優良，以及附屬設施是否配備
得當，都直接影響生產效率，間接影響生產成本及產品之品質，對企業
未來的成長及發展關係至爲重大，從事生產企業者，豈可等閒視之。

第二節　廠房之構造及類型

廠房之建築究竟採用何種結構及何種類型爲宜，一方面需視生產企
業的性質、產品和原料的種類、製造的程序，以及機器設備的重量和體
積而定；另一方面亦決定於廠址所在地之地價及可用面積。廠房依構造
之材料分，有鋼筋混凝土建築、鋼架建築，及木架磚牆建築等；依平面
的型式分，宜於採用的彈性建築有 I、L、T、E、U、H 等型式；依立
體的型式（層次）分，有單層及多層兩種；依屋頂的型式分，有平頂、
山形、鋸齒形，及氣窗式等。茲將廠房的各種構造及各種型式之特性簡
單介紹如下：

一、依廠房之構造材料分

建築廠房所用之材料，需視製造工業性質之不同而加以適當的選擇，
故廠房亦因建築材料之不同，而分爲以下三類：

1. 鋼筋混凝土建築 (*Reinforced Concrete Construction*)

此類建築之樑、柱，及隔層，內部結紮鋼筋，再灌以混凝土 (*Concrete*)，
故建築物結實耐震，防水又防火，支撐力大，兩柱間可保持較長的輻度，

增加廠房的可用面積；而且節省維護及保養之費用，適於建造多層樓房。但建築費用高，建造完成後不易變更，拆除尤其困難。一般重工業及機械工業多採用此類建築。

2. 鋼架建築　(*Steel Frame Construction*)

此類建築之結構部份採用鋼架，先搭成房架，屋面敷以鐵皮或鋁皮，防水耐震又美觀，節省維護及保養費用，而且容易改建或擴建。如鋼架表面再塗以水泥，則耐火性更強。適於開間寬廣的建築物，故需要活動空間很大的機械工業，如飛機、火車，及汽車製造廠等多採用此種建築。

3. 木架磚牆建築 (*Wood Frame Construction*)

此類建築係以木料做支柱及樑架，用磚石砌牆，以瓦片蓋頂。結構簡單，建造迅速，成本又低廉；但不夠堅固耐久，而且着火點較低，維護費用又多，只適宜於臨時性廠房。一般小規模的輕工業及手工業多採用此種建築物。

二、依廠房之平面型式分

廠房之平面型式種類繁多，不克牟述，茲選擇適於擴建或改建，而且又富有變更彈性之廠房型式，如 I、L、T、E、U、H 等平面型式列舉如下：

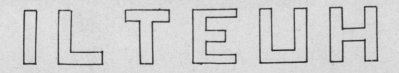

以上各類型之建築設計，在擴建或改建時可使新增建的部份與原有之廠房連接，並保持良好的關係位置，如 I 型廠房可擴充為 L 型，再由 L 型擴充為 U 型、甚至 T 型、E 型，或 H 型等，而且此種富有彈性的擴

展與廠房的附屬設施仍可作適當配合。

三、依廠房之立體型式分

廠房的立體型式之選擇，需視工業之性質、產品之製造程序，及廠址所在地之地形及可用面積等條件而定。單層建築與多層建築各有其特性，茲擇要列述如下：

1. 單層式 (*Single Story Building*) 的特性

（一）設計簡單，支柱少，不需要樓梯、電梯，或欄杆等設置，建築費用較省，廠房的可用面積大（單層的可用面積約為 96%，多層約為80%）。

（二）廠房內較少支柱及樓梯等阻礙物，可依理想作最經濟有效的生產程序佈置。

（三）地面承受力較強，能負荷重大的機器及物料，而且在製品和成品作平面移動時，其震動率小，較為安全。

（四）物料和在製品之平行運送宜於採用輸送帶 (*Conveyor*)，便於連續製造程序之工廠佈置。

（五）可以利用屋頂通風採光，故空氣流通，光線亦較充足，且可減少通風及採光的設備費用。

（六）便於日後擴充、增建，或改建，尤其是利於部份特殊性產品之隔離建築。

（七）遇有意外變故時，如火災或地震等，容易搶救，可以減少損害至最低限度。

（八）視線較廣，而且不受阻礙，易於監督管理。

2. 多層式 (*Multistory Building*) 的特性

（一）可以經濟有效的利用有限建築用地，廠址所佔面積較小，可

減少地價投資。

（二）每單位建築面積之地面及屋頂建築費用較省。

（三）樓房之氣溫傳導及輻射面積小，故可節省氣溫調節及房屋之保養費用。

（四）可利用重力下降之原理，使在製品依照製造程序順次下降，以迄於成品；既可縮短在製品之搬運過程，又可節省搬運費用，例如麵粉工廠等多採用此法。

（五）上層濕度輕，物料及設備不易銹蝕，而且容易保持清潔衛生。

基於上述各項特性之比較，以及成本、佈置、管理等問題之考慮，對單層式與多層式建築之選擇可歸納如下：

1. 如決定在鄉村或市郊設廠，因地價便宜，可用面積廣大，若機器設備重大，或生產笨重產品之工廠，宜採單層式建築，如煉鋼廠、飛機、火車，以及汽車製造廠等。

2. 如在市區設廠，因地價昂貴，可用面積有限，而且機器及產品較輕便者，則採多層式建築為宜，如食品廠及一般性化學製品廠等。

四、依廠房的屋頂型式分

廠房的屋頂常因建築物之立體型式及生產過程中所需採光和通風等要求之不同，而有以下幾種類別：

1. 平頂 (*Level Type*)

工廠中的樓房，及將來預計加蓋樓房的單層建築之頂部，多採用平頂，此種平頂或可作為晾乾及曝晒的陽臺，但廠房內的通風及自然光線較差，需多加裝照明及通風設備。

2. 山形 (*Mountain Type*)

一般磚瓦建築或鋼架建築之廠房，多採山形屋頂，因頂面斜度大，

可避風排雨，且受光面大；如加開天窗，則多面受光，而且空氣因上下密度不同而對流，增加廠內空氣之流通。

3. 鋸齒形 (*Saw-tooth Type*)

屋頂成鋸齒狀而呈起伏式，通常多將側面開窗，既通風又可採光，而且受光面較多，室內光線較佳。若廠內採光以自然光線為主時，此種屋頂最理想。

4. 氣窗式 (*Monitor Type*)

廠房屋頂縮進數尺後加高，於高出部份週圍開窗，故日光充足空氣流通，適宜於以自然光為主之工廠，可節省採光及通風的設備費用。

第三節　廠房建築之設計原則

廠址及廠房的種類確定之後，即該進一步設計建造廠房。廠房建築之設計，與普通建築物之設計不同，必須先考慮產品之性質、製造之程序、機器設備之裝置位置、一切附屬設施之配合，以及未來發展趨勢之預測等有關問題。因此，在計劃建築廠房時，應由負責生產計劃之主管、廠內工程師，及廠外建築師、承包商等，共同參與設計，並應邀請有關人員提供意見，或審查設計草案，俾使生產作業、規劃管理、附屬設施，以及機器設備之佈置等重要項目，均能顧慮周到，以免設計不當或建築錯誤。

特殊廠房之建築，必須就其作業之特性而個別設計，但一般言之，不論工業之性質如何，廠房之設計建築均應注意以下幾項原則：

一、適合需要

廠房之建築設計，必須適合製造程序和生產作業之需要，而且要與

機器設備之佈置計劃相配合，如果機器過於龐大，則往往於打好地基後，先安裝機器，然後再加蓋廠房，以減少或避免安裝與佈置機器時之困難。

二、堅固耐用

廠房之建築係永久性的固定投資，必須堅固耐用，以承受機器和物料的重量及生產過程中產生的震動，而且工廠是聚集大量員工從事生產的場所，必須要能保障工作環境之安全，以減少因意外災害所引起的生命及財產之損失，所以建造廠房，千萬不可貪圖便宜或草率從事，以免因小失大。

三、光亮通風

工廠內光度務求適宜，以利工作之進行。廠房內工人、機器，與物料雜處，尤其在製造過程中難免發散出熱度及不良氣味，故廠房內必須保持空氣流通。總之，工廠應設置安適的工作環境，以期減低工人的疲勞，增進工作興趣，提高工作效率，而且要有益於工人的身心健康。

四、易於擴充

生產企業如果經營合理而且得法，業務必定會不斷的發展，甚至有時為了適應社會的需要或技術的進步，而必須改變產品或改進製造方法；所以廠房於設計建築之初，即應考慮到將來發展擴充之便利，才不會因些微擴充或變更即發生困難，以求避免廢棄舊廠之重大損失。

五、外觀莊麗

工廠雖然不必像廟堂或會場般的富麗堂皇，以吸引遊客，但為了創造商譽，並建立顧客的信心，其建築物也不可太因陋就簡。因為在社會

上一般大眾心目中，外觀莊麗的工廠，必定是資力雄厚信用可靠。而且宏莊雅觀的工廠，也會激發員工的榮譽感，並提高員工的工作情緒。

第四節　廠房建築之彈性化

在自由經濟的社會制度之下，工商業發展迅速，生產企業間之競爭日益激烈，如想保持並爭取市場，即必須對產品予以不斷的設計創新。由於產品之經常創新及生產技術之經常改進，故廠房建築很少能長期適應其變動環境。因此，有許多舊式工廠，都不能適合現代化的生產需要。廠房建築何以會有如此快速的廢舊作用？綜合其原因約有以下三點：

1. 產品的創新

近年來無論是生產所用的物料及產品本身，或者是生產技術及生產方法等，各方面均在不斷的研究改進，以致原有的廠房大多無法長期適應新的變更。

2. 業務的成長

由於國民所得逐年加多，消費者的購買力亦因而增強，各種產品的市場需求日益增多，以致生產企業必須擴充增產，而原有的廠房已無法配合業務之成長。

3. 附屬設施配屬不當

由於建廠之初設計不周，或因只顧當時的需要，而對附屬設施未能作適當之配置，以致其不但不能發揮最大效用，甚至妨礙生產工作之進行，因而舊廠房無法繼續利用。

基於以上各項原因，今天的新式工廠，也許不久的將來即不適合需要。由於廠房建築非短期內所能完成，而產品與生產方法則在不斷的創新與改變，加以未來的演變又不可預測，因此，有些工廠在未建造完成

之前，可能已經過時而無法開工生產。

由於個別生產企業無法阻止產品的創新和生產技術的進步，所以上述導致工廠廢舊的第 1 項原因，係無法控制之變動因素，而且廠房之改變，影響有關的固定成本之增加。因此，除了容易變更的事項外，無法因產品或生產程序每次改變，即另建一所完全新式之工廠，以迎合需要。但是對於第 2、3 兩項導致廠房廢舊的原因，則可於建廠時考慮預防，或使之減少到最低限度。

事實上，我們也無法對未來的廠房建築作過多的構想或考慮，以人類現有的才智所設計的廠房，不可能到五、六十年以後仍然完全合用。因此，只要比較何者最適合於現在及何者可能適合於未來，而做最佳配當即可。換言之，既然無法確知未來的改變和需要，所以，最好的廠房則是適合現在的需要；同時為了便於廠房未來的擴充或改建，必須在某些緊要部位採取富有伸縮性 (*Flexibility*) 的設計，或多化些費用，以便將來容易改建或擴充。此種預為將來設計擴充改變之建廠措施，即為採用彈性之廠房建築，故彈性建築為避免工廠廢舊之最佳途徑。

第五節　廠房與附屬設施的關係

廠房的大小及型式，不但要能適足容納生產作業之進行，並且要能安置各種附屬設施。其建築之格局，當然是以容納生產作業為主，但對附屬設施的導線及導管，如電源、電話、對講機、蒸氣餾水、工業用水、壓縮空氣、瓦斯，以及光、熱、通風、排氣，或空氣調節等附屬設施之設置，亦應事先加以周密的計劃和考慮，以便能對生產作業給予適當的支援和供應。

工廠內員工往來及物品輸送頻繁，在建造之初，必須設計建有各種

通路(*Aisle*)及升降機(*Elevator*)等，俾便運送物料、產品，及工作人員。如係大規模的工廠，其物料和成品之體積龐大或運輸量很多時，且須考慮建造供火車及汽車接運的裝卸臺 (*Shipping & Receiving Dock*)，以便運輸工具能直接開進廠內裝卸，以求方便搬運作業並減低運送成本。此外如辦公室、餐廳 (*Cafeteria*)、醫務室 (*Dispensary*)、儲藏室、工具室、計時卡臺、更衣室、盥洗間或廁所等，更應作周密之設計和妥善的安排。

總之，工廠內的附屬設施項目繁多，如同家庭日常必需品一樣，當其獲得充分供應而得心應手時，並不感到其重要性；但若一旦缺乏，或者配屬不當，頓會發覺事態嚴重。工廠建築與附屬設施如果安排欠妥，例如頂棚或天花板太矮、支柱太靠近，或電梯位置不當時，在在都影響生產效率，增加物料的處理成本。

以上雖將廠房之建築與附屬設施之敷設分開討論，但二者實為一體，並無輕重之分，所有的附屬設施，亦以達成有效的生產作業為最高目標。而且工廠內如無良好的附屬設施與之配合，則一切生產計劃均無法有效的實施。由此可知，二者實有相輔以成的關係，所以在設計工廠之建築時，不可先只計劃機器容量和設置之建築，而置附屬設施所需之位置與空間於不顧，二者必須同時合併考慮，以求適切的裝置與配合。

第六節　工廠附屬設施之配置

工廠中的附屬設施 (*Services*)，隨時代之進步而越來越複雜，並且也越來越考究。現代化生產企業在追求最多利潤的前提下，都向着三個目標而努力：一為增加工作效率；二為提高產品之品質；三為減低生產成本。欲求達成以上三個目標，除了科學化的適當管理及機械化的製造

工具外，還要各種適當的附屬設備去配合才能奏效，現代化的工廠應注意的重要附屬設施可以歸納爲以下幾項：

一、防火設備

　　工廠的動力及其他應用火、電的機會很多，故應注意其安全設備。燈火、熱力材料，及摩擦生火之機器，最易發火燃燒，宜隨時留意防範。凡足以引起火患的器材，須隔離放置，而廠房之建築材料，宜用避火或不易燃燒者爲佳，消防和火警設備尤不可少，房間和通道處應酌量設置滅火器或滅火彈，廠房四週應裝設滅火龍頭等等，以便有火警時可立時撲滅。多層的廠房，每層的兩端應裝置耐火安全梯，遇有火警，俾便樓上員工能安全逃避。

　　雖然火災保險能够轉移損失，但富有危險性的廠房其保險費的費率必高，此種保險費負擔卽相對的減少企業的利潤，而且一旦發生災害，其停止生產的損失將無從補償，故除有防火設備外，廠房的建築材料亦必須牢固耐火，以求減少災害。

二、衞生設備

　　員工的高度工作效率，有賴健康的身體，而健康之保持，則必須平時講究衞生，故工廠內的衞生設施亦需精心設計。工廠規模愈大，工人愈多，衞生設備愈需注意，應有專人管理，並經常保持清潔，以免傳染疾病。由衞生設備之是否清潔及安排是否適當，足以充分反映出一個工廠的管理是否有效合理及管理人員是否負責盡職。衞生設備項目繁多，依工廠法第四十二條及「工廠安全及衞生檢查細則」有關條文之規定，工廠應有下列各項衞生設備：

1.空氣流通之設備

（一）各工作場所內之各部分，均需保持清潔。

（二）各工作場所及其附近，不得堆積足以發生臭氣或有礙衛生之垃圾污垢或碎屑。

（三）各工作場所之走道及階梯，至少每日清掃一次，並須採用適當方法減少灰塵之飛揚。

（四）各工作場所之牆壁，至少需每年粉刷一次。

（五）各工作場所應嚴禁隨地吐痰，以保持清潔。

（六）各工作場所之窗面面積與地面面積，其比率不得少於一比十。

（七）各工作場所應保持適當之溫度。

（八）採用人工濕潤之工作場所，若寒暑表達到華氏八十度時，人工濕潤應即停止。

（九）各工作場所應儘量使空氣流通，於必要時，應以機械方法行之；且應於每班工人工作終了時更換空氣一次。

2. 飲料清潔之設備

（一）對於工業上所發出有毒之氣體、液體，及殘餘之物質，應視其性質與數量分別為過濾、沉澱、澄清，及分解之設施，不得任意散佈或拋入江河池井之內。

（二）供給工人之清潔用水，應放置於適當地方，其四週並須保持清潔。

3. 盥洗所及廁所之設備

（一）工廠應按所雇工人之多寡，設置充分數目之廁所及便池，其建築及管理，並應遵照「工廠安全及衛生檢查細則」所規定之要點辦理。

（二）對於處理有毒物，或從事有塵埃粉末或有毒氣體散佈場所中工作之工人，應設置盥洗器具及更衣室。

4. 防衛毒質之設備

（一）對於產生有礙衞生之氣體、塵埃、粉末之工作，應採取適當方法減少此項有害物之產生；或使用密閉器具以防止其散發；或於發生此項有害物之最近處，按其性質分別爲凝結、沉澱、吸引、排除等處置。

（二）工廠應設置適當之食堂，不得令工人於處理有毒物或塵埃粉末有毒氣散佈之廠場中進膳。

三、通訊設備

工廠的規模越來越大，員工也越來越多，彼此的交接也日趨頻繁，指示之下達或報告之上達，除當面交談外，尚須有電話、對講機，及擴音器等通訊設施，此種通訊器材之裝置，應於建築工廠時一併作妥善之設計。

美國許多現代化的大工廠尚有下列通訊設施：

1. 電報傳眞器 (*Telautograph*)

係供直接印製收發文件之印字電報系統，某部門於打寫文件時，該文件卽可經電報傳眞器而直接電傳至有關之收件部門。

2. 電傳打字機 (*Teletypewriter*)

若芝加哥總廠以電傳打字機發送電文，在舊金山、紐約或其他地區的分支工廠，立刻會將電文經打字而顯示出。此種通訊設施多應用於公司與工廠之間或工廠與工廠之間電文之傳送。

3. 無線電

多用於指揮遠離工作部門之直接工作人員，如駕駛及保養人員等，以求節省時間，並免除往返奔波。

4. 電　視

多用於無法以人力注視之四週環境，如鍋爐、庭園等。圖 5-1 係盧肯鋼鐵公司 (*Lukens Steel Co.*) 的作業人員，以閉路電視 (*Closed-circuit*

TV）監視其輾鋼廠(*Steel Rolling Mills*) 之作業過程及週圍環境，並用
控制盤(*Control Panel*) 上的轉鈕來控制和變換所欲觀察之部位。

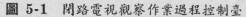

圖 5-1　閉路電視觀察作業過程控制臺

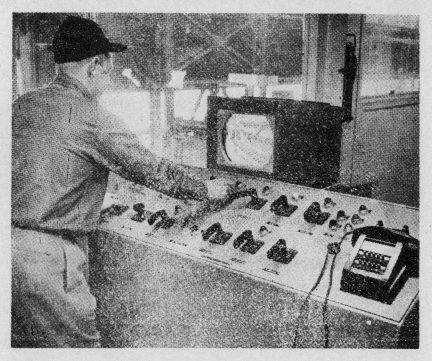

四、動力系統

　　工廠從事生產所需之動力，不但在選擇廠址時應詳加考慮，建廠之
設計及以後之管理亦應特別注意。一方面要保持供應充足之動力，以免
影響生產之進行；另一方面應以經濟之方法獲得此項動力，以求減低生
產成本，利於市場競爭。現在一般工廠所用之動力多為電力，其來源大
致有二：一為自設發電系統；一為由公用事業供應電力。不管由外界供
電或自行發電，對於廠內的變電設備、導線之佈置，及電力之配送等，

均應於建廠之初作周密之設計。

五、採光設備

工廠之照明，其目的在使工作方便與準確，以提高工作效率，所以工廠之採光設施，也為設計及管理上的重要事項。工廠的光線必須要明亮適度，對於照明設備之分配，光度之強弱，窗戶之設置及粉刷油漆等，亦須有適宜之設計及有效之管理。

1. 採光設施不良之影響

良好之燈光設備，光色調和，光線擴散而均勻，光度明朗而不耀眼。反之，若照明不良或光線不適，則可能產生以下之不良影響：

（一）減低工作效率——工作人員的視覺如過度疲勞，不但有損工人之健康，而且減低其工作效率。

（二）影響產量及品質——如果光度不良，妨礙視力，則將減低精確度，因而產品低劣，為了要保持品質的規格則又可能減少產量。

（三）耗損機器和原料——光線不良除了影響產品的質量外，還可能引起或增加機器和原料的耗損。

（四）增加意外傷害——光度不良直接影響工人的視力，亦可能因視線不佳而發生意外事故。

2. 採光設備應注意之事項

基於上述之事實，可知採光對生產事業之重要，為了免除其不良影響，對採光及照明設施，應注意以下幾點：

（一）適應工作性質，保持均勻適當之光度。

（二）勿使燈光耀眼或光線時明時暗變換不定。

（三）勿使室內有陰影或有顯著之明暗。

（四）設備費及保養費務求低廉，而又能發揮最佳之照明效果。

圖5-2係西方電器(*Western Electric*)公司電子零件裝配廠的採光情形，除了天花板上的螢光燈 (*Fluorescents*) 之外， 再輔以工作位置前的枱燈，以致光度調和而明亮，絲毫不傷目力。

圖 **5-2** 廠房採光設備之設計

3. 反光作用之利用

近年來對於顏色與工廠生產效率的影響, 曾作過多種科學性的試驗, 以研究反光能力因色彩之深淺不同所可能產生的影響。工廠的牆壁宜用白色或極淺的顏色， 而天花板則最好用白色或乳白色， 以期光線調和並充分利用反光作用， 使光線的反射悅目而不耀眼。再以人工光線補助天然光線於陰晴之際或晨昏之分， 或利用反射燈罩將集中的光線減低而加以擴散， 使工廠內光度柔和適宜， 以增進工作興趣。

圖 5-3　採光設備之設計與反光作用之利用

圖 5-3 係伍德沃德公司 (*Woodward Governor Co.*) 機械製造廠之一角，在天花板上適當的間隔裝設螢光燈，並利用淡色牆壁之反射及擴散作用，而使整個工廠的光線柔和而明亮，以致工作效率極高。

4. 採光設備之維護

　　廠房中的採光設備，必須隨時注意其維護保養。燈管或燈泡，如有損壞應立卽換新，並按時擦拭燈罩上的浮灰。玻璃門窗上的塵垢，也會減低室內光線，應時加清洗。對於天花板、牆壁，及機器表面上之油漆，亦應保持清新，俾充分發揮其反光作用。上述各種照明設備之維護工作，

應排定日程表，按時清理，以保持其良好之功能。

依工廠法第四十二條及「工廠安全及衞生檢查細則」有關條文之規定，工廠對於光線設備應注意下列各項：

（一）各工作場所須有充分之光線，其光線須有適當之分布，並須防止光線之眩耀及閃動。

（二）各工作場所之窗面面積與地面面積，其比率不得少於一比十。

（三）窗面及照明器具之透光部分均須保持清潔，勿使掩蔽。

（四）階梯升降機上下處及機械危險部分，均須有合格之光線。

六、氣溫調節設備

1. 調節氣溫的目的

廠內氣溫過高固然使員工易感疏懶疲倦，但氣溫過低亦會使員工手腳僵硬不便，因此而使工作遲緩，增加錯誤，所以氣溫之調節，一方面要適合員工的健康衞生，另一方面要適應產品的特性，因此工廠內應保持適當的溫度及濕度，並且要通風良好。有些工業，如人造纖維廠、油漆廠、製藥廠，及製菸廠等，工廠中的氣溫與濕度都是重要的生產條件，必須嚴加控制，以免影響產品的品質。

2. 溫度調節

工廠中的溫度，通常應該維持在華氏 60° 至 65° 之間較合衞生，辦公室的溫度則以華氏 65° 至 70° 爲宜，因爲工廠操作須用體力，工人自身發散熱量，故工廠溫度應低於辦公室。寒冷地帶的工廠需有暖氣設備，舊式設備係將暖氣中心 (*heating center*) 之熱水或熱氣輸送到各單位的暖氣管，以發散熱量。新建的工廠多使用輻射熱，將塗有鋁箔的導管裝置於混凝土地板及天花板下，藉輻射作用，將通過管內之熱水或暖氣散發各處。此種暖氣設備不易損壞，平時保養費少。更有些新式工廠，採

用隔離建築設計,夏天防熱，多天保暖,建築費用雖高，但係一次投資。

3.濕度調節

最適宜一般工作的濕度為50%至60%，但需視工業之性質而定，有些工業工廠內空氣濕度對生產的關係非常大。如紡織廠、製菸廠，及造紙廠等，都需要較高的濕度，以利生產，多用噴霧器調節其濕度。當然也有些工業需要較乾燥的空氣。

4.通風排氣

許多工廠，在製造過程中經常需要化學藥物為觸媒，或加以油料浸潤，以致散發出奇異難聞的氣味。污濁不潔的空氣中最易繁殖細菌傳染疾病，而且影響工人的健康，此類工廠尤其需要良好的通風設備，以保持空氣清新，維持良好的工作環境。新式的空氣調節系統，既可以控制氣溫濕度，又能濾除灰塵，而且還能保持通風以排除不良氣味。

又有些工廠在製造過程中產生大量灰塵或粉末，以致空氣污濁，不但影響工人健康，也阻塞或損傷機件的活動部位，例如木工廠及橡膠廠等，此種性質之工廠，宜設置吸塵器及抽風機等，以吸聚或排除空氣中的不潔物體，保持廠內空氣清潔適宜。

七、防震及減音設備

工廠中的機器，因科學技術之進步，其轉動速率遠勝往昔，此種快速之機器，不管其轉動方法如何，均會因震動而產生噪音，長期而又過大之噪音，不但影響工作效率，而且還會損害員工之健康。就法律觀點而言，亦有違勞工法之規定，因此，必須設法予以防止，或減至最低限度。至於噪音之發生，不外下述之原因:

1.機械設備過舊——陳舊之設備，精確度較差，容易震動而產生噪音。

2. 機械安裝不良——機器的轉速與震動成比例增加，因此，裝設機器時，盡量使其與地面空間減少至適當距離，以減少震動。

3. 機械接觸不良或無彈性隔離——機械與機械之間的連接不良，最易因互相撞擊而產生噪音，若無彈性隔離物則音響更甚。

通常採用控制噪音的方法有以下幾項：

1. 將機器妥為固定，以免震動；轉動部位要充分潤滑，以免磨擦生響。

2. 於機器連接處墊以襯頭、彈簧、橡皮，或毛氈等使音源孤立，不生迴響。

3. 天花板、牆壁，和地板，裝置吸音或隔音設備，減少音波反射，防止聲響傳播。

4. 將產生噪音之機器，裝置於單獨之廠房，使與其他部門隔離，以減少干擾。

八、停車場

具有規模的工廠，員工眾多，而員工往返交通工具之存放，亦應設法解決，所以許多工廠都在廠內或工廠附近設有停車場，以備顧客和員工停車之用。設置停車廠有以下之優點：

1. 容易保持工廠之整潔及秩序。

2. 便於看管，以免遺失。

停車場的地點最好接近大門附近之駐廠警衞人員，或各工作場所之近旁，以便停放及看管。

練 習 題

一、廠房之建築格局對生產作業之關係如何？申述之。

二、何謂附屬設施？試列舉重要項目。

三、附屬設施對作業效率之影響如何？舉例說明之。

四、廠房之建築應考慮那些問題？列述之。

五、若建造一個麵粉廠，應採用甚麼建築材料為宜？為什麼？

六、上題的麵粉廠應採用甚麼樣的平面型式和立體型式？

七、若建造一個人造纖維工廠，應採用何種建築材料為宜？

八、上題的人造纖維工廠應採用甚麼樣的平面型式和立體型式？

九、若建造一個家庭電器裝配廠應採用那種建築材料為宜？

十、上題的家庭電器裝配廠應採用甚麼樣的平面型式和立體型式？

十一、單層的廠房有什麼利弊？甚麼性質的工業適於採用單層的廠房？

十二、多層的廠房有什麼利弊？甚麼性質的工業適於採用多層的廠房？

十三、廠房的屋頂常見的有那些型式？如何對屋頂作有效利用？

十四、廠房建築之設計應注意那些原則性事項？列述之。

十五、廠房之建築為什麼需要具有彈性？申述之。

十六、廠房與附屬設施之關係如何？申述之。

十七、依「工廠安全及衞生檢查細則」之規定，工廠中應設置那些衞生設備？

十八、現代化的大規模工廠常用的通訊設施都有那些項目？列述其用途。

十九、工廠中若採光設備不良會產生那些不良影響？設置採光設備時應注意那些事項？

二十、現代化工廠中都裝置氣溫調節設備，其目的何在？工廠中適宜的溫度及濕度如何？

第六章　工廠之佈置

第一節　工廠佈置的意義及其目的

在自由競爭的經濟制度之下，生產設備與技術上的優勢不可能長期存在，縱然短時出現，也不可能維持太久；而且設備更新與技術創新的努力超過某一限度後卽可能達到報酬遞減的狀態。因此，許多有遠見的企業家，大都覺悟到，欲求進一步的提高工作效率及減低生產成本，除了要注意改進生產技術及更新生產設備之外，還要從積極的改善廠房佈置方面着手，以求配合。

所謂工廠佈置 (*Factory Layout*)，卽是將生產所需之機器設備、工具、物料、工作位置、附屬設施（如升降機、工具室、更衣室，及盥洗室等），和各種作業（如加工、裝配、檢驗、運送，及儲存等），就工作上之便利與安全上的考慮，依照生產程序所作之適當安排與合理的佈置，俾能簡捷有效的從事生產與供給勞務。換言之，工廠佈置是指各製造部門地位的適當劃分，機器和工具的適當安置，以及物料的適當配送，俾使產品的製造，能依照生產程序相互配合銜接，作最經濟有效的進行。

所以工廠佈置的目的在將廠房、機器設備、物料，以及人員等各項生產因素，作最妥善的安排及最適當的配合，以求便於製造管理，簡化工作程序，縮短製造時間，提高生產效率，增進工作安全，降低生產成本，以達成經濟迅速的生產績效。因此，必須將所採用的製造方法，所需要的生產設備，可供利用的廠地，以及工廠的長期發展計劃等，詳加分析

研究，務求廠房佈置能妥善而適用。而且經過相當時間後，必須對廠房佈置加以檢討，以謀求改進，期其適應新的生產技術，和新的製造方法，俾能達成新的生產目標。

適切的廠房佈置，應使生產過程自開始到完成依次順序進行，其間不得有間斷、迂廻，或重複。尤其現代化的大規模生產事業，其生產程序日益複雜，製造步驟錯綜繁多，欲求提高效率，在時間上及數量上皆需有適當的配合，以免發生延誤或浪費等現象，實有賴於科學化的廠房佈置。

第二節　製造程序之分類

工廠內的一切佈置，都是為了利於生產作業之進行，所以工廠的佈置必須與製造程序相配合；因此，欲使工廠的佈置妥善有效，首須研究該廠的製造程序及生產方法。工廠的製造作業之程序大致可以區分為連續製造程序、斷續製造程序，以及混合製造程序等三類，茲分述於下：

一、連續製造程序 (*Continuous Process*)

所謂連續製造程序，即將原料由生產線的一端送進機器，依照製造順序前進，經過連續不斷的加工過程，以迄於製成產品，至工廠的另一端運出，例如製糖廠、煉油廠、紡紗廠，以及過磷酸鈣製造廠等均是。茲略示紡紗廠及過磷酸鈣之連續製造程序如以下之圖 6-1 及圖 6-2：

圖 6-1　紡紗廠之連續製造程序圖

原料　　　　　　　　　　　　　　　　　　　　　　産品

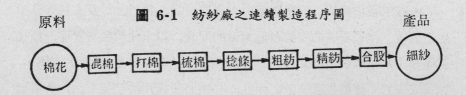

棉花　混棉　打棉　梳棉　捻條　粗紡　精紡　合股　細紗

圖 6-2　硫酸及過磷酸鈣製造程序圖

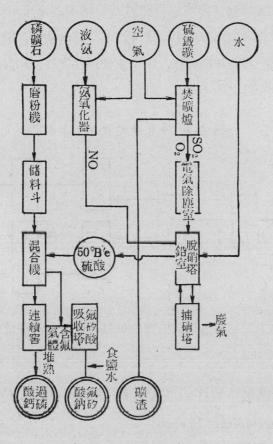

連續製造程序之工業，又可分爲下述的綜合連續程序及分化連續程序兩類:

1. 綜合連續程序 (*Synthetical Process*)

所謂綜合連續程序卽在連續的製造過程中，需要綜合各種不同的原素及物料，而製成一種產品的製造程序，例如造紙廠、製藥廠、捲烟廠、鍊鋼廠，以及水泥製造廠等。玆將水泥製造業用石灰石、粘士、矽砂、鐵渣、煤，及石膏等原料混合加工，而製成水泥之製造程序表示如圖 6-3。

2.分化連續程序 (*Analytical Process*)

所謂分化連續程序即將原料經過連續的製造程序而化分為許多部份，其中一部份或數部分為主要產品，其餘為副產品，例如製糖廠、煉油廠、麵粉廠，以及榨油廠等，除了主要產品之外，均有副產品，其製造程序大致如下述之圖 6-4。

圖 **6-4** 分化連續程序作業圖

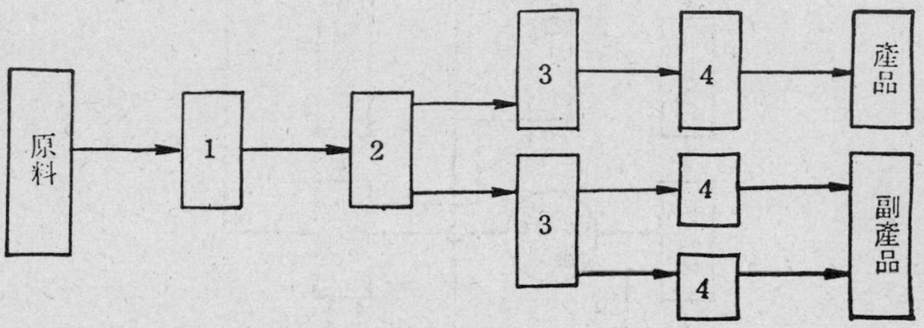

茲將製糖業把甘蔗壓榨後製成糖蜜和砂糖，及副產品蔗渣等之分化製造程序表示如圖 6-5。

二、斷續製造程序或裝配程序 (*Intermittent Process or Assembling Process*)

所謂斷續製造程序或稱裝配程序，即先以各種不同的物料或零件，分別製成各種配件或半製品，然後集中於裝配線 (*Assembling Line*) 而製成產品。此種製造程序的工廠，一方面由各製造單位分別製造所需要之配件，另一方面由裝配單位裝配已成之零件或半製品使成為完整的產品。例如打字機製造廠、汽車製造廠、飛機製造廠，以及造船廠等，其製造程序大致如圖 6-6。

圖 6-6　*裝配製造程序圖*

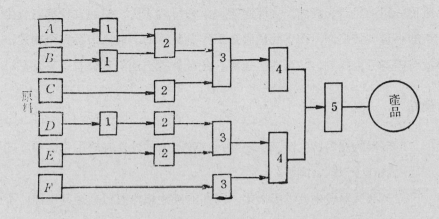

三、混合製造程序

在同一工廠內，尤其是大規模的工廠，如果其產品種類衆多，而製造過程又複雜時，常因作業上的需要，既需採用連續製造程序，在生產線上製造零件或配件，又同時採用裝配製造程序，在裝配線上加以裝配，才能完成其產品之製造，此種綜合不同作業的過程稱爲混合製造程序。

第三節　機器之佈置方式

機器設備之佈置方式每因製造程序或加工過程之不同而異，故亦可分爲三類，卽按製造過程佈置、按產品種類佈置，及混合式佈置等，茲分述如下：

一、按製造過程佈置 (*Process Layout*)

所謂按製造過程佈置係將同一製造過程的機器或同類的機器佈置在一起，故又稱爲機器分類佈置。簡言之，卽將相同的機器或同類操作過

程的機器，安排在一個場所，例如將車床安排爲一組，鑽床爲一組，銑床爲一組，另設銲接處、噴漆處等。這種排列方法，很適宜於靠訂貨生產的小量製造工作，因爲此種製造工作是斷續的，前後未必完全關連，故將機器分組排列，始可靈活運用。此種佈置方法的利弊有以下幾點：

優點

1. 機器的運用與生產工作之進行比較富有彈性，易於因工作順序之不同而隨時予以配合調整。

2. 某部機器發生故障或損壞，同類的其他機器可以分擔其工作，不致影響或延誤生產工作之進行。

3. 機器設備重複較少，可減少固定資產的投資及其維護與管理之費用。

4. 精密複雜之工作較易控制，尤其適宜於多次檢驗之工作。

5. 工作性質單純，同類工人集中，領班指揮方便。

6. 適於採用個別獎工制，容易提高工作效率。

缺點

1. 物料及在製品在製造過程中搬運及移動的次數較多，工作進度遲緩。

2. 工作部門因機器之類別而分散，生產計劃之進度往往不易控制。

3. 物料和在製品在各製造部門耽誤的時間較長，故積壓流動資金。

4. 每一生產部門完工後，或產品出廠時都須檢驗，故檢驗費用高，增加生產成本。

5. 通用之機器 (*General Purpose Machine*) 必須技術性專人操作，增加人工費用。

二、按產品種類佈置或生產線佈置 (*Product Layout or Line Layout*)

所謂產品種類佈置，卽按產品的種類將生產設備依製造程序先後連續排列成爲一貫作業的生產線，自物料以至成品，經過各種機器與一連串的製造步驟，利用輸送帶移動在製品，故亦稱生產線佈置，例如電視機製造廠、汽車製造廠，及製糖廠等。若複雜的產品，則分爲若干部分個別製造，將製造每部分產品所需用的各種機器，順序排列，依次結合，仍使製造程序連續化，此種佈置方法，適合於重複製造大量標準產品的生產作業。兹將依產品種類或生產線佈置方法的利弊分析如下：

優點

1. 因製造程序連續化，產品循序移動前進，可藉工作控制工人，使工人必須依照標準工時加緊工作，故生產效率高。

2. 減少物料及在製品之搬運、存放、領取等手續，能縮短製造時間，節省製造成本。

3. 製造程序密切配合，生產管制工作簡單，易於控制進度。

4. 在生產線上各機器順次銜接，減少不必要之空間，節省廠房的面積。

5. 產品之在製時間較短，減少物料、在製品，及成品等之存量，故壓積資金較少。

6. 在標準化生產線上，很少產生劣品，可簡化各部門間之檢驗手續。

7. 專用之機器 (*Special Purpose Machine*)，操作技術單純，一般工作可由普通工人或半技術性工人擔任，節省人工費用。

8. 減少人工，卽可節省與人工有關之各項費用。

缺點

1. 機器之佈置缺乏伸縮性，產品之製造程序稍有變更，卽需重新佈置。

2. 同類機器分置於各部門之生產線或裝配線上，如果不能充分利用，則徒增設備費用。

3. 除非有預備機器，否則一部機器停頓或故障，整個生產線卽可能停工，因而影響全部生產計劃。

4. 領班的責任繁雜重大，需要督導全部生產過程。

5. 專用之機器設備費用較高，增加大量固定投資。

三、混合式佈置(*Combined Layout*)

所謂混合式佈置，就是將以上兩種佈置機器設備的方法混合採用，取兩者之長而去其短，例如一個重複製造標準產品的工廠，可以將昂貴的機器設備集中一處，予以充分利用；或將易於震動和發生衝擊的機器予以隔離，單獨安裝在一起，以防止震動或減少噪音；也可以將某些需要安裝特殊設備（如輸水管和排水管，或巨型起重機等）的機器個別安裝；但是這種例外的個別安排，仍須與全部生產線銜接配合，以利於生產工作之進行。

在上述重複製造標準產品的工廠中，如果有些製造階段需要保持機器設備生產能量的彈性，則在這些階段的機器亦可採用「按製造過程佈置」的生產方法，例如將各種形式和大小不同之磨床和熔接設備排列在一起，因為這些設備可以擔任各種不同標準的產品之製造工作。

此種佈置既可減少廠內在製品之搬運，又可增加機器設備使用上的

伸縮性，誠可取兩者之長而去其短，確爲值得考慮採用的折衷途徑。

四、佈置方法之選擇

以上三種佈置機器設備的方法各有利弊，選擇時應視各別工業的性質、企業的財力，和產品的種類而定，大凡小型工廠，無力購買大量機器，而產品又無固定市場者，採用製造程序佈置法（分類佈置）較爲有利，又訂貨生產或製造小量特殊產品之工廠,亦適於採用此種佈置方式。若產品之種類不多，而市場需求量又很大，必須大量生產供應者，則以採用產品種類佈置法（生產線佈置）比較適宜。但工業產品的製造，除了像製糖、煉油、造紙、紡紗、麵粉、水泥，及硫酸等工業，可以採用連續程序製造外，多數的工業產品，都不是一次連續性的製造程序可以完成的，如飛機、汽車、收音機、電視機等工業，其中零件配件繁多，有些部份仍須依製造程序佈置，或採用混合式佈置爲宜。

第四節　　機器佈置之路線

工廠的作業順序係從收料部門開始，物料或用品經驗收後由此處進入工廠，因此，該部門即爲工廠的第一個作業程序單位，而裝運部門之將成品裝運出廠，則應爲最後一個作業程序單位。其餘各部門即應依照其工作順序在上述兩點之間妥爲安置，以可能的最短時間及最低成本，使物品有效的製造成功。

假定某工廠的作業程序共分六個單位，第一個部門爲原料之驗收與儲存,第二、三、四、五,四個部門各自爲生產過程中之不同製造階段，其第六個部門爲成品之儲存與裝運。茲依此一假定將生產企業常用的各種機器佈置之路線以圖形列示如下：

一、直線型製造順序 (*Straight Line Flow Pattern*)

直線型佈置係將生產線依照產品的製造過程順次排列使成直線，此種直線佈置最利於以輸送器 (*Conveyor*) 搬運物料及在製品；一般生產企業通常總將整個生產線佈置於一個廠房之內，故此種佈置需要較大的廠房面積，其佈置之方式如下：

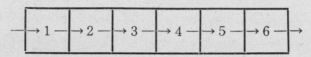

直線型製造順序之實際佈置情況如以下之圖 6-7。

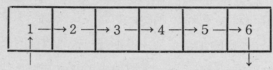

圖 6-7 直線型製造順序佈置圖

二、U字型製造順序 (U *Shaped Flow Pattern*)

　　為了要使機器之佈置能適應廠房的空間，亦可將較長的生產線作異向之平行排列，而成為U字型。此種佈置雖可節省廠房的面積，但如果工作位置太靠近，不管成對面或成對背都可能使工作人員感覺擁擠不便，其佈置方式如下：

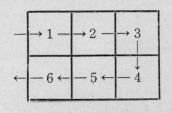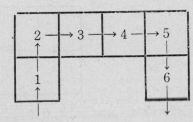

　　U字型製造順序之實際佈置情況如以下之圖 6-8。

圖 6-8　U字形加工順序佈置圖

三、S或Z型製造順序 (*Zig-Zag Flow Pattern*)

為了要適應定型而空間又有限的廠房，有些生產企業常將生產線作迂廻式的佈置，使成S型或Z型，因此種佈置工作方向雜亂，不適宜於零件及配件複雜的生產過程，其佈置方式如下：

S型製造順序之實際佈置情況如以下之圖 6-9。

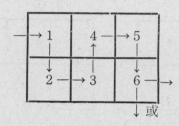

圖 6-9　S型製造順序佈置圖

四、奇角型製造順序 (*Odd Angles Flow Pattern*)

　　奇角型排列並無一定之型式，其主要目的是爲節省空間並縮短物料及在製品的移動距離，並便於一人從事數種工作，故此種佈置方式特別適用於小零件或用人不多的製造業。圖 6-10 係顯示在裝配線上的一個奇角型佈置，作業所需的各種零件及配件都擺在裝配員的面前，由右面不同層次的輸送器運來物料，並運走在製造中之裝配品或完工之成品，工作非常方便。

　　從上述各種佈置順序中，還可以發展成許多種不同的變化；倘若專供製造作業用的廠房，爲兩層或兩層以上之建築物，則其佈置問題更爲

圖 6-10　奇角型製造順序佈置圖

複雜。故生產企業的機器設備之排列，主要需視廠房的種類、可用面積，及產品的性質等各別條件，加以通盤考慮，而作經濟有效的佈置。

第五節　工廠佈置的原則

工廠佈置的極終目的，不外乎要求有效利用廠房設備，簡化工作程序，提高生產效率，降低生產成本，縮短製造時間，便於製造管理。因此，廠房的一切佈置都要相互配合，才能實現以上的目的。廠房佈置雖無一定的法則，但有些原則性事項仍須詳加計劃並作周密之考慮，茲擇要列舉如下：

一、製造程序儘量連續化

物料或在製品在製造過程中所經過的各種加工階段，務使相互銜接，循序而進，以至於裝配完成，務求將製造過程中之搬運移動減至最低限度，如必須移動時，則儘量利用輸送器以求連續。

二、機器配置務求順次前進

產品在製造過程中所經過的各種製造程序，從開始到完成宜按照作業的先後連貫循序而進，除非不得已，不要有迂廻分岔的程序及後退的動作，縱然不能完全避免，也要將其距離減至最短。

三、力求縮短物料移動距離

物料或在製品在製造過程中如必須移動，其距離宜儘量縮短，尤其笨重的物料，搬運時人力、物力，及時間等皆多浪費，既延長製造時間，又增加製造成本；但亦應注意不可因縮短搬運距離，而使工作位置過於

擁擠。

四、機器之間保持適當距離

佈置廠房時，儘可能於各機器和生產設備之間保留適當的空間，俾工作人員可作必要的活動，而且當發現製造程序必須變更時，或機器設備及製造方法需要改進時，易於更正，只需局部變動卽可適應，不至於影響全局。

五、生產力務使均衡

每個工廠都有許多不同的生產部門，若某些部門生產力過多，而其他部門却生產力過少，以致各部門間連繫脫節，卽可能發生瓶頸或浪費的現象，故佈置工廠時，應依實際的需要，妥善分配機器、人力，及動力，務使有關連的各部門，生產能力保持均衡，以求發揮最大的生產效率。

六、附屬設施及通路應求適當

配置適當的附屬設施及通路，利於工作，便於管理，旣能提高工作效率，又可有效利用廠房空間；否則，廠房零亂無序，物料之搬運及員工之進出皆感不便，均足以影響員工的工作情緒及生產成本，甚至危及工人的安全，故佈置時不可不愼爲考慮。

七、便於檢驗

現代化的大規模生產，必須對產品施行品質管制，所以在生產過程中，對作業中之機器及在製品，應適時加以檢驗，以免機器發生故障，或產品發生瑕疵不合規格，故佈置廠房時亦應考慮檢驗工作的方便，以

利於品質管制。

八、易於重佈置

某種佈置方式在目前也許是最妥善的佈置，但因生產方式及生產技術之改進，有時機器設備必須重新安裝，以求適應。或者在固定的廠房空間內，欲作更有效的利用，則必須將機器設備重新配置，所以理想的廠房佈置應具有變動之彈性。

第六節　空間的安排

廠房一經建造完成，其空間卽已固定,除非擴建或改建之外,沒有伸縮的餘地，因此，必須研究在有限的空間內，如何善加安排和有效的利用，以便發揮其最大效用。佈置廠房時所應考慮之空間有以下幾項重點:

一、生產所需要之空間

多數生產企業均按照機器設備、原料、產品、搬運機, 及通路等所需要的空間之和, 來分配生產過程所需要之空間。但大型的組合產品, 如火車頭、貨車廂, 或飛機等, 則需要大規模的組合或裝配廠地。而且此種裝配廠須一次能容納數個或數十個產品同時組合之用，還需注意廠房之高度，除足以容納產品外，並應使高架起重機能自由移動為佳。圖6-11 係美國波音公司 (*Boeing Airplane Co.*) 飛機製造廠之一角, 其空間可同時裝配數十架飛機，而其高度又足以容納高空輸送器吊運飛機零件和配件。

二、機器的空間

機器設備除本身需要佔有空間外，尚需考慮其操縱位置，及作業人

圖 6-11　大型的組合產品廠地空間之安排

員、原料、成品，和運送機等所需要之空間；故機器之安裝不能僅僅考
慮機器體積之空間。最好在安裝機器之前，先用紙板按比例剪成機器樣
板，於廠房模型中試加安排後，再行實際安裝，以免因裝置不當而需拆
卸或重新安裝之煩。圖 6-12 係以模型在預計的廠房空間內從事摹擬佈
置，以試行安排人員、機器、物料、成品，以及搬運設備等所需要的空
間。

三、附屬設施的空間

　　廠房中的辦公室、工具室、儲藏室、臨時庫房、檢驗室、醫療室、
餐廳、衣帽間、盥洗間、電梯，及通路等附屬設施，雖較生產作業爲次
要，但爲不可缺少的空間。而且附屬設施必須以方便爲主，故應配置於
最接近工作區的適當位置，俾能發揮最大的效用。通常，附屬設施的空

圖 6-12　立體模型摹擬佈置圖

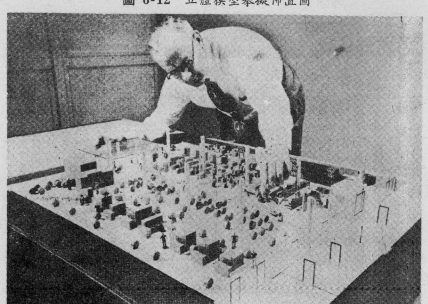

間，約佔廠房總空間的三分之一。

四、頭頂以上之空間

　　廠房內的立體空間亦需善加利用，故工作人員頭頂以上之空間通常都用以裝設高空運送機及吊動起重機等，以便將物料或在製品直接由空中運送到工作地點，俾節省地面之空間。空中運送機又可以擔任貨車在地面上所不能勝任的工作，並可於作業過程中臨時儲存材料之用。圖6-13係波音飛機製造廠中用兩架高空單軌起重機 (*Monorail Bridge Cranes*)，正在從 300 呎的高空將 B-29 轟炸機的兩個已裝配完成的引擎安裝到機身上。由圖中可以看出，屋頂上的幾條重要棟樑都是可以滑動起重機的單軌。

圖 **6-13**　利用高空裝設吊動起重機圖

由於工廠的性質不同，而各別工廠的作業程序也不同，對空間的需要卽不一樣，所以廠房空間的有效安排不能一概而論。以上所列擧的四項重點，只是一般性工廠在佈置廠房時，考慮如何有效利用空間所需要注意的共同項目，而各別工廠則需針對其製造程序和作業的特性而加以適當的安排。大多數工廠，尤其是從事特殊製造作業的工廠，必須在設計廠房藍圖時，卽經過縝密的研究設計，針對其生產作業的需要，而將廠房空間的運用預作計劃，俾能按圖施工，妥善的佈置，充分的利用；並不是等廠房建築完成之後才去安排佈置。

練 習 題

一、何謂工廠佈置？其目的何在？

二、工廠中從事生產作業的製造程序都有那些類別？列述之。

三、何謂綜合連續製造程序？舉例說明之。

四、何謂分化連續製造程序？舉例說明之。

五、何謂裝配製造程序？舉例說明之。

六、何謂混合製造程序？舉例說明之。

七、工廠內從事生產作業的機器設備都有那些佈置方式？列述之。

八、何謂按製造過程佈置？此種佈置方式有些什麼利弊？

九、何謂按產品種類佈置？此種佈置方式有些什麼利弊？

十、怎樣才算混合式佈置？爲什麼需要採用此種佈置方式？

十一、鳳梨罐頭製造廠採用何種佈置方式最適宜？申述之。

十二、電視機製造廠採用何種佈置方式最適宜？申述之。

十三、彩色印刷及裝釘工廠採用何種佈置方式最適宜？申述之。

十四、毛料的紡織、染整，及成衣之一貫作業工廠，採用何種佈置方式最適宜？申述之。

十五、機器佈置之行進路線都有那些不同的方式？各種方式的利弊如何？

十六、若廠房爲多層的建築物，怎樣從事連續化的作業佈置？舉例說明之。

十七、佈置工廠時應考慮那些原則性事項？列述之。

十八、附屬設施應該怎樣與機器設備配合才算是有效的佈置？

十九、佈置廠房時對空間如何安排才能充分利用？申述之。

二十、工廠中的高空或上層空間應如何有效利用？申述之。

第七章 物料之搬運

第一節 物料搬運的意義及重要性

所謂物料搬運 (*Materials Handling*)，即將不同形態（散裝、包裝、固體、及液體等）之物料、零件、在製品、或成品，用人力或機器在平面或垂直方向，加以提起、放下、或移動 (註一)。

所以工廠內部生產過程中之物料運送，宜稱為搬運 (*Handling*)；工廠對外利用車船長距離的輸送物料與產品時，宜稱運輸(*Transportation*)。搬運與運輸之差異，雖然欠缺明確之分野，但在觀念上及應用上，筆者願作以上之區分，所以本章所討論的範圍僅限於生產過程中之物料搬運問題，即工廠內部之輸送問題。

物料搬運之目的，在求以最有效的方法，於適當時間搬運適當的數量至需要的工作地點，俾能配合生產進度；故物料搬運工作，已成為現代企業生產上重要的一環。因為工業日新月異地發展到現階段，欲求再降低生產成本，增加生產效率，除在製造方法上及所用物料上力求經濟節省外，主要關鍵則在如何使物料之搬運和傳遞工作更為經濟有效。尤其在人工昂貴，產品競爭劇烈的工業化國家裏，此種情形最為顯著。

原料及零件自進廠開始到製成產品交運為止，在製造過程中，工作部門與工作部門之間，廠房與廠房之間，以及機器與機器之間，時刻都有物料、在製品、及成品之裝運或堆存；此種搬運工作，既需要時間又浪費金錢。據美國自動搬運機械製造廠總裁戴茲 (*Carl F. Dietz*) 稱

註一 中國生產力及貿易中心編印「物料管理」。

「物料搬運時間約佔製造業的製造時間之30％以上」（註二）。

根據統計資料顯示，物料搬運費用約佔人工費用之20％上（註三），由此可知，工廠中的間接人工，大部份都是用在物料及在製品的搬運工作上，如果能在搬運工作上減少浪費，即等於增加企業的淨利，所以廠內的搬運工作安排得當與否，直接間接都會影響生產成本與企業之利潤，可見其對於生產企業之生存發展是何等重要。

第二節　如何減低搬運費用

生產企業在製造產品的過程中，免不了要有或多或少的搬運工作，一般製造工廠中，大部份的間接人工都在從事物料搬運工作，所以搬運費用每佔製造成本中相當大的比例；因此，致力於減低搬運費用的研究，實爲製造業之共同課題。但是，企業之決策階層，大多沒有覺察出搬運浪費的嚴重性，故對廠內之搬運問題，從未加以正視，而且也不認爲有問題存在。工廠之內部搬運工作如果管理良好，對生產企業之助益殊多，茲擇要列述如下：

一、維持正常生產

物料之搬運與生產進度相配合，才能使生產過程中各階段之步驟協調一致，減少停工待料的浪費現象，以維持正常生產。

註二　曹國璋編著企業組織與管理（增訂本）第十六章十五節。

註三　James M. Apple *Material Handling Systems Design* (New Yark: Ronald Press Co. 1972), p. 15.

二、提高生產效率

良好之搬運工作，能使物料適時適量配送，人工與機器適當配合以發揮最大效用，故能促進有效之生產控制，提高生產效率。

三、減少積壓資金

按時加工，如期交貨，可減少物料、在製品，及成品之堆存，亦可節省倉儲空間，並增加資金之週轉率。

四、減少耗損維護安全

機械搬運可以消除搬運工人的疲勞，避免物料及製品在搬運途中損壞，並減少意外傷害，以維護工業安全，據統計工業之意外事件，有28％係因搬運工作而發生。

而且在生產過程中之搬運工作，並不能改變或者增加原料、在製品，或成品之狀態及效用，不能算是生產，故搬運工作的本身純是一種浪費；但是多數企業的主管人員及決策階層，並不知道此種浪費的存在，因為生產事業的會計報表上很少列有物料搬運費的科目，在會計處理上通常多將廠內物料的搬運費用，計為生產工人的工資，所以搬運上的浪費一直大量存在。至於如何才能使搬運工作經濟有效，以減少搬運成本，每因企業的性質及製造過程之不同而異，以上各項原則可供一般生產企業之參考:

一、儘量利用機械搬運

在生產過程中最好能減少搬運，如果必須搬運則儘可能採用機械搬運，因為機器搬運較人工搬運迅速，而且載運量大，尤其是笨重巨大的

物料或成品，更不適於人工搬運，如果勉強爲之，則往往容易發生意外或造成損失，如壓傷工人或物料破損等。

二、避免重複搬運

爲求減少搬運次數，宜儘量避免重複搬運，譬如在製造汽車的過程中，常需將汽車升高以便工人在車下工作，卽最好將汽車底部的各項工作一次做好，以免車子在裝配線上重複升起放下。

三、縮短搬運距離

廠房之建築設計及機器設備之佈置，應力求銜接，以縮短物料及在製品的運送距離，並儘可能採取直線搬運，避免迂廻搬運，以節省人力與物力，俾減少搬運費用。

四、利用輸送器

如果物料或在製品必須在一個固定路線上大量搬運，最好裝置輸送器 (*Conveyor*)，使其連續化自動搬運，以節省人工。尤其要避免技術工在製造過程中搬運物料，以免浪費人工費用或延誤生產工作之進行。

五、滿載運輸避免閒置

效率高之搬運工具，大多價值昂貴，須有效利用及充分利用，避免半載或放空車，而且應妥善安排使往返載運，以減少人力及動力之浪費，並增加搬運效率；更應避免閒置，否則卽形成浪費。

六、簡化運送過程

儘量採取一次完成的原則，減少運送過程，不但可以減少在製品之

存量，而且提高加工速度，直接間接都增加資金週轉率。尤其製成品更要減少搬運，以免破損或其他意外損失。

七、搬運設備標準化

搬運設備之型式、大小，及使用方法，應力求簡化，並儘可能標準化，俾操作簡便。而標準化之搬運設備，其零件容易補充，備件可以通用，易於維護與保養，並可減少備件存量。

八、被搬運之物料務求單純

盡量避免不同種類或不同性質之物料一起運送，俾減少再分類之麻煩，以提高工作效率並防止錯誤。

以上列舉之各項原則如能完全做到，則必可將搬運成本減至最低，而搬運效果又發揮至最大。

第三節　適於移動的生產因素

在生產過程中，通常都是由工人與機器配合，將原料及零件製成產品。所以生產過程中的三項主要因素即是工人、機器，和原料，三者之中，究竟應該以工人與機器配合產品呢？還是以產品遷就機器與工人呢？換言之，究竟那些生產因素因素需要移動，那些生產因素固定不動呢？此一問題不能一概而論，需視產品的性質、產量，以及製造程序之不同而各異。

一般的生產作業都是工人和機器固定不動，原料、零件，或在製品依生產過程中的先後順序，不斷的移動前進，俾便加工製造，例如汽車及電視機等之裝配。但是也有許多例外的作業程序，是將原料或在製品固

定不動，由不同的工人及各種機器輪流工作，遷就產品在原地把原料和零件製成產品，此種生產作業主要是在裝配業，例如飛機、輪船，或火車機關車 (*Locomotive*) 等體積和重量都很大的產品，在製造過程中移動非常困難，而且所需要的零件及配件種類繁多，製造過程複雜，只好將產品固定不動，而由各種技工攜帶零件及工具，輪流移動工作。圖 6-8 之飛機裝配廠，卽顯示產品固定不動，而由各種技術工人，移動所需之配件及工具，從事於特定的裝配工作，工作完成後，再移動至下一個裝配單位，從事相同的裝配工作；而另外一批技工則順次移至上一個裝配單位，以從事其另外的特定工作，如此循環不息的，由不同的技工，用不同的機具和零件，依次從事不同的工作，到做完最後一件產品的裝配工作，再回到第一個裝配單位（另外一件新產品），繼續從事其相同的特定工作。早期的汽車製造業就是採用此種生產方法，先把汽車各部份的機件及零件聚集，許多工人依次移動，圍在一起，而裝配成一部汽車，這種製造方法之效率較低，尤其在大量生產時非常不經濟，所以後來改為裝配線 (*Assembling Line*) 生產，卽工人及機器不動，而由在製品逐步移動，依次裝配零件，最後製成製成產品。

大體言之，體積重大移動困難，而產量又有限的產品，最好是由工人與機器移動，以配合產品的製造程序。反之，若能在生產線或裝配線上大量製造的產品，則移動在製品，以遷就定位的工人及機器為宜。總之，那種方法能產生最高的工作效率，並能將生產成本降至最低，就採用那種生產方法。

第四節　搬運設備的種類

購置搬運設備之前，應該先瞭解需要搬運的物料之性質、體積、數

量，及運送距離等，然後參酌前述減低運送成本之各項原則，分析研究，而後確定裝置一套效率最適宜，成本最低廉的搬運設備。廠內搬運設備依其活動性質之不同，大致可以區分為固定路線及變動路線兩大類別，玆分述如下：

一、固定路線的搬運設備 (*Fixed Path Equipments*)

所謂固定路線的搬運設備，即只能在一個固定的路線上從事運送工作的設備；例如輸送器 (*Conveyor*)、昇降機 (*Elevator*)、滑槽 (*Chute*)，及通管 (*Traveling Pipes*) 等。其中採用最廣的是輸送器，常用的輸送器可分為以下四種：

1. 高空輸送器 (*Overhead Conveyor*)

一般多以鐵鏈懸掛於單軌 (*Monorail*) 上，以便移動或由電纜遠距離

圖 7-1　高空輸送器操作圖

操縱，鐵鏈下端爲吊鈎或吊籃，用以吊裝物件。此種輸送器的優點是節省地面空間，旣可擔任平面的往返運送，亦可作垂直的上下運送，更可作傾斜運送，用途非常廣泛。

2. 工作輸送器 (*Work-level Conveyor*)

此種輸送器的高度，是在配合工人工作時所需要的適當高度，運送物料或在製品使在輸送過程中製造完成。還可以用於輸送零件，使工人在工作中不必提起、放下，或移動，容易尋找所需要之零件。工作輸送器之種類甚多，如滾筒輸送器 (*Roller Conveyor*)，環帶輸送器 (*Belt Conveyor*)、環鏈輸送器 (*Chain Conveyor*)，旋桌 (*Turntable*)，及滑臺 (*Sliding Benches*) 等。

圖 7-2 空中輸送器與工作輸送器同時作業圖

3. 地面輸送器 (*Floor-level Conveyor*)

地面輸送器之高度與地面相同，多用拖鏈輸送體積較大之物料、在製品，或製成品，使工人在輸送器的兩邊從事組合工作，如製造汽車及各種重機械等所用者。

圖 7-3　地面輸送器作業圖

4. 地下輸送器 (*Under-ground Convegor*)

其高度在地平面以下，大多用以輸送原料或成品至較遠的距離，其優點是節省地面空間，而且可以避免物料在輸送途中受損。

圖 7-4 地下輸送器作業圖

此外，固定路線的輸送器又可分為定速運轉的和時轉時停 (*Stop &* *Go Conveyor*) 的兩種，通常前者的運轉速度較慢，工人可以隨時從上面取下和放置零件或物品；後者可以自由操縱其運轉或停頓，俾將物品運送至預定地點。另外，還有在單軌上行駛的搬運車，此種設備多在大型工廠或庫房中用於收發或運送物料和貨品，見以下之圖 7-5。

圖 7-5　在地面上單軌行駛的搬運車

二、變動路線的運送設備 (*Varied Path Equipments*)

此種搬運設備可以自由操縱而使其移動，沿各種不同途徑從事輸送工作。常見的是各種小車，如手推車 (*Hand Trucks*)、臺車 (*Platform Trucks*)，及牽引車 (*Trailer*) 等，用作近距離運送，見圖 7-6 和 7-7。應用廣泛而且效用較大的還是具有升降動力的搬運車，如堆置車 (*Stackers*)、吊車 (*Hoists*)、活動起重機 (*Traveling Cranes*)，及叉式推舉車 (*Fork Lift Truck*) 等，從事廠內的大量搬運工作。

圖 7-6　手推車從事裝卸作業

圖 7-7　由牽引車施動臺車之作業圖

　　叉式推舉車又稱為堆高機,為應用最廣的現代化搬運設備,與各種可以自由裝拆之附件及特設之攔板(*Pallets*)等配合使用, 能發揮高度的裝卸和搬運效用。此種推舉車之種類與型式極多, 至於採用何種型式最適合業務需要, 必須考慮物料及產品之特性與各項有關因素, 才能決定。

　　叉式推舉車之主要搬運工具為前面的雙叉及升降起重機, 而此種升降機構又可前俯後仰。裝載時由操縱人員駛至裝貨地點後, 其升降起重機向前傾俯, 叉桿很容易插入攔板之下層空隙, 可自行將攔板上的貨物裝妥升起, 但運行時則向後稍仰, 以保持荷重之穩定。運至卸貨地點後再操縱機械將貨物升(降)至適當之高度, 直接將貨物堆高, 以避免貨物搬上和卸下的麻煩, 並可節省物料裝卸之時間; 因此, 在可能情形下, 宜儘量採用推舉車從事搬運工作, 其優點可列舉如下:

　　1.車身體積小, 活動靈便, 可以自由進出廠房及倉儲間。

2. 每次搬運數量多，而且速度快。

3. 擱板之堆置數量一定，盤點、檢查，及分類皆甚方便。

4. 利用擱板，不但搬運方便，而且倉儲間不需料架及棧板。

5. 物料可以儘量堆高，節省儲存空間。

圖 7-8　叉式推舉車之操作圖

6.可直接利用推舉車裝卸其他車輛，既省人力又省時間。

推舉車所用之擱板，構造簡單，造價低廉，其尺碼標準化可以互換通用，故物料輾轉搬運時不需裝卸。擱板有單面與雙面之分，雙面者底與面相同，可以正反兩面使用，中間留有適當的空隙，以便推舉車之叉桿插入；單面者則只有正面可以裝載。圖 7-8 係表示叉式推舉車在庫房中將貨物堆高之操作情形，圖中右下角卽爲堆放貨物之擱板。

第五節　搬運設備之選購

「工欲善其事，必先利其器」，欲求搬運工作經濟有效，必須選擇合適的搬運工具，而選購搬運設備時，除了應瞭解前述各主要搬運器材的性能、構造、體積，與形態外，對生產企業本身有關的下列因素亦須詳加考慮：

一、關於需要搬運之物料

購買搬運設備之目的，卽在搬運物料，因此，必須徹底瞭解被搬運的物料之下列有關特性：

1. 物料的種類及型態如何？係散裝或包裝？固體還是液體？
2. 物料的體積及重量如何？是龐大的還是微小的？
3. 需搬運的物料數量若干？係連續搬運或間歇搬運？
4. 搬運之方向如何？平行移動還是垂直運動？
5. 搬運距離的遠近。

二、關於工場及製造程序

搬運物料之工作效率,常受制於廠房的建築格局及工廠的佈置方式,搬運機器必須與產品的製造程序相配合；而且如何化斷續製造程序或集

合製造程序為連續製造程序，端賴搬運工具之配合並能連續銜接，所以選購搬運設備，必須先考慮工場的建築格局和佈置實況，以及製造程序之特點，例如：

1. 廠房建築之強度如何？能否承受空中搬運設備之荷重？

2. 廠房之高度及通道之寬度如何？搬運設備能否暢行無阻？

3. 地面之強度及光平之程度如何，能否承受搬運設備及其荷重之運行？

4. 目前的廠房佈置是否切合實用？是否已能發揮最大的作業效率？

按理搬運機器之選擇，應以型式最新效率最高者為優，但效率高的新式搬運機，其購置成本必然昂貴，普通規模的企業恐不勝負擔，卽使資本雄厚的企業足以負擔此項設備支出，但是否經濟合算或能否充分利用也須加以考慮。所以搬運設備之選擇不能專求新速，尚需考慮設置的成本及其實用性等有關因素，下列各項原則可供參考：

一、經濟適用

搬運設備的規格、性能，及型式，必須配合生產過程之需要，並考慮需要搬運的物料、在製品及成品之特性，務以經濟適用為原則。

二、功用廣泛

搬運設備的能量應具有適當的彈性，而且要有廣泛的功用，俾以後增加或改變運送物品之種類時，仍能調整應用。

三、載運量大

搬運設備所能載運的物料數量，必須足夠生產作業的需要，每次載運的數量愈多愈好，以減少搬運次數，故載運量愈多，每單位物料所負

擔之搬運費愈低。

四、動力經濟

機械化的搬運設備必須要用動力操作，購置之先必須瞭解其購置成本及所需之動力費用，務求動力大而費用省。

五、速度適宜

搬運機械的移動或運轉速度必須與生產作業的速度配合，如果轉動過速則形成浪費，太慢又可能延誤時間。

六、節省空間

廠房內各機器設備間之距離空隙不會太大，所以搬運設備運動時所需之通路，必須配合廠房內的剩餘空間，以免通行受阻。

七、減少人力

搬運設備的運用及控制所需之人力多寡，在在影響作業成本，故務求省時省力，且無需高度技術訓練為原則。

八、耐久簡便

搬運設備之購置應以價廉物美經久耐用而又操作簡便為原則，以求延長使用時間，俾節省汰換及維護的費用。

總之，搬運設備之選擇需要考慮許多事項，但最重要的是必須合乎經濟適用而又安全耐久的原則。

第六節　搬運工作之管理部門

縱然有適當的搬運工具和合格的操作人員，若無適當的管理組織，也不會產生理想的搬運效果，而且搬運費用又佔生產成本中很大的比例，因此搬運工作及搬運設備之管理得當與否，對整個生產企業之影響非常重大，所以對於管理搬運工作的部門之種類及職責，也有詳加研究之必要。

一、管理部門之種類

所謂搬運設備之管理，主要係指變動路線之搬運設備而言，其管理之方法有以下三類：

1. 各部門分別管理

即不設專門機構，而由各工作部門之有關人員自行負責，此種方法的優點是搬運工具調動方便，各部門依照需要而設置自己的搬運工具，由搬運工人操縱之，可以自由調度。但其缺點是搬運設備分散於各部門，管理及維護不易，而且工作部門的搬運人員與工具若不能充分利用，即容易導致浪費。

2. 集中管理

小規模的企業，其搬運工具通常是由生產控制部門統籌管理，因為生產控制部門負責控制物料之運送以配合生產進度。較大規模的企業，搬運工具種類眾多，多設專門機構負責管理，集中管理有以下優點：

（一）由於搬運設備統籌運用，可以減少該項設備之閒置時間 (*Idle Time*)，故設備費用較少，可減低固定投資。

（二）搬運設備充分利用的結果，可減低搬運費用。

（三）可以就近派遣搬運工具至需要的地點，比較富有機動性。

集中管理也有下列幾項不可忽略的缺點：

（一）搬運工具集中調度，　使用時申請費時，　不能因地因時而制宜。

（二）如有急切需要，可能因申請及調派等手續延誤時間而誤事。

（三）搬運工具之操縱人員與物料之搬運工人分開，　造成人力浪費，增加負擔。

3. 由倉儲部門兼管

凡廠內與庫房有關之搬運工作及搬運工具，皆由倉儲部門負責。物料經驗收後，卽由該部門之搬運人員，利用自有的搬運工具運至存儲地點；出倉時，則由發料人員或搬運人員，逐行裝車送交請領部門或工作站；成品出廠時，亦由倉庫部門派員驗收，並搬入倉庫儲存或送至輸送站。

4.庫企業對搬運設備之管理究宜採用何種制度，雖因企業規模之大小而異，但亦需配合其製造程序及產品的特性而定。

二、管理部門之職責

搬運設備的管理部門除了管理及調配搬運工具之外，還包括以下幾項經常性的業務：

1. 從事搬運方法及搬運設備的研究改進。

2. 決定新原料或新產品的搬運方法，　及選擇所需要之適當搬運工具。

3. 負責教育和訓練搬運工人最適當的搬運方法，　以及搬運設備之使用和維護常識等。

4. 經常對搬運成本加以分析，並與預算加以比較，務求控制最經濟

的搬運成本。

5. 研究經濟的搬運動作及搬運時間，並設計搬運效率之測定方法。

6. 訂定有效的搬運機械保養方法，以維護搬運設備之良好狀態並保障搬運工人的安全。

以上所列舉的職責範圍都需要管理部門主動的去發掘問題，而不能消極的等待問題；而且由於工業製造設備之不斷進步，企業本身的經濟條件也在不停的演變，因此，工廠的物料搬運工作亦必須隨時發掘問題，並謀求改進，俾使搬運工作發揮更高的效率。通常發生搬運問題的場所如下：

1. 收料處

（一）是否常有物料堆積待運或有裝卸及搬運工人閒散等候之現象？

（二）搬運過程中是否需要轉運？轉運幾次？能否一次直接運至需要地點？

2. 工廠內

（一）現有的搬運設備是否適合工作之性質？

（二）是否有技術工在從事笨重的搬運工作？

（三）精細的零件如何搬運？能否有更佳的搬運方法？

（四）工作場所是否有瓶頸（*Botlle-neck*）現象，例如物料擁塞等待加工，或成品堆積等待運走。

（五）製造過程中每次搬運零件或在製品化費多少時間？能否再減少？

3. 倉儲間

（一）通路之寬度是否適當？現有的搬運設備調轉是否方便？

（二）物料及產品之包裝是否合宜？可否隨時裝運？

（三）是否有堆高設備？倉儲空間是否已充分利用？

（四）附屬設施是否配合良好？例如搬運工是否需要等待電梯或其他搬運工具？要等待多久？

（五）出廠之成品是否有堆積待運的現象？

4. 辦公室內

（一）紀錄由於搬運之過失而造成的廢品損失。

（二）統計因搬運或調派不妥而產生延誤之損失。

（三）搬運工資若干？佔生產成本之比例如何？

（四）搬運設備之維護及修理費用若干？

搬運工作及設備的管理部門，必須針對以上所列舉的各項問題，隨時研究改進，以求「物盡其用，貨暢其流」，使物料搬運工作能與各項生產活動作最適當的配合，並將物料搬運工作減至最少，物料搬運費用減至最低。

工廠中搬運工作的管理部門及其工作職掌，每因工廠的規模之大小和搬運工作性質之不同，而有不同的編制和工作分派方式。大規模的工廠，各製造部門大多擁有專用的搬運工具和設備，而自行負責調派和管理；中型工廠搬運設備的種類和數量都不多，為了充分利用起見，大多由生產部門集中管理，統籌調派；而小規模的工廠，由於生產部門比較集中，需要搬運的機會不多，所以少數幾件搬運工具多由儲運部門兼管。總之，以組織單純，發揮較高的效率為宜。在許多工廠中，搬運費用所佔的比例往往很高，而此項費用對產品的質量並沒有多大貢獻，所以負責管理搬運工作的部門必須隨時注意研究改進，以求將搬運效果發揮至最高，將搬運工作減至最少，俾能將搬運費用控制於最低。

練 習 題

一、工廠內從事搬運工作之目的何在？申述之。

二、搬運費用和搬運時間對生產成本之影響如何？舉例說明之。

三、良好的搬運工作對工廠內的生產作業有那些助益？列述之。

四、欲求搬運工作經濟有效，應該注意那些原則性事項？列述之。

五、甚麼性質的生產作業需要移動物料和在製品？舉例說明之。

六、甚麼性質的生產作業需要移動設備和技工？舉例說明之。

七、常用的固定路線搬運設備都有那些？列述之。

八、何謂高空輸送器？用此種輸送器擔任何種輸送工作？

九、何謂工作輸送器？其用途如何？

十、常用的變動路線搬運設備都有那些？列述之。

十一、叉式推擧車的功用如何？此種搬運工具有那些優點和缺點？

十二、購置搬運設備時，需要考慮被搬運的物料之那些有關特性？

十三、購置搬運設備時，需要考慮工廠中那些實際情況？

十四、選購搬運設備時，有那些原則性事項需要加以考慮？列述之。

十五、一個傢具製造工廠，選購甚麼樣的搬運設備最適用？爲什麼？

十六、一個電氣燒磚工廠，應該選購甚麼樣的搬運設備爲宜？爲什麼？

十七、一個家用電器裝配廠，選購何種搬運設備最合用？爲什麼？

十八、一個麵粉廠應該選購何種搬運設備爲宜？爲什麼？

十九、工廠中對搬運設備之管理都有那些不同的方式？各種方式的利弊如何？

二十、搬運設備的管理部門都有那些積極性的責任？列述之。

第八章　工廠之保養與安全

第一節　保養與安全之意義及重要性

　　現代化的各種生產事業，爲求產品品質之提高與產量之增加，以期獲得更多的利潤起見，莫不急起直追以機器代替人工。但工業機械化以後，尤其是在連續作業的生產線上，機器設備若沒有適當的維護保養與安全設施，一旦失修或保養不良，必致機器停頓、生產中斷，而且也容易發生意外事件，每每因此而造成嚴重的災害與損失；而此種損失，往往數倍於保養及安全措施之費用。所以爲求保障員工之安全，避免生產停頓及其他意外損失與災害，俾達到機械之預期使用年限，甚至延長其使用年限，以期增加企業之利潤起見，就必須特別重視工廠的維護保養及各種安全設施。

　　所謂工廠之保養係指對工廠之廠房、機械、各種生產設備，以及各種附屬設施等之檢查、修繕、清潔、潤滑，以及其他應有之維護。所以良好的保養工作，不僅在適當的時期內消極的給機器清理加油，以減少其磨損，而且要積極的防止機器設備發生故障或造成災害，以維持工廠之作業安全及保障員工的身體安全。所以保養的目的在使工廠經常保持良好的機能和狀態，以發揮正常的生產效能,並保障工廠及員工的安全。

　　工廠中許多意外事件之發生,往往起因於保養不良或失於檢修所致，例如因電線年久失修走火而使整個工廠化爲灰燼者，及鍋爐失修爆炸而造成慘重傷亡者，時有所聞，所以生產事業之保養與安全對企業之成敗

關係至為密切。在生產過程中，也常常由於工業安全措施不當或疏忽，而引起嚴重的災禍，以致造成無法補救的損失，例如人員的傷亡、賠償費、醫藥費，及撫卹金等額外開支；而且也可能損壞機器並浪費物料；也可能使生產停頓、替手成績低劣，或損及商譽等，甚至可能因此而造成企業的敗亡或者妨礙企業之發展。所以，如何加強工廠中的保養工作及安全設施，實為現代生產事業管理上的重要工作之一。

第二節　工廠之保養

工廠保養之目的既如上述，係在防止設備之損壞，減少停工之損失，避免意外災害之發生，以及保持生產計劃之如期進行等。總括言之，其主要目的，在求維持最低的生產成本與發揮最高的生產效能。生產設備一旦因失修或保養不良，以致機件失靈或故障停頓，即將影響產品的品質和產量。如因機器故障而停工，可能發生的有形損失，可分析為以下幾項：

1. 因停工而致減產的損失。
2. 停工期間的固定費用仍須照常支付。
3. 修理器材及人工費用等額外開支。
4. 趕修或趕產的加班費用。
5. 短期停工仍須支付的工資。
6. 因停工而延誤交貨的賠償及信用損失。

如因機器保養不良而發生機件運轉不靈或誤差等現象，則可能引起下列各項損失：

1. 生產速率減低而減少產量。
2. 品質不良，必須減價求售。

3. 品質不合規格而遭受退貨的損失。

4. 增加原料的耗損。

5. 縮短機器的使用年限。

6. 危害工人的安全。

由以上的分析可知，工廠之保養工作對生產作業是何等重要。

依照保養工作性質之不同，可以區分為預防保養(*Preventive Maintenance*) 與糾正保養 (*Corrective Maintenance*) 兩大類。所謂預防保養即對需要維護保養之機器設備，經常予以合理的檢查、修理、潤滑，及清潔等，以求避免機器故障或停頓，使防患於未然。所謂糾正保養又稱作故障修理，即於機器設備發生故障或損壞之後，立即予以修理。但在保養工作中，預防重於修理，尤其是自動化的連續製造程序，預防保養更為重要。所以負責保養工作者，必須遵守以下各項原則，以求發揮良好的保養效果：

一、不使機器操作過度

機器如果日以繼夜不停的使用，可能將因負荷過重或操作過久而減少其使用年限，有時甚至會發生意外事故，將得不償失。

二、適時檢修並加油潤滑

適時檢查並密切注意機器之運轉情形，對轉動部位應隨時保持清潔，並適時加油潤滑以防磨損。如果發現缺損，雖輕微亦應立即整修或換新，以避免故障停頓或造成意外災害。

三、工人皆負有保養責任

唯有直接操作機器之工人，對該機件之性能、狀況，及缺點最為瞭

解，隨時注意保養也最方便。所以最好的保養工作是訓練工人隨時注意
保養機器之習慣，並加强其保養機器設備之責任感。

第三節　保養部門的職責

保養部門在工廠組織體系中之地位，每因工廠規模之大小及生產作
業之性質而不同。通常，小規模的工廠只有一、二位保養技工，在工作
繁忙時增加幾位臨時助手；該等保養技工，負責全廠的機械、水電、土
木，及粉刷油漆等保養工作。但較大規模的生產企業，大多專設保養部
門，由專人負責各項特定的保養工作。中型以上的製造廠中，保養部門
大致分為修繕工程組、機械工程組，及電器工程組等單位。

保養部門之組織雖因企業的性質及規模之大小而不同，但其職責却
大同小異，約可分為以下八項：

一、保養工作之分派

各項保養工作，最好能指定有關的保養人員專責處理，而且人員與
工作的分配必須適當，既要滿足各類工作的需要，又要避免勞逸不均或
重複抵觸的現象。原則上應盡可能指派每一保養人員擔任一個部門之維
護工作，或者擔任某一類機器或某一部份機器之維護工作，俾由熟練中
能充分瞭解機器的性能及容易發生的毛病，而能預先或及時施以適當的
保養或修護。工廠的保養工作大致可分以下幾種：

1. 例行檢查與修理

工廠的廠房、機器設備、動力、電燈、給水、通風，及輸送裝置
等，必須經常查驗保養工作是否適當，並隨時注意加油潤滑與清理，如
發現有異狀或不妥之處，應立即修理改進，避免故障停頓或造成意外事

件，以求一切器材均能發揮高度之效用，並維持正常之生產。

2. 臨時修理工作

在生產工作之進行中，如果機器臨時發生故障或損壞，應即刻設法補救，務求於最短期間內修復，以免因延誤時間影響生產，而造成重大損失。

3. 預防保養

根據各種設備的裝置及保養記錄，參酌技術上的判斷，對各種機器設備從事預防檢修，對將要損壞的機件及早修補更新，俾能防患於未然，如此則旣可節省修理費用，又能經常保持機器的良好狀態。預防檢修之週期必須妥爲訂定，過多之檢修則形成浪費，過少則有失時效；尤須考慮機件的價值，以免保養費用超過更換新機件的成本。

二、保養工作之設計及管制

生產設備經過使用相當期間後，生產效能即逐漸低落，爲求維持正常生產，即須及時汰舊換新，故保養部門對現有的各種保養設備之性能，應不斷加以研究改進，以求設計最佳之保養方法。生產設備如有不合時宜者，或修理費用太高時，則應建議廠方更新設備，旣能提高生產效率，且可節省保養費用。保養工作應有適當的計劃，力求與生產作業相配合，並儘量利用休閒時間從事保養，以免躭誤生產進度，尤其修護器材必須有計劃的購置，旣不宜壓積太多資金，又不可停工待料。

三、監督保養人員及檢核其工作效率

保養工作惟求效率，不可流於形式，有效的保養工作，賴於有效的工作方法及認眞的工作態度。所以保養部門必須經常檢核保養工人之工作情形，指導其採用最適當的保養方法，並督促其負責盡職。

保養人員之監督，旨在防止其敷衍偷懶，而保養工人分散於工廠各地，很難直接一一監督，在無直接監督的情形下，難免其偷閒敷衍。積極的防止辦法是選取勤奮的保養技工，不但注重其技術，又應注重其責任感。至於消極的辦法，則在嚴格考勤，對於保養員工之工作分派，應有詳細的紀錄，例如何時起擔任某項保養工作、工作地點、預計何時完工等項目，如有延誤即應查明原因，以憑考核，並謀求改進。訂定獎工制度及工作標準，以憑衡量工作效率，績優者獎勵，怠惰者處罰。

大規模的工廠，保養技工經常往返於工作地點與保養部門之間，即保養工作完成後，再返回保養部門接受指派另一工作，路途中可能浪費許多時間。最好能以電話或無線電隨時與保養工連絡並指派工作，或者保養技工於工作完成後，先以電話向本部報告，並請示次一指派，以節省時間並提高效率。

四、監督外包工程之施工

大規模的工程，如廠房之建造或擴增、機器之安裝或汰換，以及其他重大設備之裝置或拆卸等工程，多非廠內保養部門所能勝任，通常多委託或發包給專業之外商承建。但廠內的保養部門對此種外包工程，也負有監督之責，宜隨時注意其施工及進度情形，以防止偷工減料或工程延誤等情事發生。而且工程完成後，又必須憑保養部門出具之書面驗收合格證明，會計部門才能支付工程餘款，可見保養部門責任之重大。

五、建立保養制度

「保養重於修理」一語，對於機械化的生產企業實在是千眞萬確。良好的保養工作必須從建立制度着手，所謂建立保養制度即建立一套合理的保養規則與方法，而制度之建立又應有確實的資料作依據，因機器

之故障或損壞頻率很難預料，所以保養部門首先應該建立詳確的保養紀錄，每套或每部機器設置一份保養卡，紀錄其類別、裝置時間，及保養之情況等，以便瞭解各種機械設備應於何時或間隔多久施以保養，也許能由保養紀錄中發現某種可遵循的規律，以期整個工廠都能獲得適當的保養，不致有疏忽或遺漏。

六、控制保養成本

工廠之保養固然重要，但保養費用之開支却間接增加生產企業之成本，保養費用支出的愈多，則企業之利潤愈少，尤其是保養人員之僱用，過多則閒散無事，過少則可能維護不及，皆屬浪費。企業爲了謀求利潤，自需對保養費用之支出予以適當之控制，不能聽任其自由增長。控制保養成本，通常有下列兩種方法：

1. 核准制

除了例行的保養工作，如加油潤滑及清潔檢查等工作外，重大的保養和修理工作，必須呈請高級主管核准後始能動工，爲了時效或分層負責起見，也可規定各級主管及領班所能核准的保養費數目。如果負責的主管對工廠之保養情形深切瞭解，對於保養工作的輕重緩急能判斷準確，則統籌核辦控制較易。否則，可能誤時誤事，貽誤保養工作之進行。

2. 預算制

卽由保養部門責成各生產單位，將各該單位的機器設備所需之維護費及修繕費編列預算。此項預算之編製，通常先由各單位工程師或領班開列所需之各種保養工作，保養部門再根據此種報告，估計各項工程所需要的人工與物料之價值而變成現金預算，送呈高級主管審核，審核人員可視工作之緩急，及公司之財力等實際情形，作相當之調整。預算制

度之推行，首重誠信合作，各單位工程師不得敷衍虛報，而審核之主管
除有充分理由外，不得打折核減，以免誤事或造成將來更大的負擔。

　　小規模的工廠宜於採用核准制，大規模之企業則採用預算制較佳，
亦有混合採用此兩種制度者。至於資本支出之重大修理工程，應另外編
列預算，不可與經常保養預算併爲一談。

七、維護廠房及附屬設施之整潔

　　工廠內之廠房及附屬設施也須經常維護保養，以確保其堅固安全及
清潔衛生。對於安裝機器之地面，尤須經常檢查，是否會因機器之震動
而破裂，若發現裂縫或凹陷卽須及早修補，俾免損毀機器。廠房內的附
屬設施及門窗也要經常擦拭清潔，保持良好的工作環境，以求提高工人
的工作情緒。

八、維護工廠安全

　　工廠警衞人員的職責，主要在保衞工廠之警衞上的安全，免遭宵小
盜竊破壞等事件；但工廠作業安全之重要責任仍在保養部門，尤其是有
關機器設備的維護保養等之內部安全。至於公共安全方面則包括失火和
走電之防範、意外事件之防止，及工人之安全等，都應責成保養部門。

第四節　工業安全與意外災害的成因

　　工礦企業，常因意外災害而造成員工的傷亡及財產的損失，而此種
意外災害之起因，又常因機器設備之安全措施不足，或員工之安全訓練
不夠而造成；故現代企業之管理者，多能認清工業安全之重要性，而重
視工廠之安全措施。但生產企業之種種安全設施，每每需要鉅額的費

用，而且，若干措施往往會影響生產效率，故廠方時有玩忽塞責情事。各工業化國家爲了維護工業安全，多訂有專門法律，責成勞資雙方，強制施行。

　　我國對於工業安全亦漸加重視，現已訂有工廠法、礦場法、工廠檢查法、工廠安全及衞生檢查細則等法律，由政府有關機構監督，以強制企業負起維護工業安全之責任。其實，只有在安全設施良好，而且重視安全訓練的工廠，工人才有安全感，有安全感之工廠才是最有效率的工廠。工廠中所發生之意外事件，其可能引起的損失，往往數倍於安全設備及安全訓練的費用，故工業安全與生產效率、製造成本，及企業利潤等多項息息相關，有人強調“工業安全乃工業進步與經濟繁榮之里程碑”，可謂語意深長，發人深省。

　　工廠中意外災害的造因，可總括爲以下兩點：

一、人爲的因素

　　所謂人爲的因素，係指由於工作人員玩忽失愼或缺乏安全知識所造成者，例如不遵守安全規則，火柴頭烟蒂隨手亂扔，星星之火可能釀成巨災；或工作時不愼將衣服或頭髮夾入機器齒輪中，結果連人捲入機器，輕者傷殘，重則喪命。再者由於缺乏經驗，技術不熟練，疲勞過度，煩燥分心，或飲酒過量等情形，都可能引起意外災害。據統計，工業意外事件之發生，人爲的因素約佔87%（註）。

二、器械的因素

　　所謂器械的因素，係指由於機器設備之防護設施不妥或保養不良而引起者，例如機器逾齡，廠房破舊失修，工作環境不良，燈光太暗，通

──────────
註　曹國璋編著企業組織與管理（增訂本）第十九章（二六〇頁）

路太窄，缺乏安全設施及缺乏應付意外事件之準備等。欠安全的設備可能會增加人爲的災害，偶一不愼卽能造成意外。反之，機械設備縱然富有危險性，但防護的安全措施齊全，意外災害必可減少。故欲確保工業安全以減少損害，首應注意機械設備的安全設施。

瞭解了工廠產生意外災害的原因之後，卽可針對其成因而注意消除或防範，以求加強工業安全，俾將意外災害減至最低限度。

第五節　維護工廠安全應有的措施

危害工廠安全者，無論是人爲的因素，或是器物的因素，都可以設法預防和避免；譬如工人能提高警覺，遵守規定，廠方能改善設備，加強防範，意外災害自然可以防止或減少到最低限度。茲將防止意外事件之各項要點分述如下：

一、須有完善的安全設備

工作環境安全與否，與工廠的意外事件之發生息息相關，所以要想防止意外事件，首先需要改善工作環境，卽加強廠房及機器設備之安全措施。工廠中的安全設備種類繁多，依工廠法第四十一條規定，工廠應設置：1.工人身體上之安全設備；2.工廠建築上之安全設備；3.機器裝置之安全設備，4.工廠預防火災及水患等之安全設備。茲依據工廠安全及衛生檢查細則之有關規定分別列舉如下：

1. 工人身體上之安全設備

依工廠安全及衛生檢查細則之規定，工人身體上之安全設備有下列兩項：

（一）處理運轉中之機械的工人或臨近此項機械工作之工人，易受

頭髮或衣袖捲入之危險者，應裝備適當之工作服，給予工人着用。

（二）工人處理有毒物或高熱物體之工作，暴露於有害光線中工作，在有塵埃粉末或有毒氣體散佈之場所中工作者，工廠應按其性質，裝備防護服裝或器具，如安全眼鏡、焊用面罩，及橡皮手套等，給予工人穿着及使用。

2. 工廠建築上之安全設備

依工廠安全及衞生檢查細則之規定，工廠建築上之安全設備有下列四項：

（一）各工作場所，除去為機械及其他生產器具所佔之面積外，至少應供給每一工人一·五平方公尺之地面。

（二）各工作場所，至少應供給每一工人十立方公尺之空間，但在地面四公尺以上之空間，不計算在內。

（三）動力室及置有爆炸危險之壓力容器場所，應與其他工場隔離，並應置於樓下，其樓上不得用為工作場所。

（四）工廠建築物及其附屬場所，應設相當數目之太平門及太平梯。

3. 機器上應裝置之安全設備

依工廠安全及衞生檢查細則之規定，機器上應裝置之安全設備較重要的有下列十項：

（一）原動機、動力傳導裝置，及用動力發動之機械各轉動部份，因地位或構造關係，易使工人受身體上之傷害者，應設保護網或其他預防災害之適當裝置。

（二）各工作場所應裝設適當開關，俾於災變發生之際，得立即停止原動機或動力傳導裝置之轉動。

（三）各種機械上之轉動部份，不得有頭部突出之螺釘、螺帽、揷

梢，或其他之突出物。

（四）原動機、動力傳導裝置，及其他各種機械於給油時容易招致災害者，應有安全之給油裝置。

（五）動力傳導裝置之轉軸及傳動帶，應依照規定要領裝設適當之防護物。

（六）每一蒸氣鍋爐應照規定要領裝設附件，並保持有效狀態。

（七）爆炸力強大之壓力容器，應有適當之安全裝置。

（八）凡載人升降機及其出入口，均應裝置平滑有鎖之鐵柵門。

（九）各種起重機應標明最重負荷，其鈎子應有避免所提物件意外脫落之裝置。

（十）上卸傳動帶及修理或清潔轉軸上各項機件所用之梯件，應裝有適當之鈎子或底脚。

最佳之安全設備，莫過於附設在可能引起意外災害之機器上，以減少意外事件之發生，至於衞護之方式則因機器的大小及性質之不同而異，如馬達、廻轉的皮帶，及高壓電器等，常圍以網罩。有些機器的輪盤富有危險性，則全部護以翼板；可能傷人的電鋸則裝以遮蓋。現在更有各種各樣電動或自動的衞護設備，可以附裝在機器上，旣可維護機器，又能保障工作人員的安全。

4. 工廠預防火災及水患等安全設備

依工廠安全及衞生檢查細則之規定，工廠預防火災及水患等安全設備有下列五項：

（一）各工作場所的電線、電燈、電氣、機械，及其他電氣器具之材料設計及裝置方法，均應特別注意，並應有於災害發生時得以立卽切斷電流之自動裝置。

（二）凡製造、處理、貯藏，或產生引火性或爆炸性之氣體、液

體，或粉塵之場所，應有特別之防火設備；除有不得已情形經檢查許可者外，應與其他工作場所隔離。

（三）工廠應有充分之消防設備，各工作場所並應有報警裝置。

（四）染有油污之紗頭紙屑等，應藏於不燃性之容器內，或採用其他適當處理。

（五）工廠除應將消防設備之存放處所及使用方法通告外，對於工人並應有定期及不定期之消防演習。

工廠中最容易發生的意外災害就是火災，所以加強消防設備，實為工廠管理中之重要工作，如廠房的建築材料應能防火耐熱，廠房與廠房之間不可過於接近；易燃的危險品須隔離放置，廠房內的電路要經常檢查，以免走火。其他如滅火器、砂袋、水池，以及消防人員之組織與訓練亦應加強注意。另外廠房亦應有防雷設備，因大規模生產企業之廠房每有高達數層者，高大的建築物每易引起雷爆，故宜於屋頂裝置避雷針，以策安全。

依工廠安全及衛生檢查細則之規定，工廠內之安全設備，應經常予以檢驗，以查明其設備是否合於規定，或保持有效之狀態；對於鍋爐之檢驗，尤為重視，簽發合格證書的有效期間，不得超過一年，期滿後，非經重行檢驗換領新證，不得使用。

二、防止員工不安全之動作

廠方應定期實施安全教育，教導工人安全的操作方法，並培養其安全操作的習慣；使員工認清工廠安全之重要件，以提高其維護工廠安全的警覺。

廠方也需經常注意員工的健康，因員工的健康與工作效率及公共安全均有密切關係，體力充沛的員工，不但工作時起勁，而且注意力也比

較集中，發生意外事故的機會即可減少，縱然偶有失誤，也可能因動作靈敏，而能及時挽救，以免於難。故含有危險性之工業僱用工人時，宜作體格檢查，以選擇健壯者錄用。並且要定期舉行體檢，以確定工人之健康情況，俾調配能勝任愉快之適當工作；如果發現病狀，則可令其及早休養，以避免加重，並防止傳染，所以對員工實施體格檢查，不僅利於員工，更有利於廠方，故為維護工廠安全之必要措施。此外並應加強工人之監督管理，以防止工人有違犯工廠安全的行為。欲求徹底消除人為的危害工業安全之因素，尚需嚴格執行以下各事項：

1. 非工作人員不得進入工場中之危險區。

2. 嚴格遵守各項機械的安全操作方法。

3. 從事有危險性工作之員工，應養成穿戴防護用具之習慣。

4. 必須選派經驗豐富能力優越的人員主持含有危險性之工作。

由以上的分析可知，欲求防止工廠的意外災害，以維護廠方及員工的安全，廠方首先需要設置完善的安全設備，並進而訓練員工提高警覺，防止不安全的動作，廠方與員工同心協力加強防範，才能達成預期的效果。

第六節　對工廠之保養及安全應有的認識

工廠的保養及安全之維護，其主要目的不但在預防機器發生故障或停頓，以維持繼續不斷的生產；並且要防止或減少損害，及保障員工的安全。欲求實現上述的目的，不但是保養部門的責任，而且也是工廠內各部門的共同責任，故必須廠內各部門密切配合，勞資雙方通力合作，在觀念上應有正確的認識，所有的員工，無論是從事保養及維護安全的員工，或是直接參與生產的工人，都應該把工廠視同自己的家庭，把工

廠內的機器設備及工具用品視同自己的飯鍋飯碗一樣，加以愛護。

　　尤其在分工專業愈精密之工業社會，技術工之轉業與人事流動愈不容易，所以工廠與員工間之關係越來越密切，工廠興隆了，也就像是自己的家庭門第光耀，自己才有出路；工廠停工倒閉，也就像是自家的門庭沒落，自己也無光彩可言。

　　擴大而言之，現代化的國家，無不是工業化的國家，由振興實業以富國強國，亦為勞資雙方愛國之正當途徑，何況工業發達了，可以繁榮社會，造福人群。所以，為國為家為大衆，都應該敬業樂職，共策安全。工廠上下如能確立此種正確的觀念，各人都會自動的細心去保養機器，各人都在隨時關心工廠的安全，則意外災禍自然可以減少。節省了意外災害的開支，即等於增加了企業的利潤。

　　當然，顧主也應該視員工如家人、如子弟，事事替員工設想，將豐厚的利潤用一部份來增加員工的待遇或改善員工的福利。如此，企業與員工的利害一致，休戚相關，工廠的保養工作及安全之維護，自然能够事半功倍。所以筆者認為確立全廠員工在觀念上，對工廠保養及維護安全之正確認識，才是治本的最有效的辦法。

練　習　題

一、何謂工廠保養與安全？其積極意義如何？

二、工廠的保養及安全與機械化和自動化生產之關係如何？申述之。

三、如因維護保養不良而發生機器停頓或運轉不靈等現象，可能發生的損失如何？列述之。

四、何謂預防保養？何謂糾正保養？在自動化的連續製造程序中何者比較重要？

五、欲求發揮良好的保養效果，應該注意那些原則性事項？列述之。

六、保養部門都有那些重要職責？列述之。

七、工廠的保養工作大致有那些項目？列述之。

八、試為某水泥工廠建立一套預防保養制度，列述其綱要及步驟。

九、如何監督保養人員並考核其工作效率？申述之。

十、試為某鋼鐵廠建立一套維護保養人員的考勤制度，列述其綱要及方法。

十一、如何控制保養成本？常用的有那些方法？

十二、市公車處欲求適當控制其保養成本，以採用何種制度為宜？

十三、有人說：「工業安全乃工業進步與經濟繁榮的里程碑」，其意義如何？

十四、工廠中意外事件的成因如何？分別解說之。

十五、那些意外事件是人為的因素造成的？如何防止？

十六、那些意外事件是機械的因素造成的？如何能減少至最低限度？

十七、維護工廠安全應有那些重要措施？申述之。

十八、依工廠法的規定，工廠中應有那些安全設備？列舉之。

十九、如何有效防止員工的不安全動作？有那些重要事項需要嚴格執行？

二十、如何在觀念上灌輸員工對保養及安全應有正確的認識？

第九章　生　產　控　制

第一節　生產控制的意義

　　生產企業的一切管理活動，都以製造產品爲重心，而製造管理之目的，則在求以最低的製造成本，生產最多的優良產品，欲求達成此一目的，最具體有效的方法莫過於建立生產控制制度 (*Production Control System*)。因爲縱然是一個廠址適宜的工廠，擁有最新穎的機器設備、技術精良的員工，及合格的物料，若缺乏完善的生產控制系統，亦難發揮高度的生產效率，無論人力物力各方面都可能有許多浪費，以致生產成本高漲，而且也難能如期提供適量的合格產品；因此，在同業間競爭激烈的現代，生產企業無論是爲了增加產量、減低成本，或改進產品的品質，都需要着意研究改善其生產控制制度，所以建立科學化的生產控制制度，實爲生產企業生存發展的基本關鍵。

　　所謂生產控制，係指依照設計的產品標準或顧客指定的產品規格，充分運用員工的生產技術，發揮機器設備的適當生產能量 (*Capacity*)，有計劃的調配相關連之製造途程(*Routing*)，釐訂合理的製造日程(*Scheduling*)，規劃適當的工作指派 (*Dispatching*)，並輔以確切的控制與催查 (*Follow-up*)，以消除或減少在製造過程中的延誤或浪費，將有限的生產因素與繁雜的生產活動，作有系統的安排與調配，俾能以最經濟的製造成本，經過最簡化的製造過程，如期完成合乎規格及預定數量的產品之一種科學管理方法。

由上述可知，生產控制工作不但指執行生產計劃中的全部過程，並且需要協調製造上的各項有關活動，所以生產控制工作，不但因工業類別之不同而異，卽在同類工業中，亦因生產作業的性質（存貨生產或訂貨生產）之不同，及製造數量之多寡，而控制之方式各異。如爲存貨生產 (*Manufacture for Stock*)，則只需預測市場的需求趨勢，參酌本廠的製造能力，而編製生產預算，再按照預算分析組成產品的物料及配件之需要量，排定製造時間而從事生產。若爲訂貨生產 (*Manufacture for Order*)，則必須依照顧客要求的數量和指定的規格及期限，如數按期交出合格的產品；但是由於每批訂單的規格未必相同，數量多寡更不一定，而各批產品又必須個別製造，因此，對製造計劃之設計，物料或配件的種類和數量之供應，機器設備之負荷調配，以及生產途程的規則和進度的控制等工作，都必須周詳的安排與釐訂，所以生產控制制度也就越發顯得特別重要了。

生產控制的方法，除因生產作業的性質之不同而異，亦需視生產作業之程序及產品之性質而定；生產作業之程序，大致分爲連續生產程序及裝配生產程序等（詳見本書第六章第二節），其控制之方式也各不相同。在連續程序之工業中，原料由工廠之一端進入機器，順次經過連續的製造過程，最後製成產品，其製造過程中之調配、進度，及工作分派等問題，都有固定的程序，不須每次重新設計，故其生產控制工作較爲單純。至於裝配程序之工業，大多以不同的原料，分別製成各種性質之配件，再順次集合而裝配成產品，如果其中某一部分遲誤或配合不當，卽可能妨害全部生產工作之進度；而且每因產品的規格或性質之不同，而有不同的生產程序，故對裝配生產程序之釐訂及進度之配合，必須有周密之規劃與妥善之安排，其生產控制工作卽較繁雜而重要。更有進者，裝配生產程序每因存貨生產或訂貨生產之不同，其生產控制問題亦各

異。

　　良好的生產控制，足以促進製造作業速度，簡化製造之施工過程，減低物料及在製品之存儲量，加速資金之週轉率，以降低生產成本，對顧客及投資者都有裨益。所以生產控制工作必須要運用科學的管理方法，在各個施工階段，對各項生產因素如人員、機器、物料，及資金等，預作最適當的調配，以求發揮最高的生產效能。

第二節　施工途程之釐訂

　　所謂施工途程 (Routing)，係指產品由原料以至成品，應施以「何種操作」及應配以「何種零件」，所需經過之一連串製造程序。任何產品之製造，都須經過或多或少的不同施工步驟，怎樣使產品所經過之製造途程最合理而又最經濟，則必須有周詳之規劃，俾作為安排生產日程、指派工作，及查核進度之依據。產品之施工途程亦因連續製造程序或製配製造程序而不同，在連續程序重複生產之工廠，製造過程係按固定之生產線進行，其產品之施工程序單一經釐訂完成，卽視同施工程序之標準，產品一旦開始施工，其途程卽依生產線自動決定，故其施工途程之安排是與廠房之建築及機器之佈置，同時設計，除非產品種類變更，或製造方法及生產設備改變，才加以修正，否則其施工程序係長期不變。至於採用裝配程序而又依訂單生產之工廠，其製造過程大多按設備之分類佈置而進行，製造之途程較為複雜，而各批產品的施工程序單又必須個別擬訂，所以製造單位卽需加意研究設計，如何將設備作最有效的利用，而製造途程又最經濟合理。

　　生產計劃經核准後，卽需依照計劃的產品種類及數量，估計所需之物料或配件的種類及數量，並分析該等物料或配件究宜自製或訂購，如

果決定自製，則須確定所需之作業程序並分派工作，將製造命令預先分送各有關單位，如廠務主任、採購單位、檢驗單位，以及領班等，俾各單位據以及早分派場地及機器、訂購物料及配件，並安排工作人員等。茲將擬訂施工途程之步驟分述如下：

一、確定每批的生產數量

產品設計完成，而且製造藍圖與物料單準備妥善以後，卽該研究每批產品之經濟生產數量 (*Economic Lots*)，因為每批產品的數量多寡，與單位生產成本息息相關。如果是靠訂貨生產，則每批產品的生產數量，自應以定單為準，但若定單的數量很大，而且不須一次交貨時，卽需依據成本分析的結果，制訂一種使總成本最低的每批經濟產量，而分批生產。所謂總成本係包括生產成本、籌製成本（生產計劃之擬訂及機器設備之調整等費用）、存管成本（包括倉租、保險費、廢舊損失，以及資金利息等）；故經濟產量卽指籌制費、生產費，及存管費等之總和為最低的每批生產數量（詳見本書第一章第七節）。若是定單數量很少時，可考慮將規格相同的定單合併，俾使合乎經濟產量。如果是存貨生產，當然應該考慮季節性變動，以合乎經濟產量分批生產為原則。

二、決定所需物料或配件之種類及數量

產品之種類和數量確定之後，生產部門卽需進一步決定所需用的各種物料或配件之種類及數量，俾能依照產品之規格，填製物料單 (*Bills of Materials*) 或配件單 (*Parts List*)，在單內詳細載明所需用之物料或配件的名稱、種類、數量，及規格等各種事項。物料單或配件單通常皆採用多聯式，俾同時通知各有關單位，以為採購、領用，或製造之依據。

三、確定物料或配件之自製或訂購

製造產品所需要的物料或配件之種類和數量決定之後，即該再進一步分析所需用之物料或配件究竟應該自製還是訂購，根據研究確定之結果，即可在物料或配件單上之有關項下註明「訂購」或「自製」的字樣。重複生產大量標準產品的製造業，在最初準備從事生產時，即該決定所需要的物料或配件之自製或訂購，而後再作定期性的檢討研究，以便因比較利益 (relative profit) 之改變而適時對原來的決定作有利的修正。靠定單生產的製造業，則必須對每批定單個別分析以作決定。分析自製或訂購之決策時，除了比較兩者之成本，考慮機器設備之能量及員工的技術外，還需要考慮品質標準、供應商交貨之可靠性，以及季節變動可能產生的影響等。

四、釐訂所需要之作業程序

確定某定額產品所需要之物料種類及數量後，即該根據產品之品質標準、製造方法，及交貨期限等，再參酌機器設備的性能，以制訂產品或零件之生產作業程序單 (Operation Sheets)，載明作業名稱、施工程序，以及所需用之機器物料等，並註明標準作業時間及機器生產速率等。作業程序單不但可供分配製造時間之依據，而且可以指導員工以最經濟之方法，按照規定的時間從事生產。

第三節　製造日程之調配

所謂製造日程 (Scheduling)，係指製造工作從開始以迄於完成，各項生產過程所需要之時間，與一定數量的產品在全部製造過程中，各項

製造工作之相對的施工時間。產品之施工日程必須依照標準工時妥為安排，並嚴加控制，以求減低生產成本及保持生產線負荷 (*Loading*) 之平衡，俾防止生產線之擁塞遲滯，而且避免加班趕工或閒散停工等現象之發生。茲將與製造日程之調配有關的事項分述如下：

一、調配製造日程之步驟

對於連續程序重複生產之製造工作，其加工時間 (*Processing Time*) 可用「時間研究」以確定標準工時，俾憑以調配製造日程。而對於裝配程序之生產，其各項製造過程加工時間之計算，則需依採用之施工方法與工具、使用之機器與物料，以及規定的品質標準等為依據而綜合核計之。

每種產品在某一期間內（一年、半年、一季，或一月）的預定製造量確定後，卽可再細分為每月、每週，或每天的產量，以便按時生產，如期交貨。也就是說，工廠每接受一批訂貨，卽可係照其所需交貨的期限，酌量分配於各月或各週內製造。每月或每週的預定製造量應以該廠設備的最高生產能量為限，以後的定單卽需按期遞延，俾維持生產線之平衡。編排製造日程表之目的，係為確切實現向顧客所作如期交貨之承諾，並確保生產設備發揮最高生產能量。製造日程表之擬訂，應具有適度的伸縮性，俾能調整緊急定單，或適應製造過程中偶發之變動情況，故製造日程表為排定生產日程之基礎。

一般企業對製造日程表之編排，多分為兩種方式：一為全部產品之日程表，卽製造日程總表 (*Master Schedule*)；一為各種機件個別製造之詳細進度表 (*Detailed Schedule*)。首先需要制訂製造日程總表，俾對全廠之生產進度一目瞭然；製造日程總表確定後，卽應據以擬訂詳細進度表，並填發製造命令 (*Manufacturing Order*)；對於依定單生產

之製造業，則必須按照每批訂貨之數量與規格，而個別擬訂詳細的生產計劃與進度。

二、製造日程控制圖表 *(Control Charts)*

因為圖表對一種狀況之顯示，其功效遠勝過文字，而且易於瞭解，所以一般現代化的工業，都廣泛的應用圖表作為顯示或控制業務進度之工具，而對生產作業中之日程控制，運用更為適當，既可瞭解當前的工作進度實況，又便於對未來的工作加以控制或調配。常用的製造日程控制圖表有以下幾種：

表 9-1

施工計劃日程表

產品名稱：×　×　×　　　　　　　　交貨期限：訂約後四個月內首次
數量：2,400件　　　　　　　　　　交貨 400 件，此後每月 400 件，
　　　　　　　　　　　　　　　　　訂約後九個月內全數交清。

月份　日數 進度 作業項目	一月			二月			三月			四月			五月			六月			七月			八月			九月		
	10	20	30	10	20	30	10	20	30	10	20	30	10	20	30	10	20	30	10	20	30	10	20	30	10	20	30
簽　　　　約																											
設　　　　計																											
採 購 物 料																											
製 造 零 件																											
部 份 裝 配																											
成 品 裝 配																											

1. 施工計劃日程表 *(Project Layout Chart)*

施工計劃日程表，係對於每種工作在各製造階段，所需要之物料、器材，及裝配進度等預作規劃，並根據各該工作在製造程序中之相互關連性，將各工作進行的次序及起始日程調配排列，以保證能按期如數交貨。至於常用的施工計劃日程表，每因工作性質之不同而異，茲以簡單的施工計劃表示如上。

表 9-2 機器工作負荷表

工場	機器編號	機器負荷量及工作編號	工 作 起 訖 時 間（日數）							
			10	20	30	40	50	60	70	80
第一場	101			512		604				
	102			511						
	103		510			601				
第二場	201			524		621				
	202			520		620				
	203			521		622			720	
第三場	301			531						
	302			530						

2. 機器工作負荷表 (*Machine Loading Chart*)

在機器性能不同，而產品種類又繁多的工廠中，多將機器之工作時間製成工作負荷圖表，以表明各部門或各工場、各組機器或各部機器在某特定時間內的工作負荷量，以件數、時數，或日數等表示之，俾能

清楚的了解工場內各部機器之工作負荷狀況，以便調派緊急定單，或規劃未來的製造日程。機器工作負荷表的製作方法，常用條形直線以顯示時間之起迄。茲以簡單之事例表示全廠每部機器各自從事各別製造工作之負荷表如上。

第四節　製造工作之指派

所謂工作之指派 (Dispatching)，係依排定的製造途程及日程，將適當的工作數量，分派給各工場中適當的機器及適當的工人，以求能適時開工，並以最經濟的生產成本及早製造完成。工廠中的任何製造工作，諸如與製造有關的人工與機器之安排、物料之請購與領用，以及工資之支付與成本之計算等，都需以製造命令為依據。所以製造途程及製造日程排妥之後，即該依排定的次序，分派各項工作於各製造單位及各工人，並為將開始的工作預先籌備物料與工具，俾能使生產工作進行無間。

製造工作之分派亦因製造方式之不同而異，在連續程序重複生產的製造業中，工作之分派較為單純，只要根據生產日程總表，編擬生產進度，按時供應定量的合格物料及配件即可。在裝配程序並靠訂貨生產的製造業，因每批產品的規格不同，所需要的物料標準及器材種類各異，機器設備亦需加以調整，而且為了維持機器負荷及物料供應的平衡，以免發生停工待料或物料堆積之現象，則製造工作之分派即較複雜繁重。因此，各生產單位大多酌情設置派工員 (Dispatchers)，製造部門將製造命令及各種技術資料之表單等，送至派駐各工場之派工員，而後再由派工員遵照製造命令，協助工場主管或領班，按照生產計劃及製造日程之先後分派工作，簽發工作單 (Job ticket)、材料及工具領用單等，俾憑以推動各項有關工作。

製造工作之分派，常因企業之組織結構及生產方式之不同而異，大致有集中分派及分散分派兩種方式，茲分述如下：

一、集中分派

所謂集中分派 (*Centralized Dispatching*)，係全廠之製造工作，由製造部門或分派工作部門統一分派，集中控制。各製造單位及其領班，所接獲的製造命令卽附有配件單，及一切關於人工、機器，及工作起訖的進度表等，只需遵照工作分派之命令，運用其分派的人工、物料，及機器等從事生產卽可。但分派工作之部門，必須對全廠每一部機器的能量和速率、員工的素質和技術，以及運送設備和附屬設施的配合等充分瞭解，並有確實可靠的資料作依據，才能作合理的分派和有效的控制。此種集中分派工作的方式，多適用於產品單純或標準化，生產因素變動較少，而製造工作又簡單的工廠，或人員及機器不多的小型及中型工廠。

二、分散分派

所謂分散分派 (*Decentralized Dispatching*)，係由製造部門將各種工作之製造命令及製造日程表，分發給各有關單位，再由各製造單位依照製造命令，斟酌情形各別擬定詳細生產計劃，排列各工作之製造時間與進程，並分派工作給各工人或機器，並由各單位之領班督導工人控制進度，俾能如期達成任務。此種分散分派工作的方式，多適用於產品差異化，種類繁多，工作複雜而又分散的工廠，或人員及機器衆多的大規模工廠。

以上兩種分派工作的方式，各有其優點及缺點：集中式則因各單位之生產活動皆聽命於統一之分派部門，並需適時對工作進度之狀況提出報告，故在控制上較為嚴密，對工作之調度也較為規律統一；但工作之

命令與工作之報告、表單等文件往返費事誤時，有失機動性。分散式則授權各單位因地制宜，靈活調度，減少表單等文件往返，增加時效和工作適應的彈性，而且加強各該製造單位主管及領班之責任感，容易發揮高度之效率。因爲只有各工作單位才能充分了解其各種設備的性能，以及各工人的技術水準，所以應由各單位就地指派工作爲宜；但各自爲政不易取得協調，各單位間之連繫亦往往費時誤事。由以上之分析可知，兩者各有利弊，究應採取何種方式，則需因應實際情況而制宜，其權衡與運用之妙，唯存乎決策者之一心。

第五節　製造進度之催查

所謂工作之催查 (*Follow-up*)，係在查核各項製造工作之施工程序及實際進度，使各項生產活動與計劃的程序及進度一致，而且要能彼此相互協調配合，如有延誤脫節之現象，必須立卽研究其原因，並及時予以糾正，以求與預定之日程相符，俾能依照計劃如期完成。催查工作的重點可分以下幾項，玆分述之：

一、物料之催查

物料之採購通常係由購料部門負責，但製造部門對於請購的物料，必須要了解供應商的情況，並隨時查核到貨日期，俾能適時適量到貨備用，旣不宜到貨過多或過早而壓積質金，並增加存管費用，亦不可遲誤或缺料而影響生產進度。

二、製造的催查

在標準化的連續製造程序之工業中，機械的動作協調一致，物料進

入生產線後，逐次施工製造，除非機器故障，不容易有稽延或遲誤的現象，只要按時依照控制表核對各工作階段的進度情形，以控制其與預定計劃配合即可，故其製造工作之催查管理至為單純。

在裝配程序之製造業，因製造過程分散，控制不易，尤其是靠定單生產的製造業，產品的種類和式樣繁多，規格又時有變化，且同一時期內可能接受數種訂貨，而各種產品所用的物料規格又未必一致，所需要的交貨時間又緩急不同，製造程序也必須時加調整或變更才能相互配合，故其製造工作之催查即比較繁雜，也更形重要。裝配製造程序之催查方式，大致分為以產品為主、以部門為主，以及混合式等三種方式，茲分述如下：

1. 以產品為主的催查

所謂以產品為主的催查，係依產品種類之不同，由製造部門分別派定專人負責，自原料進入生產線起，根據製造日程表，沿生產線順次核查其製造進度，直至按預定計劃製成產品為止的全程催查。此種催查方式多適用於產品種類複雜的製造業。

2. 以部門為主的催查

所謂以部門為主的催查，係由各製造部門派定專人，負責各該單位內的製造工作之催查，由接受生產命令或接受工作分派起，以至於製成產品入庫或出廠止，全部生產過程之查核皆由各單位自行負責。此種分部門的催查方式，多適用於產品種類簡單的製造業。

3. 混合式的催查

上述之兩種催查方式各有利弊，而且各有其特殊適用的情況，所以許多大規模而生產方式又複雜的工廠，多取長補短而將上述兩種方式合併採用，即在生產線上之一切製造過程，由該產品之製造單位負責催查；至於分類佈置 (*Process Layout*) 之製造過程，以及物料、零件，或配件

等之供應，則由各製造部門自行負責催查。

第六節　計劃評核術之運用

一、計劃評核術的意義

計劃評核術 (*Program Evaluation and Review Technique* 簡稱 *PERT*)，係指應用科學的法則，對已確定之工作目標，予以適當之規劃、評估、調配，及有效之控制執行，俾能發揮人力和物力之最高效能，以節省費用並爭取時效的一種科學管理技術。

近十數年來，由於科學的昌明，及生產技術之高度發展，產品的種類及數量越來越多，製造過程及生產技術亦越來越複雜；當作業項目繁多，而且牽涉範圍廣泛的情形下，對各種作業之時間及成本卽難作肯定之評估與控制，必須有可靠的科學方法和技術來規劃工作，安排作業途程和時間，並催查工作進度，以求適應時代之需要，故近年來凡對於一定之工作目標，希望在預定的時間內設計、執行，並控制其完成之製造業，都試行採用計劃評核術作為規劃、評估、調配，及控制的工具，卽利用極簡單的數量方法(*Quantitative Method*)，來處理不確定的評估，並利用簡易的統計方法 (*Statistical Method*) 來計算各項工作階段在特定時間內完成的機率(*Probability*)。在控制製造時間、提高工作效率，及節省人力物力等方面效果卓著，甚受生產企業之重視。

計劃評核術之應用於生產控制，可根據其模式(*Model*) 規劃出完整周詳之生產計劃 (*Planning*)；分析計劃中各項工作的先後順序及相互關係，以安排施工途程 (*Routing*)；再依照工作的施工次序及其起迄時間，以釐訂製造日程(*Scheduling*)；再根據時間及成本的精確估計，對生產

工作予以最佳之指派 (*Dispatching*)； 而在製造工作進行中， 又必須予以適當之催查 (*Follow-up*)， 所以計劃評核術也就是行政三聯制中設計、執行，與考核的科學化運用。

二、計劃評核術的運用步驟

應用計劃評核術來規劃一項工程或龐大的製造計劃，可以依照下列幾個步驟進行:

1. 依工程或計劃要點將工作劃分細節

一項工程或生產計劃，從開始到完成，其間必定經過若干過程，例如設計、採購、搬運、建基礎、配管線、安裝、試車等，必須依施工要點劃分段落，俾便按照作業順序逐項估計規劃。

2. 調配相關工作的銜接順序

因為各項作業的開始及完成時間須有限制，卽在開始某項工作前應先完成那項工作或那些工作，而完成某項工作後應連接那項工作或那些工作，以及那些工作可以同時進行，此等事項必須有妥善的規劃，以求整個計劃中的各項工作之進度能連貫配合。

3. 規劃網路圖 (*Network Diagram*)

在相關連的各項工作間，往往是一項工作牽連數個工作，或是先經數個工作分頭進行，完成後再處理下一工作，所以其程序圖常為網狀，故稱網狀圖。網狀圖中最重要的網狀圖可用圓圈、長方格，或其他幾何圖形以代表作業，此種表示方法稱為節結 (*node*) 表示法； 此種技術發展之初期，多以箭線代表作業，則稱箭線表示法。無論採用何種表示法，通常多於圖形內或箭線上用數字表示工作順序， 或用符號表明作業名稱。關係有以下幾項:

（一）先後關係——卽表示各項作業的開始及完成之先後順序。

如　　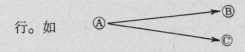

（二）並行（*Burst*）關係——即一個以上的作業由某點開始同時進

行。如

（三）歸併（*Merge*）關係——即某項作業是一個以上作業的完成

點。如　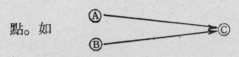

4. 評估作業時間

　　計劃評核術在發展之初期，最着重於時間的控制，即所謂 *PERT*/ *Time*，對完成每項作業所需要的時間都估計一個正常完工時間（*Normal Time*）。所謂正常時間即在正常情形下完成該項作業所需要的時間。計劃評核術每因應用的情況不同，而無法確定的估計正常作業時間，通常多採用三時估計數（*Three-time Estimates*）而予以加權平均運用。所謂三時估計數即：

　　（一）最樂觀的時間（*Optimistic Performance Time*）——所謂最樂觀時間，係指一切都在最理想的順利情況下，完成該項作業所需要之最短時間，即最快能於何時完成此項作業。通常以 a 表示此項時間。

　　（二）最悲觀的時間（*Pessimistic Performance Time*）——所謂最悲觀的時間，係指在最壞的情況下，完成該項作業所需要的最長時間，即最遲應於何時完成該項工作；通常以 b 表示此項時間。時間之估計，對網路分析工作非常重要，常用工時、工作日，及工作週等來表示，但時間之估計必須要根據以往的紀錄，再加以經驗判斷，所得之結果才能切合實際。

　　（三）最可能的時間（*Most Likely Time*）——所謂最可能時間，係

指過去紀錄中完成此種相同作業所需要的平均時間，卽在正常情況下可能於何時完成該項工作；通常以 m 表示此項時間，但 m 並不一定爲 a、b 之平均數。

估評的時間無法要求完全正確，所以只能算是一種預期的時間 (*expected time*)，通常以 t_e 表示之。將 a、b 及 m 三項估計時間加權平均後，卽求得此項預期時間，其公式爲：

$$t_e = \frac{1}{3}(2m + \frac{a+b}{2})$$

$$= \frac{a+4m+b}{6}$$

式中 $\frac{a+b}{2}$ 係最短時間與最長時間之中點，卽中位數 (*Median*)；而最可能時間 m 卽爲出現次數最多之衆數 (*Mode*)，所以上式爲中位數與衆數的加權平均數。若已知某項工作的施工時間之三時估計數爲：$a=4$，$m=6$，$b=8$。代入上式卽得

$$t_e = \frac{4+4(6)+8}{6} = 6。$$

三、實例介紹

玆以簡單之事例說明計劃評核術之應用如下：假定有某項工程，依照某工作要點共可劃分爲十一個工作項目，若以大寫英文字母代表十一項局部工作，則爲 A、B、C、D、E、F、G、H、I、J 及 K，玆將各項工作的施工順序、估計的作業時間，以及預期的起迄時間等列示如表 9-3：

表 9-3　工作次序及起迄時間表

工作項目	前項工作	施工時間(天)	開工時間(天)	完工時間(天)
A	—	5	1	5
B	A	10	6	15
C	B	5	16	20
D	B	10	16	25
E	D	7	26	32
F	C	3	21	23
G	B	5	16	20
H	G, D	5	26	30
I	D, F	6	26	32
J	E, I	2	33	34
K	J, H	2	35	36

表 9-3 各欄之內容如下:

第一欄係將各工作項目依施工的前後順序排列。

第二欄係指第一欄中每項工作開始前，需先完成之各項工作，也就是各項工作所需連接的前項工作。

第三欄係完成各該項工作所需要之作業時間，以天數表示之。

第四欄係各該項工作之開始時間，卽第幾天開始作業。如該項工作施工之前有兩項以上之工作必須完成，則等需時最長之一項工作完工後才能開始。

第五欄係各該項工作之完成時間，卽應於第幾天完工。其日程係第三欄之需要施工時間加第四欄之開始時間（包括該日期）。

　　玆將上表中各項工作之起迄時間以線條圖(*Bar Chart*)或稱甘特圖(*Gantt Chart*)表示如下:

圖 9-1 甘 特 圖

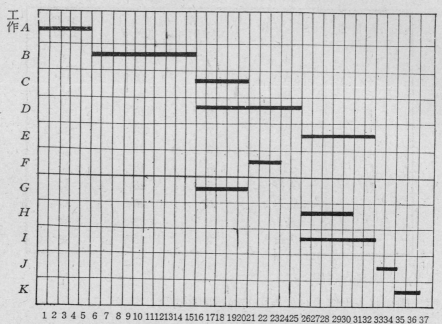

　　甘特圖的橫座標表示時間，縱座標表示工作項目，由此可以清楚的顯示出，整個計劃中每項工作之預定開始與完成時間及其進行過程；但其最大缺點是全部計劃中各項工作之間的相互關係則無法明確的表達，卽無法確知某項作業之進度發生延誤時，與其他工作有什麼牽連？以及對整個工程的進度之影響又如何？所以甘特圖對於工作項目繁多，而相互關係又複雜的計劃卽不適用。

　　箭形網路流程圖取消橫座標的時間尺度 (*time scale*)，僅標明個別工作所需要的時間，因此,不但能表明全部計劃自始至終所需要的時間，並且能顯示每一項工作的先後次序及相互間之連接關係，圖中所顯示的不再是分散的個別工作，而是一個彼此關連的整體計劃，網路分析的此項功能，適足以彌補甘特圖的缺點，可以正確的規劃及控制各項作業的

時間和成本。茲將表 9-3 中之工作計劃以網路流程圖表示如下：

圖 9-2　網路流程圖

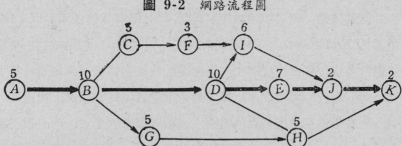

上圖箭線的長度，除非在附有時間尺度的座標紙上，並不表示任何向量 (*Vector Values*)。圖中共有五條並行路線可以分別進行工作，到最後合併爲一而裝配完成，五條路線各自需要的工作時間計算如下：

I.　Ⓐ→Ⓑ→Ⓒ→Ⓕ→Ⓘ→Ⓙ→Ⓚ＝5＋10＋5＋3＋6＋2＋2＝33天

II.　Ⓐ→Ⓑ→Ⓓ→Ⓘ→Ⓙ→Ⓚ＝5＋10＋10＋6＋2＋2＝35天

III.　Ⓐ→Ⓑ→Ⓓ→Ⓔ→Ⓙ→Ⓚ＝5＋10＋10＋7＋2＋2＝36天

IV.　Ⓐ→Ⓑ←Ⓓ→Ⓗ→Ⓚ＝5＋10＋10＋5＋2＝32天

V.　Ⓐ→Ⓑ→Ⓖ→Ⓗ→Ⓚ＝5＋10＋5＋5＋2＝27天

由以上的計算結果，可知第 III 條路線需要的工作時間最長，稱爲緊要途徑 (*Critical Path*)，如圖 9-2 中粗線所表示者。所謂緊要途徑或稱要徑，卽是在網路流程圖中由第一項工作開始，至完成最後一項工作爲止，其中需要時間最長，而且沒有寬裕時間 (*Slack Time*) 的途徑，也就是對整個計劃之完工時日影響最大的途徑。在緊要途徑上的工作，稱爲緊要工作 (*Critical Job*)，其中任何一項發生延誤，則整個工程或生產計劃之完成時間，卽將遭受影響而發生延誤，故對緊要工作必須嚴加控制。在複雜的網路流程圖中，可能有二條以上的緊要途徑。

四、成本估計及成本控制

計劃評核術不但可以用於控制時間, 而且已有效的運用於成本控制, 即所謂 *PERT/Cost*, 係在時間的規劃控制之外, 兼為估計並控制成本。通常多依照網路流程圖上各條途徑的作業而每天（或每週、每小時等估計時間單位）累積成本, 並參酌企業之實際財務狀況, 而擬訂成本計劃, 但有時為了適應市場的需要, 或順應顧客的要求, 而必須將工程或生產計劃提前完成, 此種緊急趕工常因加班、僱用額外人員, 及緊急擴充設備等而增加成本, 計劃評核術之運用即可控制因趕工而增加之成本於最少。通常多縮短在緊要途徑上的工作日程以求趕工, 但仍須選擇每天的成本增量為最少者以減縮之。玆以上例說明運用計劃評核術控制趕工成本的方法如下：

表 9-4　趕工作業時間及成本表

工　作項　目	正　常　生　產		緊　急　趕　工		可減少之時間（日）	成本增量（元/日）
	時　間（日）	成　本（元）	時　間（日）	成　本（元）		
A	5	15,000	4	16,000	1	1,000
B	10	32,000	7	33,500	3	500
C	5	14,000	4	16,000	1	2,000
D	10	30,000	8	30,800	2	400
E	7	22,000	6	22,600	1	600
F	3	9,000	2	10,500	1	1,500
G	5	16,000	4	17,000	1	1,000
H	5	14,000	4	14,800	1	800
I	6	28,000	5	28,700	1	700
J	2	7,000	1	9,000	1	2,000
K	2	6,000	1	7,500	1	1,500

假定該項生產計劃必須提前 6 天於30天內完成, 即可依緊要途徑法

(*Critical Path Method* —簡稱 *CPM*) 縮短工作日程而控制成本於最低。其控制步驟如下：

1. 由表 9-4 中可以查出，如果將緊要途徑上的 D 工作時間縮短兩天，趕工成本只增加 800 元，則全部工作34天即可完成。

圖 9-3 網路流程圖

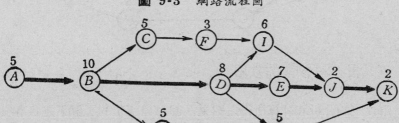

I. Ⓐ→Ⓑ→Ⓕ→Ⓘ→Ⓙ→Ⓚ=5＋10＋5＋3＋6＋2＋2=33天

II. Ⓐ→Ⓑ→Ⓓ→Ⓘ→Ⓙ→Ⓚ=5＋10＋8＋6＋2＋2=33天

III. Ⓐ→Ⓑ→Ⓓ→Ⓔ→Ⓙ→Ⓚ=5＋10＋8＋7＋2＋2=34天

IV. Ⓐ→Ⓑ→Ⓓ→Ⓗ→Ⓚ=5＋10＋8＋5＋2=30天

V. Ⓐ→Ⓑ→Ⓖ→Ⓗ→Ⓚ=5＋10＋5＋5＋2=27天

2. 再將緊要途徑上的 B 工作減縮 3 天，則31天即可完工，而趕工成本只增加1,500元。

3. 欲求將緊要途徑再縮短一天，而趕工所增加之成本又最少，則最好將 E 工作的時間減少一天，趕工成本只增加 600 元；但却因此而產生三條緊要途徑，各條途徑之工期日數如下：

4. 30天完工，趕工 6 天，共增加成本 800＋1,500＋600＝2,900元，為所有可行方法中因趕工 6 天而增加之成本最低者。新的網路流程圖之完工期限如下：

圖 9-4　多項要徑之網路流程圖

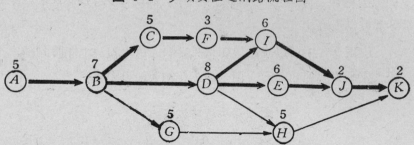

五、計劃評核術的效用

由以上的分析和計算所得之結果，卽可以清楚的了解下述各事項：

1. 依正常施工情形，何時可以完工，成本多少？

2. 如需緊急趕工，應對那些工作項目縮短工時？各縮短多少最適宜？

3. 若因趕工而增加成本，將增加多少？或因逾期而需賠償損失，需賠償多少？何者較爲經濟？

4. 如因爭取產品的銷路而趕工卽可能增加成本，或因誤時而喪失訂單則可能引起損失，何者較爲合算？

決策主管若能根據上述分析所得的數字資料，再行研判以作決斷，一定比主觀的意向或經驗與直覺的判斷，較爲正確合理，在商戰中卽容易取得有利的競爭地位。讀者若有興趣進一步深入了解計劃評核術的演進、要徑之計算，以及如何應用於控制作業時間和控制作業成本，可以參閱作者編著之「作業研究（應用於管理決策）」第八章。

練　習　題

一、何謂生產控制？良好的生產控制對生產作業有什麼影響？

二、存貨生產與訂貨生產之控制方式有什麼不同？申述之。

三、連續生產程序與裝配生產程序之控制方式有什麼區別？申述之。

四、連續生產程序與裝配生產程序的施工途程之釐訂有什麼不同？

五、擬訂施工途程之步驟如何？列述之。

六、何謂調配製造日程？其目的如何？

七、調配製造日程之步驟如何？一般生產企業對製造日程之編排，常採用那些方式？

八、常用的製造日程控制圖表有那些？舉例說明之。

九、何謂工作指派？在連續製造程序與裝配製造程序中，對工作的指派有什麼不同？

十、何謂集中分派？適用於何種情況？

十一、何謂分散分派？適用於何種情況？

十二、何謂工作催查？其目的何在？

十三、製造工作之催查，常用的都有那些方式？列述之。

十四、何謂計劃評核術？如何應用於生產控制？

十五、運用計劃評核術時都有那些重要步驟？列述之。

十六、何謂三時估計數？為什麼在評估作業時間時常用三時估計數？

十七、計劃評核術與甘特圖有什麼關連？申述之。

十八、何謂要徑？其對完工時日和作業成本有什麼關係？

十九、如何應用計劃評核術以控制因趕工而引起之成本增量於最低？

二十、計劃評核術的重要效用如何？列述之。

廿一、計劃評核術之運用有那些重要優點和缺點？評述之。

廿二、計劃評核術之應用於工作的管理和控制，與行政三聯制中的設計、執行，及考核有什麼關連？

廿三、設某項工程依其施工要點可以劃分為以下12個項目，即 A、B、C、D、E、F、G、H、I、J、K、L，各項工作之施工順序及所需之作業時間如下表所列者：

工作順序及作業時間表

工作項目	前項工作	作業天數
A	—	3
B	A	8
C	B	6
D	A	14
E	B	16
F	D	10
G	D	8
H	F, G	9
I	C	18
J	E, I	12
K	H, J	5
L	K	4

　　根據表中資料，計算各項工作的開始及完成時間，並標明緊要工作項目；以

網路顯示各項工作之間的關係，並以較粗的箭線標明連接各項緊要工作的緊

要途徑。要多少天才能完成此項工程？

廿四、若上述工程因某種原因而必須於50天之內完工，據估計各項工作可能縮減的

　　　天數及因趕工而引起每天成本的增量如下：

趕工成本變動表

工作項目	前項工作	正常施工		緊急趕工		可減少的天數	每天增加之成本
		天數	成本	天數	成本		
A	—	3	$1,500	2	$1,800	1	$300
B	A	8	3,200	6	3,000	2	200
C	B	6	1,800	5	2,200	1	400
D	A	14	2,800	12	3,400	2	300
E	B	16	4,800	12	5,200	4	100
F	D	10	3,000	8	3,400	2	200
G	D	8	2,400	6	2,700	2	150
H	F, G	9	1,800	8	2,000	1	200
I	C	18	3,600	16	4,400	2	400
J	E, I	12	5,000	12	5,000	0	0
K	H, J	5	2,000	4	2,300	1	300
L	K	4	1,600	3	1,800	1	200

試控制於50天完工，而且要維持增加之成本於最低；以流程圖顯示在趕工情況下各項工作之起迄時間，並標示其緊要途徑。

I. Ⓐ→Ⓑ→Ⓒ→Ⓕ→Ⓘ→Ⓙ→Ⓚ＝5＋7＋5＋3＋6＋2＋2＝30天

II. Ⓐ→Ⓑ→Ⓓ→Ⓘ→Ⓙ→Ⓚ＝5＋7＋8＋6＋2＋2＝30天

III. Ⓐ→Ⓑ→Ⓓ→Ⓔ→Ⓙ→Ⓚ＝5＋7＋8＋6＋2＋2＝30天

IV. Ⓐ→Ⓑ→Ⓓ→Ⓗ→Ⓡ＝5＋7＋8＋5＋2＝27天

V. Ⓐ→Ⓑ→Ⓖ→Ⓗ→Ⓡ＝5＋7＋5＋5＋2＝24天

第十章　品質管制與檢驗

第一節　品質管制的意義及其重要性

一、品質管制的意義

人類自從能够製造產品開始，就具有判別品質 (*Quality*) 優劣的意識，此種意識即為品質管制 (*Quality Control*) 觀念的由來。通常所謂產品之品質，係指各別產品所具有之特別性質，諸如質料、形態、式樣、色澤、大小、壽命、強度、純度、可信度、均勻性、精密性、物理性能，以及化學成分等，俾有別於其他產品。所謂品質管制，即在管制產品的各項特定性質，以求符合設定的規格。

品質管制工作所需要研究及克服的主要對象就是產品的品質變異 (*Quality Variation*)。有些變異是無法絕對避免的，因為產品在製造過程中，自原料進入機器開始，以迄於製成產品為止，每一個製造步驟都可能產生變異，也可能影響變異之分布。也就是說，雖然在相同的製造條件之下，而且也經過同一的製造過程，產品的品質仍然可能有變異。品質之變異雖然不能完全避免，但却必須將其控制於最低限度。若是品質變異超越正常幅度,或者分佈情形失常,即必須採取有效的糾正措施。

最好的品質管制是能够事前防止變異之發生，以免因為產品的品質低落或不合乎規格，而發生剔除及重製等浪費情事，或者遭受退貨之損失,俾求維持生產及營銷成本於最低。所以品質管制的兩項基本工作是:

首先要確立並維持產品的品質標準;進而再控制並防止產品的品質變異。

產品發生品質變異的原因，可以歸納為兩種類別，卽偶發的變異因素和人爲的變異因素，玆分述如下:

1. 偶發的變異因素 (*Chance Variables*)

所謂偶發的變異因素，係指在無法預知也難以控制的情勢下，而偶然造成產品的品質變異之因素，例如: 因地震而使機具發生震動，電壓偶而忽高忽低之變化，或者機器突然故障等不可防止的原因。在現代的科學知識及生產條件之下，對此種造成產品品質變異之因素，欲求完全控制或絕對避免，必定要付出極高的代價，可能得不償失。好在此種因素並不經常存在，其發生只是偶然的或短暫的，對產品的品質變異之影響不大，故宜權衡所需支付的成本與可能獲得的收益，而加以適當的控制。

2. 人爲的變異因素 (*Assignable Variables*)

所謂人爲的變異因素，係指在可以控制或防止的情勢下，由於人爲的忽略或大意而造成產品的品質發生質變異之因素，例如: 因爲操作錯誤、原料品質低劣、配料計算錯誤，或秤量工具不準確等可以防止的原因。此種人爲的疏忽或錯誤而引起產品的品質變異應該是可以避免的，如果不加以防止或及時糾正，則會經常發產，其對品質變異之影響爲害極大，故必須嚴加控制，並設法預防和控制。

由以上的說明可以瞭解，品質管制，可以分爲消極的與積極的兩種意義: 消極的品質管制，係指對偶發因素所造成的品質變異之剔出或消除，以維持產品之品質標準;而積極的品質管制，則指對人爲因素可能造成品質變異之控制或防止。

如果產品的品質特性發生變異，或發現產品有瑕疵 (*Defects*)，卽應尋求原因，並採取適當的糾正措施，俾能消除造成品質變異的原因，

以免繼續發生。同一工廠製造的同種品牌之產品，其品質標準必須勻稱一致，才能建立良好的商譽，並獲得顧客的信任，產品才有銷路，企業才有發展；所以廣義的品質管制係指以最科學的方法、最經濟的途徑，和最有效的技術，製造合乎特定規格並能滿足顧客需要之產品，為了達成此項目的，必須防止品質的變異，以維持設定的品質標準。

二、品質管制的重要性

生產企業要想在商場競爭中獲勝，所提供的產品不但要價廉，而且還要物美，欲求物美，即必須加強產品的品質管制。因為品質之管制，直接關係到產品的市場信譽，而市場的信譽又為生產事業生存發展的關鍵所在，所以現代工業化的國家，其生產企業都非常重視品質管制。可以說品質管制已成為生產企業管理活動中最重要的一環，我們可以根據一個企業對品質管制認真的程度，來預測其未來發展的前途；我們也可以根據一個國家對品質管制之研究發展 (*Research and Development*) 的重視程度，及其適用的範圍，作為衡量該國工業化之尺度標準。

「逆水行舟，不進則退」，此語用來比喻商戰中的競爭淘汰最為適當。品質管制工作如果做的好，可以促進企業力爭上游，取得有利的競爭地位，以建立信譽，開拓市場，謀取更多的利潤；否則，一個不重視其產品品質的生產企業，遲早要遭受淘汰。所以說「品質管制為生產企業之存亡關鍵」，實不為過。

品質管制工作，經過不斷的研究與發展，各工業先進國家，業已廣泛應用於各種生產事業，對於促進其工商企業之發展，可謂助益極大，但品質管制工作對生產企業的貢獻究竟如何？以及在生產管理中佔有何等重要的地位？可由實施品質管制所能產生的下列功效，而知其梗概：

1.使生產資源發揮最大效率

實施品質管制可以控制標準的製造程序及操作方法，能使生產作業進行順利，並使生產設備作經濟之利用，故能使人力、物力都發揮最大的效率。

2. 控制物料和設備之品質

生產所需要的物料、配件，以及器材等之採購，都有一定的品質標準可資遵循，不但可以減少浪費，而且可以避免困擾。

3. 節省檢驗費用以降低成本

使用標準化的物料及在標準製造過程中製造的產品，可以節省檢驗工，又可減少在檢驗上人力、物力，及時間之浪費，故能降低間接成本。

4. 減少不良產品以節省人力及物力

品質管制可以減少不良產品，因此即可避免產品的重製或修理，不但能增加產量，而且可以節省在生產過程中對不良在製品之人工、動力，及物料的浪費，使生產經濟化。

5. 防止和控制品質變異

嚴格的品質管制可以預先防止造成品質變異的原因，若不能完全避免時，也可以及早發現而採取適當的糾正措施，以便控制變異於最低限或適當範圍。

6. 增加產品的價值以提高利潤

製造品質一致的優良產品，可以增加產品的價值，以提高單位利潤；而且可以加強顧客對產品的信心，以求推廣產品的銷路。

7. 維持標準品質以建立商譽

產品的品質若能控制整齊劃一，並且維持物美價廉，有益於建立企業的信譽，而在同業間取得有利的競爭地位。

由以上的分析和說明，當可更進一步瞭解品質管制工作與現代化生

產企業的生存發展之重要關連。

第二節　品質標準之確立及管制之實施

一、品質標準之確立

欲實施有效的品質管制，必須對每一種物料、零件，或製品，都制定一個合理的規格 (*Specification*)，作爲品質管制之準則，故品質標準之制定，爲品質管制的先決條件。產品的品質標準，是指產品必須符合某種特定的規格，諸如性能、構造、成分、式樣、尺碼、色澤、強度，及表面情況等，此等規格都具有滿足需要的效用，所以品質標準係指產品能充分達成其滿足需要的目標之標準。

任何產品都應該有一種規格，俾憑以從事製造或加工。若是根據顧客的訂單而從事訂貨生產，則產品之規格通常皆由訂購者指定；若爲存貨生產，則產品之規格多根據市場部門反應的顧客意見，由工程部門設計制定，而責成製造部門按照規格製成。通常一般性產品的品質標準之制訂，多由設計部門會同銷貨部門、製造部門，及品管部門共同商定，以求合理、合度爲原則。

產品的品質標準無論製定的高或低，欲求大量產品 100% 達到所訂的標準，而毫無差異 (*Variance*)，事實上也有困難。因爲機器設備的精密程度、製造技術，及檢驗能力等都是有限度的，再加上原料成分的參差，縱然有嚴密的控制，也難免發生些微差異；因此，在制定品質標準時，通常多保留一定限度的允差 (*Tolerance*)，只要品質變異在允差限度以內者，仍視爲合格。所謂允差，即品質雖然沒達到制定的標準，但其差異並不影響產品的效用或功能，而爲顧客所能接受者，例如某項

產品的標準尺碼爲 2.50 吋，若其允差爲 0.001 吋, 則該項產品之尺碼在 2.50±0.001 吋之間即算合格。

　　在產品競銷激烈的現代，廠商多以物美價廉作爲號召，但產品品質之優劣與價格之高低係成正比例的變動, 品質優良者，其價格必定昂貴。而一般的消費品，顧客通常對價格的反應比對品質之判斷更爲敏感，大多不肯爲較好的品質支付較高的價格； 甚至於對耐久的用品也有類似的情形，例如凱德萊克 (*Cadillac*) 轎車的價格約爲雪佛蘭 (*Chevrolet*) 轎車價格的四倍多，但雪佛蘭的銷售量却是凱德萊克的七十多倍。因爲在消費者的觀念中，對品質標準之權衡，着重於產品的效用要能抵回其所願支付的代價； 而在生產廠商的觀點，對品質標準之制訂，則考慮製造產品的成本要低於所能獲得之售價。

　　所以在制定產品的品質標準時，除應考慮技術性問題之外，尚應權衡成本問題，即品質標準愈高，允差愈小，則所費成本愈多。品質太差的產品固然沒有銷路，如果產品因品質標準太高，使售價超過消費者所願支付的標準，則此種產品的銷路也有限； 況且有些情形下，品質標準過高反而形成浪費。因此，所謂品質標準並非是主觀的或絕對的，也不是指極高的品質或最好的品質；而應爲製造者所能支付的適當成本，消費者所願支付的合理價格，而產品之性能又符合實際需要，三者之均衡點。故訂定一般產品之品質標準時，應考慮以下三點：

　　1.市場的需求傾向及消費者的購買能力。

　　2.本身的生產技術及競爭者的品質標準。

　　3.產品是否經濟合用。

　　有許多情形下， 政府爲了提高工業水準， 或爲了保障消費者的利益， 或爲公共安全的理由，而對某些產品訂定國家標準，以限定該等產品之品質。又現代交通工具便利, 國際貿易發達, 國際間的商業競爭亦甚

激烈；因此，凡是外銷他國的產品，必須具有世界公認的品質標準或者合乎輸入國的品質標準，才能在世界性的商戰中取得優勝的競銷能力。所以生產企業對於有國家標準或世界標準的產品，必須致力達成之。

二、品質管制的實施過程

品質管制工作不是偶發性的，也不是可以與其他工作隔離而獨立施行的，必須是鍥而不捨的全面工作，此種長期性的品管工作可以概略劃分為四個連續過程：即確立品質標準 (*Setting standards*)、評核作業績效 (*Appraising performance*)、採取糾正措施 (*Taking corrective action*)，和計畫繼續改進 (*Planning for improvements*)。

欲求品質管制工作徹底有效，而且不斷的進步，以上的四個過程必須像車輪一樣的運轉不息，即於品質標準確定以後，必須依照既定的各項標準從事生產或製造；但是品質是否合乎設定的標準，則須加以檢核評定，如果產品的品質有差異或不合格，即應採取適當措施加以糾正或剔除；縱然品質沒有顯著的差異，也應該注意不斷的設計改進，以達到精益求精的目的。此種運轉過程如圖 10-1 所示：

圖 10-1　品質管制實施過程圖

品質意識與品質責任感

此一品質管制實施過程的車輪，卽在品質意識與品質責任感的軌道上週而復始的不停運轉，品質管制工作才能達到預期的效果。

第三節　品質檢驗的意義及其目的

一、 品質檢驗的意義

爲了要維持產品的品質標準，在製造過程中或於製造完成後，必須要實施品質檢驗 (*Inspection*)。所謂品質檢驗，係依據旣定的品質標準，應用適當的試驗方法與測量儀器，以檢定原料、零件、在製品，及產品的規格和性能，與訂定的標準作比較，俾確定產品的品質是否在特定的規格範圍以內，以決定產品是否合格。

實際上品質檢驗只是品質管制的手段，所以檢驗工作的積極意義也在防患於未然，而不是消極的着重於疵品的發現及剔除。因爲檢驗中對瑕疵產品的發現或剔除，只是消極的維持產品的品質標準，並不能積極的提高成品的品質；然而在製造過程中或於製造完成後，檢驗人員所提供的在製品或製成品之檢驗報告，却可作爲技師或領班尋求瑕疵產品的成因或其他不合品質標準的原因之依據，俾能及時予以適當的糾正及改進，這樣才有益於積極的品質管制工作。

二、品質檢驗的目的

從事品質檢驗時，對瑕疵產品的剔除旨在保證品質低劣不合標準的產品不可離廠上市，使顧客買到的都是品質適度的合格產品，必須要有此種負責任的品質管制，才能建立顧客對廠商及產品的信心，也只有樹立良好的商譽，才能開拓產品的市場。

另外檢驗也可以防止粗劣產品的續繼產生，而且若能在檢驗中及早發現含有瑕疵的粗劣產品，卽可停止其續繼加工或生產，以減少對瑕疵產品的續繼加工、搬運，以及儲存等作業的浪費。根據以上的說明，可以將檢驗工作的目的擇要歸納如下：

1. 保持產品的品質標準，以建立商譽，俾能獲致同業競爭的有利地位。

2. 在製造過程中，如果發現在製品有瑕疵，卽可及時糾正並停止施工，以免在劣品上繼續浪費動力及人工。

3. 剔除粗劣的產品，不使出廠上市，以免影響商譽或遭致退貨的損失。

4. 決定產品是否合乎規格，以作爲按件計酬的標準。

5. 有助於發現及尋查產品發生變異的原因，俾能及早採取有效的糾正與改進措施。

由以上的說明可以瞭解，實施品質檢驗是推行品質管制的各項作業中最重要的一環。

第四節　品質檢驗的類別

生產企業的品質檢驗工作，性質複雜而且種類也繁多，茲依檢驗品之數量、檢驗之對象，以及檢驗之方式等爲標準，分類如下：

一、依檢驗品之數量分

爲控制產品的品質，務求對每件產品及組成產品之零件和配件普遍的仔細檢驗，但如此則勢將耗費大量的人力和物力，以致增加生產成本，故檢驗數量之多寡，應視對品質精確程度之要求，並權衡成本之負擔而

決定。依檢驗品選樣數量之多寡，通常可分為以下三類:

1. 全部檢驗

所謂全部檢驗，即將產品百分之百的實施檢驗。此種檢驗方法耗用之人力、物力，及時間太多，檢驗費用過大，只有特殊精細之產品才值得採用此種檢驗方法。例如鐘錶、儀器、顯微鏡、照像機、電視機，以及收音機等產品，因需保證每件產品之品質，故需一一加以檢驗並作試驗。

2. 選樣檢驗

所謂選樣檢驗，係由每批產品中選取具有代表性的少數產品為樣本，加以檢驗，根據檢驗所得之結果，以推斷全部產品之合格與否。只要能運用合理的統計抽樣(*Statistical Sampling*)，其檢驗結果之可靠性即很大，而且費用又較低，故此種檢驗方法採用最廣。

3. 重點檢驗

所謂重點檢驗，係於製造過程中在可能影響產品的品質之轉換點(*Crossover Points*)處抽樣檢驗。例如機器設備安裝妥善後，開始試車生產時實施檢驗，在連續製造過程中施工告一段落時實施檢驗，或於產品製造完成後檢驗之。此種重點式的檢驗工作為品質控制中不可或缺之措施。

以上三種檢驗方式，各有優劣及其各別適用情況，至於採取何者為宜，當視產品的製造程序、生產技術，以及產品所需之精確程度而定。除非高度精密的機械產品需要嚴格的全部檢驗之外，一般的消費品，顧客對產品價格之高低比品質之優劣更為敏感，所以絕不可因為檢驗費用之增加而提高產品之售價。如何以最低的檢驗費用，而又能保持產品之品質標準和規格，仍為品質管制工作所需繼續努力研究發展之問題。

二、依檢驗之對象分

實施品質管制所從事之檢驗工作，亦因檢驗對象之不同而有以下的類別：

1. 工具及機件之檢驗

「工欲善其事，必先利其器」，若想製造合乎標準和合乎規格之產品，必須要有精確的製造工具和機件，而欲求製造工具及機件之精確合用，卽必須經常予以檢查，並加以適當之維護保養，俾能隨時保持良好適用的狀態。

2. 原料及配件之檢驗

欲求產品的品質合乎標準，卽必須先有合乎標準的原料及配件，故原料及配件在未開始加工製造之前，必須根據訂定的標準與規格，加以細密的檢查，以確定原料及配件都合乎規格，所以檢驗工作實際應從購買原料及配件時着手，或從原料及配件進廠時着手。

3. 在製品之檢驗

在製造過程中對在製品所實施之檢驗，目的在將有瑕疵的在製品及早剔除，一方面可以減少繼續施工的浪費，另一方面也可避免製造工作在中途發生阻礙。各種在製品的檢驗工作，究竟應該實施至何種程度，可依照製造程序之分析，權衡檢驗費用與檢驗之利益而作決定。新式全自動的機械化生產，多將檢驗儀器附設在機器上，以便在製造過程中對在製品隨時加以檢驗，並由儀器將檢驗結果顯示之，或者紀錄於管制圖上，檢驗人員及技工隨時都可以由檢驗儀器上或者管制圖上瞭解在製品之品質分佈狀況。

4. 成品之完工檢驗

產品在製造完成後，必須加以最後之檢驗，以確定該產品是否合格，

一方面表明製造部門責任之完成，一方面防止品質不合標準之產品出廠上市，以免遭受退貨的損失，或影響商譽。

以上的四種檢驗工作，係依照不同的對象從事不同的檢驗，若能認真執行，事先對製造工作所需之機件、工具、物料，及配件都作嚴密的檢驗；在製造過程中，或於製造完成後，再隨時抽樣檢驗，或實施全部檢驗，必定能製造出符合規格的優良產品。

三、依檢驗之方式分

檢驗之方式適當與否，不但影響檢驗工作的效率，而且也關係到檢驗成本之高低，所以應依產品之製造程序及檢驗工作之性質而採取最適當的檢驗方式。以在製品之檢驗而言，可採就地檢驗或集中檢驗等方式，茲分述如下：

1. 就地檢驗 (*Floor Inspection*)

所謂就地檢驗係以檢驗人員遷就檢驗對象，於各主要機器或工作站從事檢驗，所以又稱為分散檢驗 (*Decentralized Inspection*)。大凡連續製造過程之工業，及產品笨重不便搬運者，宜採就地檢驗之方式。茲將就地檢驗之優劣分析如下：

就地檢驗之優點：

（一）能及時發現瑕疵並迅速予以糾正或清除，以免錯誤重演。

（二）不必中斷作業和不影響生產工作之進行。

（三）可以減少對有瑕疵的在製品，於繼續施工時之人工與動力的浪費。

（四）在製品或笨重的產品不必移動，可以減少搬運的時間及費用。

（五）易於確定責任，並可防止工人因逃避檢驗而將廢品隱棄所造成之損失。

就地檢驗也有以下之缺點:

(一) 檢驗員與工人朝夕相處, 共同工作, 可能會受到工人要求放寬檢驗尺度的干擾, 以致檢驗工作難以嚴格執行。

(二) 就地檢驗時其人員的素質要高, 而且工廠中可能需要重複購置檢驗工具, 故將增加檢驗成本。

(三) 工場中因機器震動或檢驗環境不良, 可能會影響檢驗之精確度。

2. 集中檢驗 (*Centralized Inspection*)

集中檢驗係於幾個固定的場所實施檢驗, 即將接受檢驗之對象搬運至特定的地點, 以接受檢驗。在裝配的製造程序中, 適於採用集中檢驗, 例如機器和汽車製造業等, 必須每種配件完成之後, 逐件加以檢查, 以保證裝配工程能順利進行和製品能合於標準。集中檢驗最適合於物料之進廠檢驗及成品之最後檢驗。玆將集中檢驗之優劣分析如下:

集中檢驗之優點:

(一) 檢驗工作可以進行無間, 不必等待, 可以節省檢驗人員的時間, 並能提高其工作效率。

(二) 檢驗人員集中, 易於監督管理; 工作環境優良, 易於保持高度精確性。

(三) 檢驗人員與工人隔離, 可以不受干擾, 而公正的執行檢驗工作。

(四) 價值昂貴和精巧的檢驗儀器, 可以集中保管與集中使用, 以減少固定投資。

(五) 製造過程中沒有堆積待驗的產品, 工廠中易於保持整潔的工作環境。

集中檢驗也有以下幾項缺點:

（一）在檢驗發覺之前，可能已製成大量廢品或瑕疵產品。

（二）增加在製品之搬運及加工時間，將提高間接生產成本。

（三）體積龐大而又笨重的物品，搬運不便，而且可能發生損毀，故易增加意外損失。

由以上的解說可知，從事檢驗工作有許多種方式，究竟採取何者最適宜，則應視產品的性質及生產方式而加以適當的選擇，有些特殊性質的生產作業或者產品結構複雜的工業，亦可兼採數種檢驗方式，俾取各種方式之長而去其短，以達成預期的目標。在許多情形下，最好的檢驗方式應是加強作業人員的品質責任感，由其在製造過程中隨時自行檢驗，如此則既可節省人力、物力，又可節省時間，誠為一舉數得。

第五節　檢驗頻率及檢驗點的決定

大量產品在製造過程中或於製造完成後，不可能完全沒有瑕疵，所以必須輔以檢驗工作，才能保證產品的優良品質。為確保產品之品質，檢驗的次數越多越好，而且檢驗工作也越嚴密越好。但是檢驗工作並不能直接提高產品的價值，而且檢驗工作的費用屬於間接成本，其本身就是一種浪費，既需雇用人員及購置儀器，又延誤製造工作之進行，甚至還需損毀產品，例如檢驗某種產品的硬度或拉力時，被檢驗之產品一經檢驗即遭破壞，不但損毀了物料，並且浪費了為製造此產品所做之一切工作。此種破壞性檢驗 (*Destructive Inspection*) 真是既浪費人力、物力，又損毀產品。因此在不妨害品質控制之條件下，宜儘量減少檢驗次數，俾減少浪費，以降低檢驗成本。換言之，務求以最少的檢驗次數以完成必須的品質管制，方為上策。

檢驗次數之多寡與檢驗點之選擇，除了應權衡檢驗成本之外，還須

要視產品之價值、性質、用途、製造方法，及顧客的要求而異。卽產品之價值愈高，用途愈精細，其品質標準亦必愈高，需要檢驗的次數亦必愈多。又產品之製造如果是利用精密的機器設備，則無需多作檢驗；反之，如係利用粗劣的設備，或用手工製造，卽需加以精細嚴密的檢驗。又在連續製造程序中，由自動化機器製造之產品，其檢驗工作可較斷續製造程序或裝配程序為少。

至於檢驗工作究竟應於何時執行，需視產品之性質及製造方法而定。玆列舉一般性之原則如下，以供參考：

1. 製造費用較高的產品，在施工製造之前先行檢驗，以避免瑕疵產品繼續加工製造之浪費。

2. 在可能隱藏產品缺點的製造程序之前檢驗之，例如產品在裝罐、噴漆，或電鍍等製造程序前加以檢驗。

3. 在經過自動化機器製造之前檢驗之，以免有瑕疵的產品會妨礙機器之製造或裝配作業。

4. 製造費用低廉而檢驗花費太大之產品，可於製造工作完成之後再加檢驗，以減少檢驗工作之浪費。

5. 在可能產生不良產品之製造程序後檢驗之，俾能立卽剔除或改正，以減少繼續施工之浪費。

6. 在不同的製造部門交接時檢驗之，以明責任。

7. 成品應於包裝前或於出廠交運前檢驗之，以免粗劣的產品出廠上市而影響商譽。

目前本省發展勞工密集的 (Labor Intensive) 輕工業之最大優越條件，係勞工充裕，工資低廉；但用大量人工製造之產品，往往精確度較差，容易發生瑕疵或誤差，誤差幅度之大小常與製造過程中動用人工之多少成正比，而又與員工素質之優劣成反比，卽雇用人工愈多之工業，

其檢驗工作愈要精密嚴格，檢驗之費用亦將愈高，但員工素質優良者則可相對的減少。由此可知，發展精巧技術之工業時，對廠區所在地員工之素質與技術必須詳加考慮，以免因小失大，而影響產品之品質。

第六節　檢驗人員與檢驗設備

一、檢驗人員的職責

生產企業通常多由檢驗人員控制其產品的品質標準，並決定其產品之合格與否，如果檢驗人員疏忽職責，則品質管制工作的一切努力都屬枉然，可見檢驗人員的職責是何等重大。茲將檢驗人員的職責簡要列舉如下：

1. 檢驗物料、在製品，及製成品的品質。
2. 檢驗一切影響品質的有關供應品及工具設備。
3. 檢驗並保管一切有關檢驗工作所用之儀器及度量衡設備。
4. 監督有關檢驗業務上的一切工作，如磨光、清潔、包裝等。
5. 監督廢料及廢品之處理，使廢料不得再混入製造過程中加工，使廢品不得出廠上市。

檢驗人員的職責既然如此重大，其盡職與否又關係產品品質之優劣，所以對檢驗人員的服務精神與工作熱情，必須有適當的獎懲辦法。惟消極的懲罰不如積極的獎勵比較能鼓勵員工的工作情緒，並提高其工作效率，故通常多採取下列之獎勵及考勤辦法：

1. 訂定工作標準

檢驗人員大多分散獨立工作，不容易管理，故須設定檢驗工作之標準，卽規定檢驗某項產品所需要之最少時間及最多時間，以防止檢驗員

怠惰疏忽，並避免爲爭取速度而犧牲品質或爲重視品質而忽略數量等弊端，又可以用此項標準作爲考勤之依據。

2. 抽樣複檢

爲了考核檢驗人員的工作效率，瞭解其對工作認眞之程度，並防止其虛報檢驗數目起見，檢驗主任或領班宜隨時實行抽樣複檢的方法，以求避免檢驗人員敷衍塞責。

3. 檢驗獎金制

檢驗員也像其他員工一樣，希望工作能有所表現，而受到重視或得到應有的酬勞，所以品管單位也常實施檢驗獎金制度，對於負責盡職的檢驗員，依其工作績效而發給獎金，以激勵其工作情緒。

其實，應對產品之品質負最大責任者還是製造部門，尤其是直接從事製造工作之工人，因爲產品之各種品質特性都是在製造過程中造成的，所以品質管制工作首先應該在製造過程中，由生產工人依照產品之規格對品質實施控制，才是最有效的管制方法。而且事後之糾正總不如事前之防止，所以最徹底有效的檢驗工作，應該是訓練並激勵製造工人對產品的品質之責任感，在製造過程中力求避免疵品之產生。如果每個製造工人都肯負起檢驗的責任，於製造過程中隨時注意管制產品的品質，即可避免製成瑕疵產品，則此種檢驗才是最有效的品質管制，必定可收事半功倍之效。

二、檢驗設備的配合

檢驗人員縱然負責盡職，也難以絕對避免發生誤差，譬如由於檢驗人員的過度疲勞，即可能造成接受不合格產品或拒絕合格產品的錯誤。而且有些產品的品質絕非檢驗員憑肉眼和經驗所能判定，必須藉助於檢驗儀器，例如產品的體積、角度、拉力、延展度、光滑度，以及化學成

分等的檢驗，即必須應用檢驗工具和儀器，才能使檢驗工作正確可靠。特別是高級的工業產品，若沒有精密的檢驗工具，決難製造出精細的產品，所以欲求避免因檢驗人員疏忽或主觀決定所造成的錯誤，宜儘量採用科學的檢驗儀器，俾有客觀的檢驗標準。圖 10-1 係顯示自動檢驗汽車引擎的活塞孔洞之科學設備。

圖 10-1　汽車引擎活塞孔洞的自動化檢驗設備

　　檢驗工具的種類每因其形態、功能、性質，及構造之不同而互異。有簡單的器械，例如尺度測量規 (*Dimensional Gauges*)、檢驗規 (*Inspection Gauges*)，及工作量規 (*Working Gauges*) 等，以測定產品之尺碼或大小。亦有精巧的電子檢驗儀器，例如各種測微器 (*Micrometers*)、比測儀 (*Comparators*)，及表面測定儀 (*Profilometers*) 等，以測定產

品的精確度及外形或表面狀況。還有更精密的檢驗設備，例如光測計
(*Optical Gauges*)、工業螢光鏡(*Industrial Fluoroscope*)，以及工業放
射線照像 (*Industrial Radiograph*) 等，以探測肉眼看不見的或隱藏於
金屬內部的瑕疵。

　　新式的電子檢驗儀器，大多附設於自動化的機器上，以便於製造過
程中對產品之品質及規格自動從事檢驗，使檢驗工作能與製造程序配合
一致，尤其在連續製造程序中更有必要。圖 10-2 係福特公司汽車引擎
製造廠裝設在自動化生產線上的電子檢驗儀器，凡有品質不合的產品通
過時，儀器立即發出訊號，並可由顯示盤 (*display panel*) 上觀察出其
瑕疵所在。而且此種及時檢驗工作，可以及早發現弊病，立刻予以糾正
補救，以減少損失和避免浪費，並易於確定責任。

圖 10-2　附設於自動化生產線上的電子檢驗設備

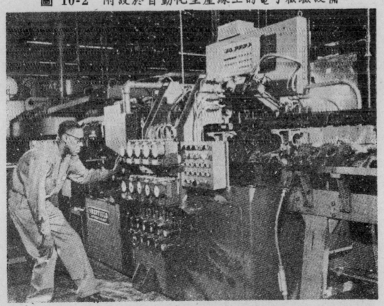

「工欲善其事，必先利其器」，良好的檢驗工作，有賴於精確的檢驗設備，所以檢驗設備乃爲實施品質管制之基本工具；而且檢驗用具必須有良好的維護保養及適量的盤存，俾能充分而又有效的發揮檢驗功能。

總之，欲求品質管制工作之有效進行，及檢驗工作之精確可靠，必須有合格的原料、標準化的製造程序、認眞負責的檢驗人員、安排適宜的檢驗場所，再配以精確合用的檢驗儀器，則品質管制中之檢驗工作自然會收到「水到渠成」之效。

練 習 題

一、何謂品質？品質管制的意義如何？

二、試就所知的生產作業中，舉例說明那些是偶發的變異因素，那些屬於人爲的變異因素，各對產品的品質之影響如何？

三、那些品質管制工作是屬於消極的？怎樣才算是積極的品質管制？兩者之間有什麼區別？

四、實施品質管制都有那些重要功用？列述之。

五、如何確立產品的品質標準？有那些重要事項須要考慮？

六、何謂允差？試舉例說明之。

七、品質管制的實施過程如何？試以圖解表示各項過程間之循環關係。

八、何謂品質檢驗？其重要目的如何？

九、品質檢驗與品質管制之關連如何？

十、實施品質檢驗都有那些重要類別？

十一、在甚麼情形下實施全部檢驗，在甚麼情形下實施抽樣檢驗或重點檢驗。

十二、依檢驗對象之不同可以實施那些不同類別的檢驗？

十三、何謂集中檢驗？何謂分散檢驗？各自的利弊如何？

十四、何謂破壞性檢驗？此種檢驗宜採用什麼方式？

十五、如何適當的決定檢驗頻率和檢驗點？

十六、勞工的素質與產品的品質有什麼關連？試舉例說明之。

十七、檢驗人員的職責如何？怎樣才能提高其工作效率？

十八、品質管制部門之組織型態如何？試設計一個有效的品管部門組織系統。

第十一章　統計性品質管制

第一節　統計性品質管制的意義

在現代運用機械化大量生產的情形下，所製成的產品不可能完全相同，其品質特性多少總會有些變異 (*Variation*)；縱然是由同一個技工，操作同一部機器，利用同一規格的原料，經過相同的製造過程所製成的產品，其品質也不可能分毫不差。如果由衆多的工人，在不同的工作環境之下，運用不同的機器設備，而且物料的品質又未必完全均勻，則產品之品質變異必定更嚴重；如果不加以適當管制，則產品之品質必定會參差不齊，很難達成要求的規格。所以品質管制的目的，即在設法消除造成品質變異的人爲因素，以控制產品的品質變異於允差 (*Tolerance*) 的範圍之內。

從事品質管制工作，必須隨時瞭解產品的品質變異之分佈情形，欲求徹底明瞭品質變異的眞實分佈狀況，最好能將全部產品逐一實施檢驗。但事實上並無此必要，而且在許多情況下也不可能這樣做，只需要應用統計上合理的抽樣 (*Sampling*) 方法，也可以很正確的測定出品質變異的分佈情形。即在生產情況正常時，依照統計上的機率 (*Probability*) 法則定時（每隔幾小時）或定量（每生產若干數量或每批量）抽查若干富有代表性的產品以檢驗其品質，俾能隨時瞭解在製造過程中產品的品質是否有顯著的變異，以便及時採取糾正措施並加以適當的控制。

在許多次研究試驗中發現，產品的品質變異之分佈狀況是有規律的，

大致呈現一種向變異較小（即趨近於設定之品質標準）或向變異平均數集中之趨勢（*Central Tendency*）。若將對同一產品的許多次檢驗結果之品質變異次數分配繪成修勻的曲線（*Smoothed Curve*）時，該曲線大致呈常態分配（*Normal Distribution*）。換言之，在正常情況下產品的品質變異之出現次數，多以其變異之平均數（或設定的品質標準）爲中心而向兩端擴散，離中心越遠出現的次數越少，絕大多數都出現在離平均數 $\bar{X}$ 正負三個標準差（±3σ）的範圍內，如下述圖11-1所顯示者：

圖 11-1 常態分配機率圖

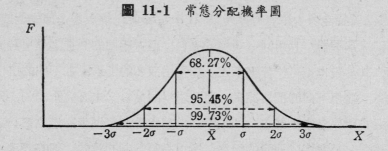

從上述的常態分配圖中可以清楚的看出，如果製造過程在控制之下正常進行，所製成的產品之品質變異應爲常態分佈：在常態分佈的情形下，99.73%的變異值 X 在 $\bar{X} \pm 3\sigma$ 的範圍之內，也就是說只有0.27%（1－99.73%）的變異值超出三個標準差之外。只要選樣的方法合理，而且樣本的大小（*Sample Size*）又適當，在統計試驗中得知，品質變異值超出 $\bar{X} \pm 3\sigma$ 範圍之外的可能性將不會大於 0.27%，所以運用統計方法選樣檢驗所得的結果之可靠性非常大。

由以上的說明可知，在實施品質管制的過程中，可以應用統計的抽樣理論（*Sampling Theory*）以抽取適當數量的產品檢驗之；進而應用統計的機率理論（*Probability Theory*）以確定樣本資料的可靠性，並決定接受不良產品或拒絕優良產品的錯誤之可能性。此種應用統計方法

和統計理論於生產作業的品質管制工作，以求檢驗的費用最低，檢驗的結果又最可靠，並能保持高度的品質標準之方法，卽通常所謂之統計性品質管制 (*Statistical Quality Control*)。

第二節　統計性品質管制之基本概念

在研究或應用統計理論於品質管制之先，必須具有統計學的基本概念，尤其需要瞭解統計學上所習用的術語 (*Terminology*)，所以在解說各種應用方法之前，首先將一些基本觀念簡單介紹如下：

一、全體與樣本 (*Population and Sample*)

管制或檢驗對象的全部產品之總體稱爲全體 (*Population*)，由全體中選取富有代表性之一少部分稱爲樣本 (*Sample*)。

在實施品質管制的過程中，如果要求逐一試驗全部產品的品質特性，或檢驗全部產品的品質標準，往往是旣不經濟又不切實際。例如要試驗某電器工廠所製造之全部日光燈管的平均壽命，或者檢驗某鋼鐵廠所製造之全部鋼絲的拉力等，事實上根本無此必要；尤其是一些屬於破壞性的檢驗工作 (*Destructive Inspection*)，更不可能全部檢驗。因此，在大多數的製造業中，通常只選樣檢驗其產品中的一少部分，由檢驗所得之結果，而推論或判斷全體產品的品質特性。例如在檢驗外銷的十萬箱蘆筍罐頭時，隨機 (*At Random*) 選取其中五箱加以檢驗；此十萬箱外銷的罐頭稱爲被檢驗之全體，被選取接受檢驗的五箱卽爲樣本。

二、隨機抽樣 (*Random Sampling*)

所謂隨機選樣，係指運用合理的選樣方法，使全體中的每一個分子被選取的機會均等，而不發生偏差 (*bias*) 的選樣技巧。

在品管作業中，經常需要選樣檢驗，而檢驗結果的代表性如何，則視選樣是否合理而定。如果選樣發生偏差，則根據樣本檢驗的結果以判斷品質變異的分佈情況，卽失去正確性，而根據此種錯誤研判所從事的品質控制，卽可能造成重大的損失。所以爲了獲得可靠的樣本資料，必須運用合理的選樣技術——隨機選樣，以選取具有代表性的樣本。

如果可能的話，通常多將所擬選樣的全體資料按照順序編號，然後再由隨機數表 (*Table of Random Digits*) 中所讀取的隨機數，以代表所選取相對應的編號爲樣本。

若擬選樣的零件、半成品，或成品的體積很小，而數量又很多時，例如軸承、電子機件，或電器開關等，則可裝於容器中，攪拌均勻之後再抽選，只要每次抽選之前都能攪拌的很均勻，此種實體抽選的方法，也可以得到隨機選機的效果。

有時也可以用系統抽樣 (*Systematic Sampling*) 的方法代替隨機抽樣，例如在製造過程中選樣時，卽常選取每個第 n 件產品（如每 100 件中取第 6 件）爲樣品。只要數字 n 選擇的適當，此種系統選樣也可以產生隨機選樣的相同效果，因爲 n 可以是任何一個數字，而每個數字被選取的機會相等。

三、次數分配 (*Frequency Distribution*)

當研究大量的檢驗資料時，通常多將檢驗所獲致之結果分爲若干組 (*Classes*)，出現於每一組的資料之數目稱爲次數 (*Frequency*)，將各組

之次數依照組次數值的大小順序排列者，稱爲次數分配 (*Frequency Distribution*)；將檢驗的結果依照次數分配所作成之統計表稱爲次數分配表。例如下述表 11-81 係選樣檢驗100根尼龍繩之拉力 (*Strength*)，將所得之檢驗結果作成之次數分配表：

表 11-1　100 根尼龍繩拉力次數分配表

拉　力（磅）X_j	出　現　次　數
170—180 以下	8
180—190 以下	12
190—200 以下	28
200—210 以下	32
210—220 以下	14
220—230 以下	6
總　　　　　計	$\Sigma f=100$

在應用次數分配表時，常常涉及許多專用的術語，如組距、組限，及組中點等，玆簡單說明如下：

1. 組距 (*Class Intervals*)

用以區分各組資料所在範圍的符號稱爲組距，如上表中表示拉力在 170 磅到 180 磅以下之符號（170—180 以下）卽爲組距。

2. 組限 (*Class Limits*)

用以確定每組界限的兩端數值稱爲組限。其中數值較大者稱爲上限 (*Upper Limit*)，數值較小的一個稱爲下限 (*Lower Limit*)；例如 170 和 180 以下，兩者皆爲組限，其中 170 爲下限，180 以下爲上限。

3. 組中點 (*Class Midpoint*)

組中點卽組距中上、下兩限之平均數，例如 170—180 以下之平均數爲 175（圓整數），該數值恰爲組距之中點，故稱爲組中點。在分組資

料中通常多以組中點爲各組數值之代表值，故組中點又稱爲組標 (*Class Mark*)。

在品質管制作業中，隨時需要選樣檢驗，而如何決定樣本、如何選樣、以及選樣檢驗之結果如何分組整理等，都需要有明確的概念，所以乃列出以上幾個常用的統計術語和基本概念加以簡略的介紹，以供參考。

第三節　集中趨勢之測定數
(*Measures of Central Tendency*)

若觀察大量的檢驗資料，我們會發現其分組後的次數分配大多呈顯集中於變數中央之傾向，爲了能夠正確的運用統計資料和加強估計結果之可靠性，即需對資料分配的集中趨勢加以測定。上述常以組中點爲一組數字資料的代表值，是因爲若分組合理則組內資料多呈均勻分佈，或集中於該組之中點，而其各數值之平均數 (*Average*) 必趨近於組中點，所以通常多以平均數爲集中趨勢之測定數。在品質管制工作中，常用的平均數有算術平均數、中位數、及眾數等。茲分別介紹如下：

一、算術平均數 (*Arithmetic Mean*)

算術平均數係各項數值的總和除以其項數所得之商數。因爲算術平均數計算容易，而且富有代表性，所以應用比較普遍。通常多以 $\bar{X}$ (讀爲 *X bar*) 表示樣本平均數，以 μ (讀作 *mu*) 表示全體平均數。茲將算術平均數之計算方法舉例演示如下：

1. 未分組資料之計算法

計算未分組資料之算術平均數時，係將各項數值相加，除以其項數所得之商數即爲算術平均數。即

$$\bar{X} = \frac{X_1 + X_2 + \cdots\cdots + X_n}{n} = \frac{\sum\limits_{j=1}^{n} X_j}{n}$$

式中：$\sum$ 爲總和符號，X_j 爲各別的變值，n 爲總項數——卽樣本的大小。

例如選取 6 件產品檢驗其重量，得以下之結果： 7 磅、10磅、8 磅、9 磅、 8 磅，及 6 磅，其平均重量爲

$$\bar{X} = \frac{7 + 10 + 8 + 9 + 8 + 6}{6} = \frac{48}{6} = 8 \text{ 磅}$$

2. 已分組資料之計算法

計算已分組資料之算術平均數時，係將各組的代表值（組中點）乘以其各自出現的次數，各項乘積相加而求得總和之後再除以總次數，所得之商數卽爲欲求之算術平均數，卽

$$\bar{X} = \frac{f_1 X_1 + f_2 X_2 + \cdots\cdots + f_k X_k}{f_1 + f_2 + \cdots\cdots + f_k} = \frac{\sum\limits_{j=1}^{k} f_j X_j}{\sum\limits_{j=1}^{k} f_j} = \frac{\sum fX}{n}$$

式中： X_j 爲第 j 組的組中點； f_j 爲第 j 組的次數。

例如檢驗 100 根尼龍繩的拉力，得表 11-1 中的結果，此項檢驗結果之平均數應爲

$$\bar{X} = \frac{8(175) + 12(185) + 28(195) + 32(205) + 14(215) + 6(225)}{8 + 12 + 28 + 32 + 14 + 6}$$

$$= \frac{20000}{100} = 200$$

由以上的舉例說明可知，算術平均數之計算係將各變值彙總，再除以總項數，因此，其結果會受每一個變值的影響；也就是說，算術平均數常因受兩極端變值（特大值或特小值）的影響而可能減低其代表性。所以在檢驗資料中，若各變值的差異很大或有極端變值時，宜避免使用

算術平均數爲代表值。

二、中位數 (*Median*)

中位數的確定非常容易，先將檢驗結果之統計資料按數值大小順序排列，所得之統計序列 (*Array*) 的中間數，或兩個中間數的算術平均數卽爲中位數。茲舉例演示如下：

1. 未分組資料之計算法

計算未分組資料之中位數時，先將各數字資料依照數值大小排成序列，若序列資料爲奇數，則其中間一個數值爲中位數；若序列資料爲偶數，則以中間兩個數值之平均數爲中位數。

例如前例中檢驗 6 件產品的重量，其結果爲：7 磅、10 磅、8 磅、9 磅、8 磅，及 6 磅，求其中位數。

先將此等數字資料排成序列，卽6, 7, 8, 8, 9, 10該序列爲偶數，故

$$中位數 (M_e) = \frac{8+8}{2} = 8$$

2. 已分組資料之計算法

計算已分組資料之中位數，常用下述公式，卽

$$M_e = L + W\left(\frac{\frac{n}{2} - F}{f_m}\right)$$

式中：$L =$ 中位數所在組之下限

　　　　$W =$ 中位組組距的幅度 (*Class Width*)

　　　　$n =$ 樣本資料之總次數

　　　　$F =$ 低於中位組的各組之次數和

　　　　$f_m =$ 中位組的次數

例如求表 11-1 中 100 根尼龍繩拉力之中位數。中位數所在組應

爲組距 200-210 以下的一組中，卽

$$L = 200$$

$$W = 10$$

$$n = 100$$

$$F = 48$$

$$f_m = 32$$

所以　$M_e = L + W\left(\dfrac{\dfrac{n}{2} - F}{f_m}\right) = 200 + 10\left(\dfrac{50 - 48}{32}\right)$

$$= 200 + 0.625 = 200.625$$

中位數是決定於變值的數目，而不受極端變值的影響，所以在輕微的偏態分配中較適用；但是在檢驗資料不向中間值集中時，或者在資料序列中間有缺口的情形下，中位數卽失去代表性。

三、衆數 (*Mode*)

在一組統計資料中，出現次數最多的數值稱爲衆數。在簡單的數字資料中，也許沒有衆數；而在複雜的數字資料中，衆數也許有一個以上。玆舉例演示如下：

1. 未分組資料之求法

在未分組的資料中尋求衆數時，係將數字資料依照數值的大小排成序列，其中出現次數最多的數值卽爲衆數。例如上例中檢驗 6 件產品的重量，其檢驗結果之序列爲 6，7，8，8，9，10。其衆數

$$M_o = 8$$

2. 已分組資料之計算法

在分組資料中，出現次數最多的組稱爲衆數組，但衆數組的中點却

未必一定是衆數。若次數分配能以修勻的次數曲線表示之，則衆數是與曲線中最高點相對應的數值。通常多用下式求分組資料的衆數，即

$$M_o = L + W \left(\frac{\Delta_1}{\Delta_1 + \Delta_2} \right)$$

式中：　L ＝衆數組的下限

　　　　Δ_1 ＝衆數組之次數超過相鄰較低組之次數。

　　　　Δ_2 ＝衆數組之次數超過相鄰較高組之次數。

　　　　W ＝衆數組組距的輻度。

例如求表 11-1 中 100 根尼龍繩拉力的衆數。

$$L = 200$$
$$W = 10$$
$$\Delta_1 = 32 - 28 = 4$$
$$\Delta_2 = 32 - 14 = 18$$

所以　$M_o = L + W \left(\frac{\Delta_1}{\Delta_1 + \Delta_2} \right) = 200 + 10 \left(\frac{4}{4 + 18} \right)$

$$= 200 + 1.82 = 201.82$$

由以上的演算可知，衆數旣不受資料中極端變值的影響，也不受兩端變值數目的影響，所以常被用爲單限的 (*Open-end*) 次數分配之代表值。但是若資料中有兩個以上的衆數時，卽無法用單一衆數作爲代表值。

第四節　變異之測定數 (*Measures of Variation*)

上節所討論的係以平均數爲一組數字資料的代表數值，但平均數的代表性如何，則視該組資料的分佈情形而定。測定數字資料離平均數而散佈的程度之數值稱爲離差 (*Dispersion*)。若資料的分佈比較集中，則離差小，而離差小卽表示平均數對全體數字資料的代表性大；反之，若

資料的分佈比較分散，則離差較大，而離差大卽表示平均數的代表性小。
所以離差的主要功用是以一個簡單數值表示檢驗資料的散佈情況，以測
定平均數代表性之大小。

由以上的說明可知，在品質管制作業中欲求有效利用檢驗結果，還
須要進一步測定離差的大小，以了解變異的散佈程度。在品質管制作業
中，常用的離差測定數有全距及標準差等，茲分別列述如下：

一、全距 (*Range*)

全距是指數字資料中最大數值與最小數值之間的差額，若以 R 表示
全距，則

$$R = X_n - X_1$$

式中 X_n 表示統計序列中的最大值，X_1 表示列中的最小值。

1. 未分組資料之求法

對未分組的統計資料求全距時，卽爲最大值減以最小值所得之差。
例如求前述檢驗資料 7, 10, 8, 9, 8, 6 之全距。

$$R = 10 - 6 = 4$$

卽此項資料之全距爲 4 。

2. 已分組資料之求法

由分組資料中求全距，通常多以最高組的組中點與最低組的組中點
之差額表示之。例如表 11-1 中 100 根尼龍繩拉力的檢驗結果之全距
爲：

$$R = 225 - 175 = 50 \ 磅$$

以全距爲離差測定數，大多應用於統計資料數量很少，而且需要測
定其離散的範圍時。

二、標準差 (*Standard Deviation*)

為了消除計算平均離差（各數值與其平均數之間的差額）的正負號之困擾，可先將每項離差平方，相加之和再除以總次數則得差異平方和，為便於與原數值比較，再將此差異平方和開方，所得之結果卽為標準差。通常多以 S 表示樣本標準差，以 σ （讀作 *Sigma*）表示全體標準差。

1.未分組資料之求法

對未分組的資料計算標準差，係以一組數字資料中，各數值與其平均數間差異的平方和除以項數 n 後，所得之平均數再求平方根，卽

$$S = \sqrt{\frac{\sum_{j=1}^{n}(X_j - \bar{X})^2}{n}} = \sqrt{\frac{\sum(X - \bar{X})^2}{n}}$$

或 $$S = \sqrt{\frac{\sum_{j=1}^{n} X_j^2}{n} - \left(\frac{\sum_{j=1}^{n} X_j}{n}\right)^2} = \sqrt{\frac{\sum X^2}{n} - \left(\frac{\sum X}{n}\right)^2}$$

例如求前述檢驗資料 7, 10, 8, 9, 8, 6 之標準差。

$$S = \sqrt{\frac{\sum(X - \bar{X})^2}{n}}$$

$$= \sqrt{\frac{(7-8)^2 + (10-8)^2 + (8-8)^2 + (9-8)^2 + (8-8)^2 + (6-8)}{6}}$$

$$= \sqrt{\frac{10}{6}} = \sqrt{1.66} = 1.28$$

2.已分組資料之計算法

對於分組的統計資料求標準差，則應用以下的公式，卽

$$S = \sqrt{\frac{\sum f(X - \bar{X})^2}{n}} \quad 或 \quad S = \sqrt{\frac{\sum f X^2}{n} - \left(\frac{\sum f X}{n}\right)^2}$$

例如求表 11-1 中檢驗 100 根尼龍繩拉力所得結果的標準差,可列爲以下表 11-2 的方式演算之。

表 11-2　分組資料計算標準差

拉力（磅）	組中點X_j	$X-\bar{X}$	$(X-\bar{X})^2$	次數 f	$f(X-\bar{X})^2$
170—180以下	175	$175-200=-25$	625	8	5,000
180—190以下	185	$185-200=-15$	225	12	2,700
190—200以下	195	$195-200=-\ 5$	25	28	700
200—210以下	205	$205-200=\ \ 5$	25	32	800
210—220以下	215	$215-200=\ \ 15$	225	14	3,150
220—230以下	225	$225-200=\ \ 25$	625	6	3,750
總　　　計				$n=100$	16,100

$$S=\sqrt{\frac{\sum f(X-\bar{X})^2}{n}}=\sqrt{\frac{16100}{100}}=\sqrt{161}\doteqdot 12.7$$

由以上的演示可以看出, 對較多的檢驗資料, 若希望以一個簡單數值表示全部變值離平均數而散佈的情況時, 用標準差比較適宜; 而且此項標準差還可以用於進一步的分析。但是若檢驗所得的統計資料呈偏態分配, 而且含有極端數值時, 標準差即不合用。

第五節　統計性分析

生產企業在實施品質管制時,常因製造過程中的許多因素錯綜複雜,以致造成許多不同性質的品質變異; 品質管制圖雖然能用以顯示品質的變異程度, 但是變異的原因如何則不易尋查, 常常需要整理各種有關的統計資料, 加以綜合分析, 以推測產生變異的原因。此種統計性分析,係將統計推論 (*Statistical Inference*) 的方法應用於品質管制, 根據統計的選樣檢驗結果, 運用科學的歸納推理 (*Inductive Inference*) 以研

判或推斷造成品質變異的原因，再運用機率理論以檢定推論的結果之可靠程度。常用的統計性分析方法有統計分析法及統計檢定法，兹分別列述如下：

一、統計分析法 (*Statistical Analysis Method*)

所謂統計分析法，係應用統計方法將規律性的變異與偶發性的變異之離差 (*Dispersion*) 加以分析比較，根據比較所得之結果，作客觀的研判，以確定產品的品質變異之顯著性，俾決定改善的方法和改進的程度。常用的分析方法又可以分爲變異數分析法 (*Analysis of Variance*) 和相關分析法 (*analysis of correlation*) 兩種。兹分別介紹如下：

1. 變異數分析法

一種生產因素因爲受其他因素的影響，以致每件產品的某種或某些品質特性可能產生若干差異 (*Difference*)，此種差異在統計學上稱爲變異 (*Variance*)。若以同一的度量工具重複度量某一物體所得之結果未必完全相同，此種變異可能由於機遇 (*by Chance*) 所致；若由不同的人用不同的工具度量該物體，所得之不同結果，卽無法斷定其變異是否來自機遇，也許是由於工具的差異。爲了明瞭造成變異的原因，卽須分析變異的因素，此種用來分析變異來源的方法稱爲變異分析法。

在從事變異數分析時，大致將造成變異的原因歸納爲兩類：一種是已知原因的影響所產生之變異；另一種是因爲選樣的誤差和其他未知原因而出現之變異。所謂變異數分析，係將樣本中的總變異分解爲各種原因所引起之變異，卽分解爲已知原因所引起之變異，以及選樣和未知原因所引起之變異。先求樣本中各變值之總平方和，然後將各平方和化爲不偏變異數，並取其總變值，根據變值的分配次數，卽可以檢定各項原因所引起的變異是否顯著。

在工業上，可試用不同的生產技術或方法，製造某種產品，以觀察不同的技術或方法所生產之產品其品質特性有無顯着的差異；如果有差異，然後再進一步分析其品質產生變異的原因。在農業上，可試用不同數量或不同成分的肥料於同一性質和相等面積的耕地上，以觀察不同質量的肥料對農產品的品質和收穫量之影響，然後再分析變異的顯著性及造成變異的原因。所以變異數分析法，係運用統計的分析方法比較各因素所造成品質變異的結果，以推測各因素對產品的品質所產生的影響之大小。

2. 相關分析法

所謂相關分析，卽是研究各生產因素之間是否有關連。如果有些因素彼此相關，則其相關之程度如何？而且相關之性質究竟為正相關還是負相關？必須加以正確的分析，以求得可靠的結果。

在現代許多精密的生產過程之中，影響產品品質特性的因素眾多，而其相互間的關係又錯綜複雜，欲求有效的品質管制，卽須徹底了解都有那些因素影響產品的品質？而此等因素之間的相關程度及性質如何？是否會因為某一因素不良而影響到其他因素，以致造成品質發生變異？以上皆為實施品質管制時必須深入研究之問題。

二、統計檢定法 (*Statistical Test Method*)

統計檢定法就是運用統計的機率理論，來核驗根據選樣檢驗所得之結果以推論全體的可靠性，其主要用途有二：一是根據樣本的統計數 (*Statistics*) 來估計全體的母數 (*Parameters*)，並確定兩者之間可能產生的差異；二是決定全體與樣本的平均值或標準差之差異，是否超過機率誤差的可能範圍。以上兩種功用卽在檢定推論之可靠性 (*Confidence*) 與差異之顯着性 (*Significance*)。品質管制工作卽是依據此種可靠性與

顯著性之程度，運用科學的邏輯推理，對於某種生產過程所製造的產品其品質之高低，或新式生產設備之優劣，以及新的生產方法之好壞等，作明確可靠之論斷，例如假設之檢定及顯著性檢定等均屬之，各種檢定方法將於下節中詳細介紹。

第六節　統計性決定與假設之檢定

應用統計學的原理與方法，根據樣本資料所產生的合理推論，以作有關全體的決定即稱為統計性決定(*Statistical Decisions*)。例如由於選樣檢驗的結果，以決定新產品的品質是否優於舊產品；或者根據試驗的結果，以決定新機器的性能是否優於舊機器，此等決策皆稱為統計性決定。

為了便於達成正確的決定，通常先作有關全體的某項被檢定特性之各種假設 (*Hypothesis*)，再根據假設檢定之結果而加以求證。既然是假設，即可能成立也可能不成立，不管是否能成立，都稱為統計性假設 (*Statistical Hypothesis*)。在從事假設檢定時通常多將沒有變異或變異不顯著之假設稱為虛無假設 (*Null Hypothesis*)，姑以 Ho 表示之；任何與虛假設不同的或相反的假設，概稱為對立假設 (*Alternative Hypo-thesis*)，常以 Ha 表示之。茲將作統計性決定所採用之假設檢定分述如下：

一、假設之檢定和顯著之檢定 (*Test of Hypothesis and Significance*)

為了能夠合理的決定接受一個假設或者是拒絕一個假設，所從事的一切求證過程稱為假設之檢定 (*Test of Hypothesis*)。為了能夠明確的

決定，由選樣檢驗所得的結果，與制定的品質標準所應有的結果是否有顯明的變異，所從事的一切求證過程稱為顯著之檢定 (Test of Sign-ificance)。

如果能證實由隨機樣本 (Random Sample) 所觀察的結果，與基於選樣理論所期望的結果發生明顯的差別，卽可以肯定由觀察得到的樣本變異是顯著的，而拒絕接受品質仍為正常之假設。例如假設某項產品之生產過程正常，但是經過合理的選樣，10個樣品中有 7 個品質不合；雖然根據此樣本所作之決定可能發生錯誤，也要拒絕生產過程仍然正常之假設。

檢定工作有時也可能發生錯誤，此種錯誤之性質可以區分為兩種情形，卽所謂第一類錯誤(Type I Error) 和第二類錯誤 (Type II Error)。妓分述如下：

1. 第一類錯誤

所謂第一類錯誤，卽根據檢驗之結果而拒絕了一個應該接受的正確假設，或者拒收了一批應該接受的合格產品。

在常態分配曲線下，超出平均值正負 3 個標準差（±3σ）之外的機率只有 0.27%(1-99.73%)，見圖 11-1。通常我們都將檢驗結果超出 ±3 個標準差以外的品質特性，視為顯著的變異，卽由不正常的原因所造成的變異；不過有時也會因為選樣的誤差或因為機遇的原因，竟使選樣檢驗的結果超出 ±3σ 之外，我們却因此而判定檢驗結果的變異顯著，但事實上產品的特性並沒有顯著的變異。此種根據檢驗之結果竟誤認優良產品為不合格而拒絕接受的錯誤，卽稱為第一類錯誤。換言之，造成品質顯著變異的原因並不存在，而品管作業員由於判斷錯誤却拒收了合格產品或者可能採取調整生產程序等不必要的措施，所以此項錯誤又稱為生產者的風險 (Producer's Risk)，其機率常以 α 表示之。此項機率 α 又稱為顯著水準 (Level of Significance)。

圖 11-1　汽車引擎活塞孔洞的自動化檢驗設備

　　好在犯此種第一類錯誤的機率並不大，若將管制圖的上下管制界限定為 ±3σ，則犯此類錯誤的機率只有 0.27%，如圖 11-2 所示。

2. 第二類錯誤

　　所謂第二類錯誤，卽根據檢驗之結果而接受了一個應該拒絕的錯誤假設，或者接受了一批應該退回的不合格產品。

　　根據選樣檢驗的結果以判定品質變異的顯著性，有時也會犯另外一種錯誤，卽實際上品質的變異已經很嚴重，但是由於機遇的原因或者選樣所發生的誤差，選樣檢驗的結果仍然落在管制圖的管制界限之內，例如圖 11-3 中所顯示者，原來設定的品質標準為 μ_0，而品質特性的分佈

圖 11-2　附設於自動化生產線上的電子檢驗設備

圖 11-3　管制圖上的第一類錯誤

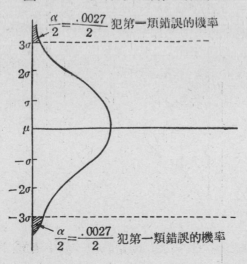

$$\frac{\alpha}{2} = \frac{.0027}{2}$$ 犯第一類錯誤的機率

3σ

2σ

σ

μ

$-\sigma$

-2σ

-3σ

$$\frac{\alpha}{2} = \frac{.0027}{2}$$ 犯第一類錯誤的機率

中心已經移轉至 μ_1 或 μ_2，但是選樣檢驗的結果却仍然在以 μ_0 爲中心的 $\pm 3\sigma$ 的範圍之內。實際上品質已顯著的改變，而根據機遇或誤差的選樣結果仍判定爲品質正常，此種錯誤卽稱爲第二類錯誤。換言之，產品的品質特性已經有了顯著的變異，但品管作業員根據選樣檢驗的誤差，而未能及時採取糾正措施，或接受了應該退回的不合格產品，所以此種錯誤又稱爲消費者的風險 (Consumer's Risk)，其機率以 β 表示之。

犯此種第二類錯誤的機率，要視樣本的大小及預定的接受第一類錯誤的大小而定，其變化情形如圖 11-4 所示：

圖 11-4 管制圖上的第二類錯誤

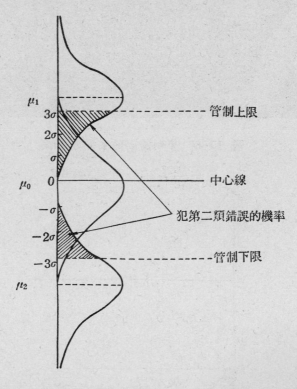

爲了使假設之檢定所可能犯的錯誤減至最小限度，俾作合理決策的

正確依據，最好的辦法是將樣本增大，以減少發生兩種錯誤的可能性。否則，如果樣本的大小一定，欲求減少第一類錯誤，只有擴大接受範圍，但却因此而增加接受錯誤假設的機率，也就是因此而增大了犯第二類錯誤的可能性；反之，欲求減少第二類錯誤，則只有縮小接受範圍，但却因此而增加拒絕正確假設的機率，也就是因此而增大了犯第一類錯誤的可能性。茲將從事假設檢定時，在不同的假設情況下從事決定，可能犯第一類錯誤與第二類錯誤之間的關係，以表 11-3 表示如下：

表 **11-3**　假設檢定正誤情況表

決定＼結果　假設情況	接　　受	拒　　絕
眞　　實	正　　確	第一類錯誤
錯　　誤	第二類錯誤	正　　確

在檢定某已知假設時，允許可能犯第一類錯誤（拒絕了正確的假設）之機率，稱爲此檢定之顯著水準 (*Level of Significance*)。此一預定之機率通常以 α 表示之，常用的顯著水準爲 5%、2%，或 1%等。如果在設計假設檢定時採用 5%的顯著水準，卽表示有 5%的可能性會拒絕一個正確的假設，也就是說，只有 95% 的把握所作的決定是正確的。

二、常態分配的檢定 (*Tests Involving Normal Distribution*)

在一般情形下，通常都假定統計數 (*Statistics*) $\bar{X}$ 的選樣分配 (*Sampling Distribution*) 爲常態分配，其平均數（$\bar{X}$）等於 μ，其標準差爲 σ_x。而標準化變數 (*Standardized Variables*) $Z = \dfrac{\bar{X} - \mu}{\sigma_x}$ 的

分配爲標準化常態分配，其平均數爲 0。如圖 11-5 所顯示者：

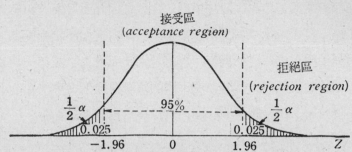

圖 **11-5** 兩端檢定圖分配

接受區
(*acceptance region*)

拒絕區
(*rejection region*)

$\frac{1}{2}\alpha$　　95%　　$\frac{1}{2}\alpha$

0.025　　　　　0.025

−1.96　　0　　1.96　　Z

　　由圖中所顯示的情況可以顯明的看出，在常態曲線下 ±1.96 個標準差之間的面積是 95%。若假設是眞實的，也只能有 95%的把握，眞實樣本統計數 $\bar{X}$ 的 Z 單位 (*Z Score*) 將在−1.96 到+1.96 個標準差之間。若隨機選取一個樣本，檢驗的結果發現其統計數之 Z 單位在−1.96 到 +1.96 個標準差的範圍之外，因爲在常態分配下此種情形發生的機率只有 5%，却竟然發生，卽可肯定此一 Z 單位與在假設下所期望的結果有顯著的變異，故可拒絕此一檢驗結果爲正常之假設。

　　圖 11-4 中畫直線的兩端之總面積爲 5%，爲此一檢定之顯著水準 α，係表示拒絕此一假設可能犯錯誤的最大機率，卽可能拒絕正確假設之機率。因此，可以說此一樣本統計數之 Z 單位依 5%的顯著水準來衡量其變異是顯著的，故可依 5%顯著水準而拒絕此一假設。在上圖中，−1.96到+1.96 個標準差範圍之外的全部 Z 單位，構成此一假設之顯著區 (*Region of Significance*)，或者稱爲此一假設之拒絕區 (*Region of Rejection or Critical Region*)。在 ±1.96 個標準差範圍之內的全部 Z 單位，稱爲此一假設之接受區 (*Region of Acceptance*)，或稱爲非顯著區 (*Region of Non-significance*)。

基於以上的說明，可以將假設檢定的法則，歸納如下：

1. 依 5％的顯著水準，若是樣本統計數的 Z 標準單位在 ± 1.96 個標準差範圍之外，即 $Z<-1.96$ 或者 $Z>1.96$，拒絕其虛無假設 H_o。因為根據檢驗得到的樣本統計數，在 5％的顯著水準之下，其變異是顯著的。

2. 相反的，若樣本統計數的 Z 標準單位在 ± 1.96 個標準差範圍之內，即 $-1.96<Z<1.96$，則表示此一統計數的變異不顯著，依照 5％的顯著水準，可以接受其虛無假設。

以上的法則係檢定統計數的兩端數值，或該統計數的平均數兩端之 Z 標準單位，即我們所關切的是該分配的兩端變異，所以此種檢定稱為雙尾檢定 (*Two-tailed Tests or Two-sided Tests*)。效舉例說明其應用方法如下：

假定某工廠所生產的日光燈其使用壽命呈常態分配，已知其平均壽命 $\mu=3,000$ 小時，標準差 $\sigma=120$ 小時；隨機選取 100 支燈管為樣本，逐一試驗得平均壽命 $\bar{X}=2,970$ 小時，試依 2％的顯著水準，根據檢驗所得之結果，檢定下述之假設：

$H_o: \mu=3,000$ 小時

$H_a: \mu \neq 3,000$ 小時

因為 $\mu \neq 3,000$ 包括大於 3,000 和小於 3,000 小時，所以用兩端檢定。2％顯著水準之雙尾檢定，其決定值 (*Critical Value*) 為 ± 2.33，故須遵照以下的決策法則 (*Decision Rules*)。

1. 若樣本平均數的標準化單位 Z 在 ± 2.33 個標準差的範圍之外，拒絕 H_o，即判定品質變異顯著，產品不合規格。

2. 反之，若樣本平均數的標準化單位 Z 在 ± 2.33 個標準差的範圍之內，接受 H_o，即認定品質沒有顯著的變異，產品合格。

樣本平均數分配的標準差爲

$$\sigma_{\bar{x}} = \frac{\sigma}{\sqrt{n}} = \frac{120}{\sqrt{100}} = 12$$

其標準化單位爲: $Z = \frac{\bar{X} - \mu}{\sigma_{\bar{x}}} = \frac{2970 - 3000}{12} = \frac{-30}{12} = -2.50$

因爲 $-2.50 < -2.33$, 卽 -2.50 在 ± 2.33 的接受區域之外, 故依 2% 的顯著水準應該拒絕虛假設 H_0。根據此項檢定的結果, 應判定該廠的燈管品質低落 (樣本平均數的標準化單位 $Z = -2.50$), 不合規格; 此項決定可能發生錯誤的最大機率只有 2%。

要想減少犯第一類錯誤 (拒絕正確假設) 的機率, 在樣本大小不變的情形之下, 只有減少顯著水準; 若將顯著水準由 2% 減少爲 1%, 在兩端檢定時, 其接受區的範圍卽由 $\pm 2.33\sigma$ 擴大爲 $\pm 2.58\sigma$。而 $-2.50 > -2.58$, 卽 $-2.58 < -2.50 < 2.58$; 則樣本平均數之標準單位 $Z = -2.50$ 在接受範圍以內, 所以依照 1% 的顯著水準應該接受虛假設, 卽決定該廠生產的燈管其品質沒有顯著的變異。由於接受區之增大, 拒絕正確假設之機率已減小至 1%, 然而却因此而增大了接受錯誤假設的機率, 卽產品的品質已經明顯的低落, 但是依據選樣檢驗的結果, 仍然決定爲合格而予以接受, 此項錯誤的決定可能會造成嚴重的損失。所以上述在樣本大小一定的情形下, 欲求減少第一類錯誤, 必定相對的增大犯第二類錯誤的可能性; 同時, 檢定中虛無假設之接受與否也不是絕對的, 要看顯著水準的大小而定。

有些情形下我們只關心品質變異的某一方面, 也就是說只須檢定品質變異分布之一端卽可, 例如檢定「新產品的品質優於舊產品」之假設時, 卽只檢定樣本平均數在分配較優一端之 Z 標準單位, 此種檢定稱爲單尾檢定 (*One-tailed or One-sided Test*), 其拒絕區 (*Rejection*

Region) 在該分配之一端，該拒絕區之面積就等於顯著水準。茲將一端檢定之運用方法舉例說明如下：

　　已知某輪胎製造廠所生產的輪胎之耐用里程爲常態分配，以往的產品之平均耐用里程爲 41,000 公里，標準差爲 420 公里。廠長最近提出報告：由於某項製造技術之改進，新產品的耐用里程大爲增加。爲了證實廠長的報告之正確性，隨機選取新技術所生產的輪胎 36 個爲樣本，試驗的結果得平均耐用里程爲 41,175 公里，試依 1% 的顯著水準決定是否同意廠長的報告。現在只須檢定其耐用里程是否增加，故爲一端檢定，可由以下兩個假設中求決定：

　　　　$H_o: \mu = 41,000$ 公里，耐用里程如舊；

　　　　$H_a: \mu > 41,000$ 公里，耐用里程增加。

1% 顯著水準之一端檢定，其決定值爲 2.33，故決策法則如下：

　　1. 若是樣本平均數的標準化單位 Z 大於 2.33，表示差異顯著，拒絕虛假設 H_o。

　　2. 若是樣本平均數的標準化單位 Z 小於 2.33，則表示差異不顯著，可能是由於機遇的原因，應該接受 H_o。

圖 11-6　一端檢定分配圖

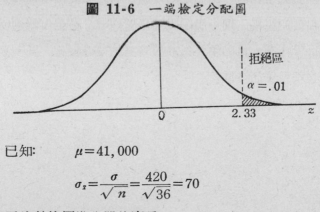

拒絕區
$\alpha = .01$

已知：　　　$\mu = 41,000$

$$\sigma_{\bar{x}} = \frac{\sigma}{\sqrt{n}} = \frac{420}{\sqrt{36}} = 70$$

所以樣本平均數的標準化單位應爲：

$$Z = \frac{\bar{X} - \mu}{\sigma_x} = \frac{41,175 - 41,000}{70} = \frac{175}{70} = 2.50$$

2.50＞2.33，此項結果顯示樣本平均數的標準化單位Z在接受區以外，即變異顯著，應該拒絕虛無假設 H_o；接受對立假設 H_a，則表示證實廠長所報告的耐用里程增加爲眞實。

爲了運用方便起見，玆將常用的顯著水準下之單尾檢定和雙尾檢定，各標準化單位Z的決定值表列如下，以供參考：

表 11-4　常用的顯著水準之決定值對照表

顯著水準 α　　　Z之決定值　　檢定方式	0.10	0.05	0.02	0.01	0.005
單 尾 檢 定	＋1.28 或 －1.28	＋1.645 或 －1.645	＋2.05 或 －2.05	＋2.33 或 －2.33	＋2.58 或 －2.58
雙 尾 檢 定	±1.645	±1.96	±2.33	±2.58	±2.81

統計性假設之檢定，在應用於品質管制時，通常多採用雙尾檢定，因爲若產品的品質太優良而超出制定的規格，將會因此而增加製造成本；若品質太差而低於規格，則可能因此而影響商譽，甚至可能遭受退貨的損失，所以品管作業人員必須注意品質變異的兩端變化，即不要無謂的增加成本，也不可使品質低落。

練　習　題

一、何謂統計性品質管制？其目的如何？

二、何謂常態分配？如何應用其特性於品質管制？

三、甚麼是樣本？甚麼是全體？爲什麼要用樣本資料代表全體？

四、何謂次數分配？在次數分配表中所常用的組距、組限，及組標都是指什麼？

五、何謂統計資料的集趨勢？常用作統計資料代表值的有那幾種？

六、試求下列檢驗資料之算術平均數、中位數，及衆數。

　　　　6, 8, 5, 7, 4, 9, 5, 7, 4, 6, 8, 7

　　　　9, 6, 8, 7, 6, 4, 7, 6, 9, 7, 5, 8

七、檢驗塑膠布的拉力，其中 100 個樣本的次數分配如下：

拉力（磅）	次數
40—42 以下	8
42—44 以下	12
44—46 以下	20
46—48 以下	33
48—50 以下	17
50—52 以下	10

　　試求此項資料之算術平均數、中位數，及衆數。

八、各項集中趨勢測定數的特性如何？運用時應作何種考慮？

九、何謂變異資料的測定數？常用以表示變異離散程度的測定數有那幾種？

十、試求上述第六題中檢驗資料的全距和標準差。

十一、試求上述第七題次數分配表中的全距和標準差。

十二、表示檢驗資料的變異離散程度時，在甚麼情形下應用全距？在甚麼情形下應用標準差？

十三、何謂統計性分析？常用的方法都有那幾種？

十四、試舉例說明如何將變異數分析應用於品質管制。

十五、何謂相關分析？怎樣應用於品質管制？

十六、統計檢定法都有那些重要功用？

十七、在假設檢定中之虛無假設與對立假設有什麼關係？

十八、何謂假設之檢定？何謂顯著之檢定？兩者之間的關係如何？

十九、在假設檢定中，怎樣是犯第一類錯誤？怎樣是犯第二類錯誤？

二十、上述兩種錯誤之間有什麼關係？如何才能將兩種錯誤減至最低程度？

廿一、何謂顯著水準？顯著水準與第一類錯誤有什麼關連？

廿二、何謂雙尾檢定？其接受區與拒絕區如何決定？

廿三、設某汽車製造商宣稱：該廠設計的新型轎車，平均每加侖汽油可以行駛20英哩。隨機選取 100 輛新車加以試驗，結果每加侖汽油平均行駛 19 英哩，此項結果的標準差為 4 英哩。試以 5％的顯著水準，用雙尾檢定以確定該廠的宣傳是否可信。

廿四、何謂單尾檢定？其接受區與拒絕區如何決定？

廿五、若廿三題中用單尾檢定，所得之結果如何？

廿六、在從事假設檢定時，若將顯著水準由 5％減少為 1％，對檢定之結果可能產生什麼影響？試申述其原因。

廿七、某公司所製造之螢光燈管向中央標準居申請®字商標，註明其產品之平均壽命為 3000 小時，為了證實其品質標準，選取 36 支燈管加以試驗，得平均壽命為 2940 小時，標準差為 25 小時，試依 5％顯著水準檢定其產品是否應該發給®字標記？

廿八、某校向均安木器廠訂購課桌椅一批，限定應有98％合乎規格，在驗收時隨機選取 200 個加以檢驗，發現其中有 7 個不合規格，試決定是否應該接受此批課桌椅？

廿九、某機械廠的作業情況頗為穩定，抽驗其產品 100 個，發現 6 個不良品，試推定母全體中不良率的95％可靠區間。

三十、玆由某電器零件的製造工程中抽驗 100 個製品，發現其中有 5 個是不良品，試推定母全體中不良率的 98％可靠區間。

卅一、某項精密機件計有甲、乙、丙、丁四種加工方法，各種方法之製品經過選樣檢驗而得以下之結果：

檢驗結果＼加工方法＼檢驗情況	甲	乙	丙	丁
樣 本 大 小	230	302	186	254
不 合 格 數	26	38	17	25

試以 2 % 的顯著水準檢定以上四種加工方法是否有顯著的差異。

卅二、某工廠有 A、B 兩套機器，生產同一規格的尼龍絲，各選取 9 個樣本加以檢驗，各組樣本之平均拉力如下：

A	26	24	27	25	28	24	25	28	27
B	31	28	30	29	33	26	28	28	30

試以 5 % 的顯著水準檢定兩套機器所製成的產品其品質的差異是否顯著？

卅三、某機械製品廠採用日本及德國製造的兩種工作母機，隨機選取 200 件產品加以檢查，發現兩種機器所製成的良品和不良品的件數如下：

檢驗結果＼品質類別＼檢器類別	合 格	不 合 格	合 計
日 製	87	13	100
德 製	92	8	100
合 計	179	21	200

試依 5 % 的顯著水準，決定兩種機器所製成的不合格產品數是否有顯著的差異。

卅四、某木器廠製造國中用的課桌一批，桌面長度的驗收規格定為62±1公分，選

取36張課桌爲樣本，其桌面的平均長度 60 公分，標準差爲1.5公分。若桌面的長度呈常態分配，試計算：

1. 全體桌面長度在62公分以上的機率若干？

2. 全體桌面長度在59公分以下的機率若干？

3. 全體桌面長度在 59—61 公分之間的機率若干？

4. 該項產品被拒收的機率若干？

第十二章　品質管制圖之運用

第一節　品質管制圖的意義

應用統計方法管制產品之品質時，在其實施過程中常採用統計圖 (*Statistical Chart*) 作爲管制之手段，此種應用於品質管制的統計圖稱爲品質管制圖 (*Quality Control Chart*)。應用品質管制圖時，係隨時將抽驗的產品之品質特性分佈狀況記錄於管制圖上，使管制工作之依據更爲明確具體。管理人員及工作人員隨時可由管制圖中所顯示的檢驗結果及其變動趨勢，以明瞭品質分佈是否合乎常態，俾能提醒作業人員對品質之警覺，隨時採取因應措施。

在品質管制圖上，繪有中心管制線 (*Central Control Line*) 及兩條管制界限 (*Control Limits*)，前者爲設定的管制標準；後者爲允許的差異變動範圍，用以顯示品質之分佈狀況，並判定變異之顯著性(*Signi-ficance*)。所以品質管制圖卽是應用統計的常態分配原理，以設定的品質標準或以品質變異的平均數作爲管制圖的中心；以常態曲線 (*Normal Curve*) 下正負 3 個標準差（$\pm 3\sigma$）爲變異的許可範圍(如圖12-1 所示)，俾憑以控制產品的品質變異。

圖 12-1 中，左方之縱軸用以表示產品的品質特性之量度（分佈離差）；其下方之橫軸乃依時序以表示時間單位或樣本的號數。在管制圖縱軸上次數分配中央所作的水平中心線，卽爲確立的品質標準（或品質變異的平均數），上下管制界限卽爲品質變異的允差範圍，上、下限離中心

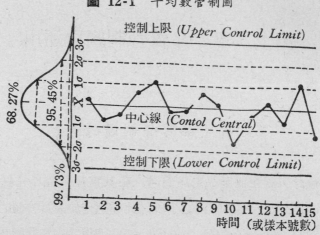

圖 **12-1** 平均數管制圖

線各為三個標準差，品質變異如果超出管制界限，卽表示變異顯著。若變異超出上限則表示品質提高，可能因此而增加製造成本；若變異超出下限則表示品質低落，必須及時糾正，否則卽可能因品質不合而遭受退貨之損失。此兩種情況對於生產企業的經營都不利，故須將品質之變異控制於適當範圍。

管制圖之運用，每因產品的品質特性及管制目的之不同，而分為許多種，常用的有平均值與全距管制圖、不良數與不良率管制圖，以及瑕疵管制圖等，此等管制圖的用途及用法，將於以下各節分別加以介紹。

第二節　平均值與全距管制圖

平均值 (Mean-$\bar{X}$) 與全距 (Range-R) 品質管制圖是計量值的 (Quantitative) 管制圖之一種，適用於重量、成分、強度，以及尺碼等計量問題之管制。平均值圖 ($\bar{X}$ Chart) 係用以表示品質變異的平均值之變化，或者表示產品差異變化的中心所在；全距圖 (R Chart) 則

用以表示品質變異最高點與最低點的相差距離,以顯示變異分佈之幅度,或者顯示品質的均勻性。如果選樣檢驗的結果之平均值都落在管制圖的中心線上,或者接近中心線;而全距又在其上、下管制界限以內,大致可以斷定產品的品質良好。但是有時亦不盡然,因爲平均值穩定時,品質變異的差距也可能很大;反之,變異的差距雖然保持穩定,但是品質的平均值却可能發生了顯著的變化,所以兩者合併採用,可使產品的品質獲得合理的良好管制。茲將兩者的應用方法各別介紹如下:

一、平均值管制圖 ($\bar{X}$ Control Chart)

如果品質變異之平均數 $\bar{X}$ 已知,或者品質標準已經確定,卽以 $\bar{X}$ 或設定之品質標準爲管制圖之中心。如果品質標準未定,或全體品質變異之平均數爲未知,則需於多次選樣檢驗中測定之,卽

$$\bar{\bar{X}} = \frac{\bar{X}_1 + \bar{X}_2 + \cdots\cdots + \bar{X}_k}{k} = \frac{\sum \bar{X}_J}{k}$$

樣本平均數之標準差

$$S_x = \frac{S}{\sqrt{n}}$$

式中: $\bar{X} = \dfrac{X_1 + X_2 + \cdots\cdots + X_n}{n} =$ 每組樣本之品質特性平均數。

$k =$ 樣本組數

$S =$ 樣本標準差

$n =$ 樣本大小 (Sample Size)

故管制圖之: 中心線 (Central Line) $= \bar{\bar{X}}$

管制上限 (Upper Control Limit)

$$= \bar{\bar{X}} + 3S_x = \bar{\bar{X}} + 3\frac{S}{\sqrt{n}}$$

管制下限 (*Lower Control Limit*)

$$= \bar{X} - 3S_x = \bar{\bar{X}} - 3\frac{S}{\sqrt{n}}$$

二、全距管制圖 (*R Control Chart*)

如果品質變異之全距 (*Range*) 已知，或者其變異範圍之全距已確定，卽可根據已知或已確定之資料，規定其管制之中心線及上、下限；否則，卽需於多次選樣檢驗中測定之。卽

中心線 (*C. L.*) $\bar{R} = \dfrac{R_1 + R_2 + \cdots\cdots + R_k}{k} = \dfrac{\sum R_j}{k}$

控制上限 (*U. C. L.*) $= \bar{R} + 3S_R$

控制下限 (*L. C. L.*) $= \bar{R} - 3S_R$

式中：　k ＝樣本組數

　　　　S_R ＝全距標準差

若 $\bar{R} - 3S_R$ 爲負值時，應以 0 爲下限，因爲品質變異的差距不可能有負值。

三、平均值與全距 $(\bar{X} - R)$ 管制圖之繪製步驟

管制圖之繪製也有其一定的步驟與方法，玆擇要列舉如下，以供參考：

1. 搜集檢驗資料

將選樣檢驗所得之產品的品質資料，依樣本的編號順序或依選樣的時間順序，按照各種不同產品予以紀錄，例如表12-1中左邊一牛所列之檢驗結果。爲了正確測定品質的變動趨勢，此等樣本資料不宜太少，通常多以20個以上爲原則。爲了避免檢驗資料抄寫之麻煩，或爲減少錯誤起見，可以設計像表 12-1 類似的檢驗資料表，以便隨時紀錄，並立卽

計算。

2. 計算各別樣本的平均數 $\bar{X}_i$ 和總平均數 $\bar{\bar{X}}$。

3. 計算各別樣本的全距 $\bar{R}$ 及其平均數 R。

4. 計算管制線。

$\bar{X}-R$ 管制圖必須具有下列三種管制線，即

　　　　管制上限 (*Upper Control Limit—U. C. L.*)

　　　　中心管制線 (*Central Control Line—C. C. L.*)

　　　　管制下限 (*Lower Control Limit—L. C. L.*)

5. 管制圖用紙之選擇

一般工廠多將品質管制圖繪於專用的方格紙上，其方格之尺度常用的有 $1mm$、$2mm$、$3mm$，或 $5mm$ 等。管制圖用紙所印的方格宜淺而細，俾能清楚的顯示品質變異之標點。$\bar{X}-R$ 管制圖多上下並列，$\bar{X}$ 圖在上，R 圖在下；下面並須保留記入樣本號數及時間等之空白位置。為各別產品特別設計的管制圖用紙，通常多將管制線印出，中心管制線為實線，上、下限各為虛線。

6. 繪入檢驗結果

依樣本組號之順序將各組樣本檢驗之結果（即樣本平均數 $\bar{X}$ 及全距 R）繪入 $\bar{X}$ 及 R 管制圖內，在繪製品質檢驗所得之結果時，應注意以下各項：

（一）點或符號要清楚明確，而且要大小適度。$\bar{X}$ 點與 R 點宜用不同的記號，通常 $\bar{X}$ 用「·」點，R 用「×」號。

（二）各個樣本應依組別或機械別，而用不同符號或不同顏色標示之，以利識別。

（三）超出管制上限或下限之點，應以「⊙」或「⊗」符號，或者記以紅點，以便醒目或提示注意。

（四）將各點依選樣之時序用實線予以連結，以顯示其變異之趨勢；若一天或一週內有數點時，則將每天或每週之點各別連結，以利觀察。

由以上的解說可知，$\bar{X}-R$ 管制圖的理論基礎雖然很複雜，但其製作方法却很簡易，只要國中畢業生，具有加、減、乘、除等基本數學常識，卽可擔任繪製管制圖的責任。當然，此種管制圖之有效運用則需要知識和經驗較豐富的技工或工程師。

上述繪製管制圖的方法與步驟，不但可以應用於平均與全距管制圖，本章第三節將討論的不良數與不良率管制圖，以及第四節將討論的瑕疵管制圖，也都可以參酌運用，所以在以後各節卽不再討論其他管制圖之編製方法。

四、平均值與全距管制圖實例

為了便於了解和運用起見，玆舉例說明平均數與全距管制圖之編製方法及運用方法如下：假定某一尼龍繩製造廠檢驗其所製造的尼龍繩之拉力 (*Strength*)，每 5 根尼龍繩一組作為一個樣本，共選取 20 個樣本，檢驗所得之結果以及所求得各樣本拉力之平均數和全距如表12-1所列。根據表 12-1 中的檢驗資料，求各樣本統計數 (*Sample Statistics*) 如下：

$$\bar{\bar{X}} = \frac{\sum \bar{X}_j}{k} = \frac{7000}{20} = 350$$

$$S_x = \sqrt{\frac{\sum (\bar{X}_j - \bar{\bar{X}})^2}{k}} = \sqrt{\frac{464}{20}} = \sqrt{23.2} = 4.82$$

卽平均值管制圖之中心線 (*C. L.*)$\bar{\bar{X}} = 350$ 磅

管制上限 $(U.C.L.) = \bar{\bar{X}} + 3S_x = 350 + 3(4.82)$

$$= 350 + 14.46 = 364 \text{ 磅}$$

管制下限 $(L.C.L.) = \bar{\bar{X}} - 3S_x = 336$ 磅

表 12-1　平均數及全距管制圖資料表

| 產品名稱: 尼 龍 繩 | | | | | | | 檢 驗 員: ×　×　× | | |
| 品質特性: 拉 力 強 度 | | | | | | | 檢驗方法: 試驗每吋之拉力 | | |

| 日 期 | | 樣本 編號 | 檢 | 驗 | 結 | 果 | | 合 計 $\sum X$ | 平均數 $\bar{X}$ | 全距 R | 摘　要 |
月	日		X_1	X_2	X_3	X_4	X_5				
6	10	1	350	345	354	363	358	1,770	354	18	
	11	2	352	358	348	364	368	1,790	358	20	
	12	3	346	350	352	354	348	1,750	350	8	
	13	4	357	352	350	347	354	1,760	352	10	
	14	5	350	354	346	348	342	1,740	348	12	
	15	6	354	356	350	352	348	1,760	352	8	
	16	7	353	346	339	344	348	1,730	346	14	
	17	8	351	360	353	352	344	1,760	352	16	
	18	9	352	344	343	336	345	1,720	344	16	
	19	10	336	346	345	356	347	1,730	346	20	
	20	11	340	348	336	338	328	1,690	338	22	
	21	12	351	344	342	337	346	1,720	344	14	
	22	13	350	353	346	348	343	1,740	348	10	
	23	14	362	356	355	350	357	1,780	356	12	
	24	15	356	352	350	368	354	1,760	352	8	
	25	16	345	339	347	346	353	1,730	346	14	
	26	17	359	354	352	349	356	1,770	354	10	
	27	18	355	352	353	350	350	1,760	352	6	
	28	19	363	356	355	349	357	1,780	356	14	
	29	20	350	356	354	352	348	1,760	352	8	
							合計	7,000		260	
$\sum(\bar{X}_j-\bar{\bar{X}})^2=464$　　$\sum(R-\bar{R})^2=404$							平均	$\bar{\bar{X}}=350$		$\bar{R}=13$	

又　　　　　　　$\bar{R}=\dfrac{\sum R_j}{k}=\dfrac{260}{20}=13$

$$\sigma_R=\sqrt{\frac{\sum(R-\bar{R})^2}{k}}=\sqrt{\frac{404}{20}}=\sqrt{20.2}=4.5$$

卽全距管制圖之中心線 $(C.\,L.)=\bar{R}=13$ 磅

　　　管制上限 $(U.\,C.\,L.)=\bar{R}+3\sigma_R=13+3(4.5)$

　　　　　　　　　　　$=13+13.5=26.5$ 磅

　　　管制下限 $(L.\,C.\,L.)=\bar{R}-3\sigma_R=0$ 磅 (下限無負值)。

運用以上所求得之各項資料，製成平均數與全距管制圖如下:

圖 12-2　平均數與全距管制圖

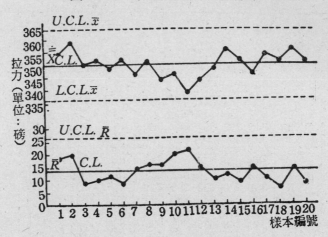

在運用平均數與全距管制圖時，首先須要分析並研究過去的品質變異紀錄，根據以往已知的資料或者根據訂定的品質標準，求出管制圖的中心線 $\bar{X}$ 及 $\bar{R}$，再依據標準差或者設定之允差而定出兩者之管制上限和下限，作爲控制變異的範圍，以後在品管作業時，隨時將選樣檢驗的結果繪入管制圖中，以觀察變異的分佈情況，遇有顯著的變異，卽須及時調整或謀求適當的糾正措施。

平均值與全距管制圖在制定中心管制線和上、下管制界時限，由於全體的母數（*Parameters*）之已知（*known*）或未知（*unknown*）而有不同的表示方式，爲了便於了解與應用，玆將各種情況的表示方式列表如下：

表 12-2　母數已知或未知時管制線之決定表

管　制　線　全體情況　圖　別	母數 (μ, σ) 已知	母　數　未　知
平　均　數 管　制　圖	$CCL_{\bar{x}}=\mu$ $UCL_{\bar{x}}=\mu+3\sigma_x$ $LCL_{\bar{x}}=\mu-3\sigma_x$	$CCL_{\bar{x}}=\bar{X}$ $UCL_{\bar{x}}=\bar{X}+3S_{\bar{x}}$ $LCL_{\bar{x}}=\bar{X}-3S_{\bar{x}}$
全　　　距 管　制　圖	$CCL_R=R$ $UCL_R=R+3\sigma_R$ $LCL_R=R-3\sigma_R$	$CCL_R=\bar{R}$ $UCL_R=\bar{R}+3S_R$ $LCL_R=\bar{R}-3S_R$

第三節　不良數與不良率管制圖

　　有些產品的品質特性不能用計量值表示，只能以「合格」或「不合格」檢定之，例如顏色不合、光滑度不足、鑄造品不良，以及堅靭性不够等情況下，便只能以不良數 (*Number of Defectives*) 管制圖 (*d Control Chart*)，或不良率 (*Percentage of Defective*) 管制圖 (*p Control Chart*) 的計數表示方法，以控制產品中不良數或不良率的增減變化。通常在樣本大小 *n* 一定時，應用不良數管制圖；在 *n* 的大小不一定時，應用不良率管制圖。玆將兩種不同的管制方法之運用分述如下：

一、不良數管制圖 (*Number of Defectives Control Chart*)

　　在正常生產狀況下，若製造過程穩定，每件產品都可能是「合格產品」，也可能是「不合格產品」；所以選取的樣本中產品之合格與不合格，其次數分配應適合二項式分配 (*Binomial Distribution*) 之原理。

　　設　　　p ＝不良品出現之機率

$q =$ 合格產品出現之機率

則 $p+q=1$

若 $n =$ 樣本大小，在 n 件產品中不良品可以爲 0、1、2、

……、n。其二項式分配應爲

$(p+q)^n$

若 n 件產品中有 x 件不良品，依二項式定理其機率應爲

$$p(x) = {}_nC_x p^x q^{n-x} \qquad \text{式中 } x=0、1、2、……、n$$

式中 ${}_nC_x$ 爲 n 取 x 之組合 $(Combination) = \dfrac{n!}{x!\,(n-x)!}$。茲舉例說明不良數之計算方法如下：

假定根據以往的檢驗資料已知，某臺製瓶機器所製成的瓶子中有2%是不良品，隨機選取 100 個瓶子爲樣本，求沒有不良品的機率如何。因爲

$$p = 0.02$$

$$q = 1-p = 1-0.02 = 0.98$$

則 $$p(0) = {}_{100}C_0\, p^0 q^{100} = \frac{100!}{0!\,100!}\ (0.02)^0 (0.98)^{100}$$

$$= 0.98^{100} = 0.1326$$

此項結果顯示，在上述已知條件之下，只有 13.26% 的可能性，所選取的 100 個瓶子中沒有一個是壞瓶。

根據機率理論中，數學期望值 $(Mathematical\ Expectation)$ 的運算法則，產品不良數的理論平均數和理論標準差，可由以下各式求得，卽

$$E(d) = np$$

$$\sigma_d = \sqrt{npq} = \sqrt{np(1-p)}$$

所以此例題的管制圖之中心線 $(C.L.) = np = 100(0.02) = 2.00$

管制上限 $(U.C.L.)=np+3\sqrt{npq}$

$$=2+3\sqrt{100(0.02)(0.98)}=2+4.20=6.20$$

管制下限 $(L.C.L.)=np-3\sigma_d=2-4.20=0$

產品的不良數不可能爲負值，故管制下限爲 0 。

二、不良數管制圖實例

某成衣製造廠，製造大批的學生制服，每小時隨機選取 200 件爲樣本加以檢查，將檢查所得的不良品數目，列於以下之表 12-3，試依表中資料用不良數管制圖以控制產品的品質。

表 12-3 不良數統計表

樣　本　編　號	樣　品　數　目　n	不良品數目 d_i
1	200	13
2	200	7
3	200	12
4	200	8
5	200	11
6	200	9
7	200	7
8	200	13
9	200	10
10	200	12
11	200	9
12	200	6
13	200	8
14	200	11
15	200	15
16	200	7
17	200	9
18	200	5
19	200	8
20	200	10
合　　　計	4000	190
平　　　均	$\bar{n}=200$	

根據上表中的資料可以算出平均不良率，卽

$$\bar{p}=\frac{不良品總數}{各組樣本總數}=\frac{d_1+d_2+\cdots\cdots+d_k}{n_1+n_2+\cdots\cdots+n_k}=\frac{\sum d_j}{\sum n_j}$$

式中： $d_j=$各組樣本中不良品的數量

　　　　$n_j=$各組樣本之大小

所以　　　$\bar{p}=\dfrac{\sum d_j}{\sum n_j}=\dfrac{190}{20\times200}=0.0475$

有了此項不良率卽可算出不良數管制圖的各項管制線如下：

中心線 $(C.\ C.\ L._d)=n\bar{p}=200\times0.0475=9.5$

管制上限$(U.\ C\ L._d)=n\bar{p}+3\sqrt{n\bar{p}\bar{q}}=n\bar{p}+3\sqrt{n\bar{p}(1-\bar{p})}$

$$=9.5+3\sqrt{200\times0.0475\times0.9525}$$

$$=9.5+9.0=18.5$$

管制下限 $(L.\ C.\ L._d)=n\bar{p}-3\sqrt{n\bar{p}\bar{q}}$

$$=9.5-9.0=0.5$$

運用以上的管制線及表 12-3 中的資料,卽可繪成以下的不良數管制圖。

圖 12-3　不　良　數　管　制　圖

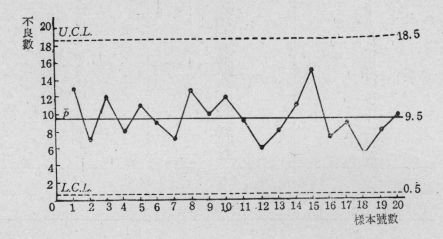

三、不良率管制圖 (*Percentage of Defective Control Chart*)

所謂不良率, 係指品質不合的產品數與選樣檢驗的樣品數目之百分比, 卽 $p=\dfrac{\text{不良品個數}}{\text{檢驗的樣品數目}}=\dfrac{d}{n}$。樣本中全部爲合格產品時, $p=0$, 若全部爲不良品時, $p=1$; 故 $0 \leq p \leq 1$。不良率管制圖的設計方法又分爲以下兩種情形:

1. 不良率已知

如果以往有完整的檢驗資料, 卽可測知產品中不良率的標準, 如上述例題中已知其不良率爲 2%, 則該管制圖之

$$\text{中心線 } (C. L.) = p = \frac{d}{n} = \frac{2}{100} = 0.02。$$

因爲不良率是不良數與樣本大小之比例, 則不良率的標準差爲

$$\sigma_p = \sqrt{\frac{pq}{n}}$$

所以　　管制上限 $(U.C.L.) = p + 3\sqrt{\dfrac{pq}{n}} = 0.02 + 3\sqrt{\dfrac{0.02 \times 0.98}{100}}$

$$= 0.02 + 0.042 = 0.062 \text{ 或 } 6.2\%$$

管制下限 $(L. C. L.) = p - 3\sqrt{\dfrac{pq}{n}} = 0.02 - 0.042 = 0$

工廠所製造之產品, 其不良率不可能有負值, 故管制下限爲 0。

2. 不良率未知

事實上, 產品的不良率之多寡大多不能事先預知, 通常都是經由長期間的控制經驗以測定之, 或者由於分析以往的不良品紀錄以求出平均不良率 $\bar{p}$, 卽

$$\bar{p}=\frac{\sum d_j}{\sum n_j}$$

故不良率管制圖之中心線 $(C.\ L.)=\bar{p}$

$$管制上限\ (U.\ C.\ L.)=\bar{p}+3\sqrt{\frac{\bar{p}(1-\bar{p})}{n}}$$

$$管制下限\ (L.\ C.\ L.)=\bar{p}-3\sqrt{\frac{\bar{p}(1-\bar{p})}{n}}$$

不良率管制圖也是維持與改進產品品質標準的重要工具，其主要功能是表現不良率中的不正常變異，並且可以表明品質變異的發展趨向，俾藉以尋求變異的原因，並研究控制和改進的方法。

四、不良率管制圖實例

設某衣帽工廠，承製大批學生帽，爲了避免學生抱怨和防止退貨起見，該廠實施品質管制，每小時隨機選取若干個成品爲樣本加以檢驗，茲將所選之20個樣本的檢驗結果列於以下之表 12-4。茲依表中所列的檢驗資料，應用管制圖以顯示產品的品質變異狀況。

由於選取的樣品數目不相等，所以必須應用不良率管制圖，而且 $\sigma_p=\sqrt{\frac{\bar{p}\,\bar{q}}{\bar{n}}}$。而 $\bar{n}=\frac{820}{20}=41$，$\bar{p}=\frac{\sum d}{\sum n}=\frac{68}{820}=0.083$。所以此項檢驗資料的中心管制線及上、下管制界限爲：

$$CL_p=\bar{p}=0.083$$

$$UCL_p=\bar{p}+3\sqrt{\frac{\bar{p}\,\bar{q}}{\bar{n}}}$$

$$=0.083+3\sqrt{\frac{0.083(1-0.083)}{41}}$$

$$=0.083+0.129$$

$$=0.211$$

$$LCL_p = \bar{p} - 3\sqrt{\frac{\bar{p}\bar{q}}{\bar{n}}}$$

$$= 0.083 - 0.129$$

$$= 0 \text{（下限無負值）。}$$

表 12-4 不良率統計表

樣　本　編　號	樣　品　數　目	不良品數目	不　良　率　p
1	42	4	0.095
2	38	3	0.079
3	50	4	0.080
4	46	2	0.043
5	40	3	0.075
6	34	2	0.059
7	38	2	0.053
8	44	3	0.068
9	32	3	0.094
10	40	4	0.100
11	46	4	0.087
12	42	4	0.095
13	48	3	0.063
14	36	4	0.111
15	42	3	0.071
16	44	5	0.114
17	34	4	0.118
18	46	4	0.087
19	40	3	0.075
20	38	4	0.105
合　　　　計	820	68	
平　　　　均	$\bar{n}=41$		$\bar{p}=0.083$

　　運用上述的管制線及表 12-4 中的不良率統計資料，卽可繪製以下
圖 12-4 的不良率管制圖。

　　不良數或不良率管制圖中所繪製之樣本點，代表不良品數目的變動趨勢，點的位置在中心管制線之上越高，表示不合格的產品數量越多，也就表示產品的品質越低落；反之，若樣本點的位置在中心線之下越低，則表示不良品的數目越少，也就是產品的品質提高。如果有樣本點超出上限，則表示品質有了顯著的變異，卽須查明原因，並採取適當的斜正措施。

圖 12-4　不良率管制圖

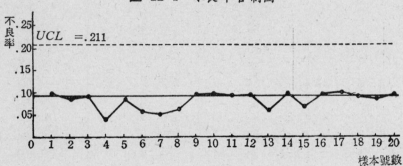

五、不良率管制圖與適當的樣品數目

　　不良率管制圖的效用與樣品數目之多寡有着密切的關係，若樣品的數目太少，則影響樣本的可靠性；若樣本的數目太多，則增加檢驗的費用，所以在運用不良率管制圖時，必須事先決定適當的樣品數目，以求得正確的結果，並降低檢驗成本。

　　由於產品的不良數不可能有負值，所以計算不良率管制圖時，必須使管制下限大於或等於零才合乎邏輯，也就是管制圖的中心線減去 3 個標準差應大於或等於零。設以 n 代表樣品的數目，則此管制下限應爲：

$$\bar{p} - 3\sqrt{\frac{\bar{p}(1-\bar{p})}{n}} \geq 0$$

$$\bar{p} \geq 3\sqrt{\frac{\bar{p}(1-\bar{p})}{n}}$$

$$\bar{p}^2 \geq \frac{9\left[\bar{p}(1-\bar{p})\right]}{n}$$

$$n \geq \frac{9\bar{p}(1-\bar{p})}{\bar{p}^2}$$

$$n \geq \frac{9(1-\bar{p})}{\bar{p}}$$

上述不良率管制圖實例中，該衣帽廠檢驗所製之學生帽，得平均不良率為 $\bar{p}=0.083$，代入上式卽可求得適當的樣品數目如下：

$$n \geq \frac{9(1-\bar{p})}{\bar{p}}$$

$$\geq \frac{9(1-0.083)}{0.083}$$

$$\geq 100 件$$

此項結果顯示，每次應選取 100 頂帽子爲樣本比較適當，旣能得到可靠的檢驗結果，而檢驗費用又不算太高。

　　同樣方法，也可以確定應用不良數管制圖時所應選取的適當樣品數目，卽不良數管制圖之下限應爲：

$$n\bar{p} - 3\sqrt{n\bar{p}\bar{q}} \geq 0$$

$$n\bar{p} \geq 3\sqrt{n\bar{p}\bar{q}}$$

$$n^2\bar{p}^2 \geq 9n\bar{p}\bar{q}$$

$$n \geq \frac{9(1-\bar{p})}{\bar{p}}$$

觀察此式與上述不良率的適當樣品數目之公式完全相同。在前述不良數管制圖實例中，該成衣廠檢驗所縫製之學生制服，其平均不良率 $\bar{p}=0.0475$，代入上式卽可計得適當的樣品數目如下：

$$n \geq \frac{9(1-\bar{p})}{\bar{p}}$$

$$n \geq \frac{9(1-0.0475)}{0.0475}$$

$$\geq 180$$

此項數字顯示，在該例題中每次選取 180 件為樣本最為經濟，既可節省檢驗費用，又能取得可靠的檢驗結果。

第四節　瑕疵管制圖

上節係以產品的不良數或不良率來決定產品的品質，而加以適當的管制。但是每個不合格的產品都可能具有許多瑕疵 (Defects)，而不同性質之瑕疵又必須各別研究，俾予以分別消除；不過有些產品雖有瑕疵，並不因為有輕微的瑕疵而視為廢品，只是每因瑕疵的輕重或多少而影響產品品質的高低，故常以瑕疵的數目來表示產品的品質之優劣，此類產品之生產，即可採用瑕疵管制圖以控制其品質。由此可知，瑕疵管制圖 (C Control Chart) 的意義與不良數管制圖不同，其主要用途是在管制產品的瑕疵數 (Number of Defects)，故又稱瑕疵數管制圖，例如用於管制每件裝配品的缺點數、每單位塑膠布上的污點數、某項機件每週或每月故障的次數，以及某工人每天所製產品的不合格數目等。所以瑕疵管制圖也是計數值管制圖之一種，係用於檢定各種不正常事件發生次數的變異情形。

在管制良好的生產狀態下，瑕疵的發生畢竟為數有限，故其控制適用統計方法中的小數法則，瑕疵之分配可依波桑 (Poisson) 法則表示之，即其平均數越小其分配越偏斜，當平均數較大時則趨近常態。其發生之機率可由下式求得：

$$p(C) = \frac{e^{-a} d^c}{C!}$$

式中：C＝每計量單位之瑕疵數，其不連續變數可為 $0, 1, 2, \cdots, n$。

　　　$p(C)$＝每計量單位內產生瑕疵數 C 之機率。

　　　$e = 2.7183$ 為自然對數 (*Natural Logarithm*) 之底。

　　　d＝已知不良品數目。

茲將計算發生瑕疵數的機率之方法舉例說明如下：

　　例如某電器製造廠所生產的電風扇，根據以往的檢驗結果顯示，每 1000 台之中，平均有 2 台轉頭處接合不良，茲隨機選取 1000 台為樣本，求其中 4 台有瑕疵的機率若干？

$$p(4) = \frac{e^{-a} d^c}{C!} = e^{-a} \frac{d^c}{C!} = 2.7183^{-2} \frac{2^4}{4!}$$

$$= \frac{16}{7.389 \times 24} = \frac{16}{177.34} = 0.09$$

此項結果顯示，根據以往的統計資料可以推斷，在 1000 台電風扇中 4 台有瑕疵的可能性只有 9%。

　　依照波桑分配法則，若以 C 表示理論上的瑕疵平均數，則其標準差應為 $\sigma_c = \sqrt{C}$。若 C 為未知數，即以統計所得之瑕疵平均數 $\bar{C}$ 表示之，故上述例題的瑕疵管制圖之各項管制線為：

　　　中心線 (*C. L.*)＝$\bar{C} = 0.002$

　　　管制上限 (*U. C. L.*)＝$\bar{C} + 3\sqrt{\bar{C}} = 0.002 + 3\sqrt{0.002}$

　　　　　　　$= 0.002 + 0.134 = 0.136$

　　　管制下限 (*L. C. L.*)＝$\bar{C} - 3\sqrt{\bar{C}}$

　　　　　　　$= 0.002 - 0.134 = 0$（無負值）

茲再舉例說明瑕疵管制圖之使用方法如下：

設某塑膠製品廠，製造塑膠浴盆，對每批產品都選樣檢驗成品上的

斑點或污點，俾了解產品之品質變化，以便控制並加以改進。其中二十個樣本所發現的瑕疵數如表 12-5，試計算各項管制線，並繪製瑕疵數管制圖以顯示瑕疵數的分布狀況。

表 12-5　瑕疵數統計表

年　　　月　　　日

產品名稱: 塑膠浴盆		產品編號: × × ×		
瑕疵種類: 斑點或污點		檢驗人員: 李　鴻　展		
樣　本　號　數	瑕　疵　數	管　　制　　　線		
1	2			
2	5	$C.C.L.=\bar{C}=4$		
3	4	$U.C.L.=\bar{C}+3\sqrt{\bar{C}}$		
4	7	$\quad=4+3\sqrt{4}$		
5	3	$\quad=10$		
6	5	$L.C.L.=\bar{C}-3\sqrt{\bar{C}}$		
7	2	$\quad=4-6$		
8	6	$\quad=0$		
9	3			
10	6			
11	4			
12	2			
13	3			
14	5			
15	7			
16	2			
17	6			
18	3			
19	4			
20	1			
合　　　計	80			
平　　　均	4.0			

　　運用表 12-5 中的瑕疵數統計資料和所計得之管制線, 卽可繪製成圖 12-5 中的瑕疵數管制圖如下:

圖 12-5　瑕疵數管制圖

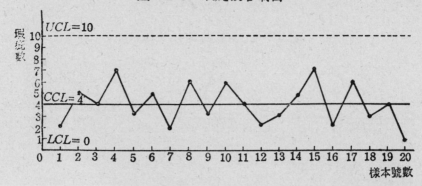

　　此種瑕疵數管制圖特別適用於對裝置工程之管制, 以及在裝配線上對最後成品之管制; 以便對裝置工程之可信度作有效的保證, 或控制有瑕疵的粗劣產品不得離廠上市。

第五節　品管圖之研讀法則

　　第三章中曾談到, 統計性的品質管制係運用統計方法及統計技巧於產品的製造過程中之品質管制工作, 卽以合理的選樣方法選取富有代表性的樣本, 再運用選樣檢驗的資料, 以研究產品的品質特性之穩定性及變異之分佈狀況, 卽研究品質的平均值、品質的均勻程度, 以及品質的分佈形態, 而這些資料都可以在品質管制圖上顯示出來, 以供管制和研究之參考, 茲略述如下:

一、平均品質

　　產品的品質如果有變異, 其樣本平均值卽可能發生差異, 例如在以

下圖 12-6（A）圖中，*a* 曲線表示平均品質較低，*b* 曲線表示平均品質較高，雖然二者的全距相同。此種樣本平均值之差異在平均值管制圖上卽可以清楚的顯示出。

圖 **12-6** 品質特性之分佈情況

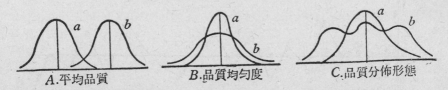

A.平均品質　　　　B.品質均勻度　　　　C.品質分佈形態

二、品質均勻度

縱然選樣檢驗所得之樣本平均值相等，但是並不表示樣本中的品質均勻程度一致，例如圖 12-6(B) 圖中，*a* 和 *b* 兩個樣本的平均值相同，但是 *a* 樣本的品質特性集中，表示其品質均勻；　*b* 樣本的品質特性分散，表示其品質不均勻。此種樣本品質均勻度的差異情況，可由全距管制圖顯示之。

三、分佈之形態

在產品的製造過程正常的情況下，產品的品質特性應該呈常態分佈，如果發現品質特性之分佈異常，則表示發生顯著之變異。例如圖12-6(C)圖中，*a* 曲線表示品質特性分佈正常，*b* 曲線則表示品質特性分佈異常。此種品質分佈狀態亦可按照管制的需要而於品管圖中顯示之。

繪製管制圖的主要目的卽在藉以顯示和觀察產品的品質特性之演變，以瞭解其品質變異之分佈狀況是否在管制之中，如果發現有顯著的變異，卽可據以尋求原因而加以改進和消除，俾能控制品質於旣定的標準，欲求達成此項目的，卽須明瞭品質管制圖的研讀方法，才能有效的

予以運用，茲將研讀品管圖時應了解的事項摘要列述如下：

1. 繪於管制圖上的各樣本點之值，係顯示產品的品質變異之分佈，藉此可以瞭了製造過程的變動狀況。

2. 若全部樣本點都沿中心管制線而散佈，並且落在上、下管制界限之內，即視為品質沒有顯著的變異，製造過程是在管制狀態。

3. 在 $\bar{X}-R$ 管制圖中，若有樣本點超出上、下管制界限，即表示品質變異顯著，超出上限表示品質顯著的提高，可能因此而增加成本；超出下限，則表示品質顯著的低落，可能因此而遭受退貨，兩者皆須避免。

4. 在不良數或瑕疵管制圖中，若有樣本點超出管制上限時，即表示已發生使製造過程不良之異常原因；若有樣本點接近管制下限，則顯示已發生使製造過程減少瑕疵的重大原因。

5. 若連續有若干點脫離中心管制線，而出現在某一單側（上方或下方）時，即視為製造過程發生變異。

6. 樣本點有連續上升或下降之趨勢 (*trend*) 時，也顯示製造過程可能已發生異常原因。

品質管制圖特別有助於顯示選樣檢驗的平均品質、品質的均勻程度，以及品質變異的分布形態，藉以了解品質的穩定程度及變異的顯著性。如果發現製造過程已脫離管制狀態，即需及早尋求造成變異的原因，立即採取適當的糾正措施，以恢復管制狀態下之穩定情況，而且要特別注意防止產生變異的原因重複發生。

第六節　品質管制圖的功用

品質管制圖在生產企業的品質管制工作中，由於功效顯著，所以應用

的範圍非常廣泛，一般的製造、加工，和裝配作業，都在實施品質管制。爲了增進了解起見，玆將其主要功用歸納列述如下：

一、有確定的品質標準和允差

品質管制圖的中心管制線 (*Central Control Line*) 卽爲確定的產品品質標準，而上、下管制界限卽可視爲品質變異的允差，所以在採用管制圖時，必須先制定品質標準，並決定品質變異的允差，俾憑以對原料和器材之採購、在製品之生產，以及成品之包裝出廠等，皆有明確的管制依據。

二、可作爲有效的管制工具

品管的作業人員按時將選樣檢驗的結果記錄於管制圖上，使製造部門的工作人員及管理人員可以隨時從管制圖上明瞭品質變異的分佈情況，俾能及早尋求原因，並採取有效的糾正或調整措施。爲了達成全面品質管制之目的，生產企業內部一切與品質有關的經營活動，都在管制範圍之內，故對管制工作之加強非常有幫助。

三、可憑以了解品質變異的程度

在錯綜複雜的製造過程中，產品的品質發生變異是無法完全避免的，但是爲了維持品質標準，卽須對變異的散佈程度有着清楚的了解，俾能加以有效的控制，而管制圖上的紀錄資料，正足以充分顯示變異的散佈情況。

四、可藉以研判品質變異的趨向

品質管制圖上所顯示的樣本檢驗資料，不但可以了解品質標準的穩

定情況，也可以了解品質變異的散佈狀況，觀察此種散佈情況之連續性變動，即可據以研判品質變異的發展趨向，根據此種研判即可提醒作業人員對品質變異之警覺，俾能及時採取適當的糾正措施，以防止其繼續惡化。

　　事實上，生產企業的品質管制工作由於牽涉廣泛，可說是千頭萬緒，為了講求實效，在作業時必須能掌握重點以求執簡馭繁，故一般的品管作業常採用預防原則、例外原則，及科學原則。茲分別略述如下：

一、預防原則

　　實施品質管制，不是等產品製造完成後再以檢驗的方法來剔除有瑕疵的或不合格的產品，以免浪費物料、人工，和動力，並延誤交貨期限；所以良好的品管工作應從產品的設計、製造，和物料及配件管制起，依照設定的品質標準，在嚴密管制的製造過程中，才能避免品質粗劣或逾越規格，此種預防管制可以收事半功倍之效。

二、例外原則

　　管制工作縱然很嚴密，在技術或設備的限制條件下，很難完全免除品質變異，若有偶發因素所造成的輕微變異，但在允差或管制界限的範圍內，仍然可以接受；只有在品質發生例外變異而超出管制界限時，或有惡化之趨向時，才尋求原因並採取糾正措施。

三、科學方法原則

　　運用選樣檢驗、設計實驗，以及統計分析或檢定等方法以從事品質管制時，都需要大量的統計資料，所以利用合理的選樣方法，記錄和顯示檢驗的結果，再運用科學的方法加以客觀的分析與研判，才有助於確

定變異的原因，俾能採取有效的行動。

「工欲善其事，必先利其器」，要想做好品質管制工作，必須運用有效的管制工具，而以上所列舉的品質管制圖之四項重要功用，正多符合此等品管工作原則，由此可以瞭解，品質管制圖在品管作業中爲什麼會受到普遍的重視，而且加以廣泛的運用，所以從事品管工作者，必須徹底瞭解品質管制圖的運用方法和功效，俾能加以有效的運用。

練 習 題

一、何謂品質管制圖？繪製品管圖的目的何在？

二、常用的品管圖有那些種類？各自適用的情況如何？

三、何謂計量值管制圖？何謂計數值管制圖？兩者有何區別？

四、下列各別情況應採用何種管制圖爲宜？

    1.　鋼絲的拉力。

    2.　鋼珠的硬度。

    3.　每批布的跳線數。

    4.　汽車烤漆的不良點數。

    5.　浴盆燒瓷的缺點數。

    6.　每罐食品的重量。

五、產品的規格和允差與管制圖中的中心線和上、下管制界限有什麼關連？

六、某工廠生產尼龍絲，用 $\bar{X} - R$ 管制圖控制其產品拉力之強度，以磅爲單位，每組樣品的數目 $n=5$，各組樣本之平均拉力 $\bar{X}$ 與全距 R 皆已算出，其 30 個樣本之 $\Sigma \bar{X} = 360$ 磅，$\Sigma(\bar{X} - \bar{\bar{X}})^2 = 420$；$\Sigma R = 90$ 磅，$\Sigma(R - \bar{R})^2 = 390$。試計算 $\bar{X}$ 和 R 管制圖的各項管制界限。

七、假設已知全體資料爲常態分配，其 $\bar{X} = 50$，$S = 6$；每組的樣本數目爲 4。試計算 $\bar{X}$ 管制圖的中心管制線及其上、下管制界限。

八、平均值管制圖與全距管制圖各自的目的如何？爲什麼兩者常被合併採用？

九、繪製管制圖時，通常所採用的有那些步驟？

十、在何種情況下採用不良率管制圖？

十一、不良數或不良率管制圖中之樣本點代表什麼？若有樣本點超出管制上限時，表示有什麼變動？

十二、何謂瑕疵管制圖？其運用時適用何種分配法則？

十三、在品管作業中爲什麼要了解產品的平均品質、品質的均勻度，以及品質的分佈形態？在品管圖上是否能了解上述各種情況？

十四、研讀品質管制圖時應注意那些重要概念？

十五、品質管制圖有那些重要功用？

十六、從事品管作業通常都遵守那些原則性事項？述明其原因。

十七、某工廠製造立地風扇，其塑膠風葉的寬度規定爲16公分，在製造過程中每天上、下午各選取五個爲樣本，以測定其寬度，十天中所得之20組樣本的結果如下：

日	期	樣本	檢	驗	結	果	
月	日	編號	X_1	X_2	X_3	X_4	X_5
5	8	1	15.9	15.7	16.0	15.8	16.1
	8	2	15.7	16.0	15.6	16.2	15.9
	9	3	15.3	15.6	15.5	16.1	16.2
	9	4	16.2	16.0	16.1	15.9	15.8
	10	5	15.8	15.7	16.0	16.1	15.9
	10	6	15.9	15.5	15.8	16.2	16.0
	11	7	16.1	15.8	16.0	16.1	15.7
	11	8	15.7	15.4	15.9	16.0	15.8
	12	9	16.0	16.1	15.7	15.4	15.9
	12	10	15.9	15.7	16.1	16.2	16.0
	13	11	15.4	15.8	15.7	16.1	15.7
	13	12	15.2	15.6	15.4	15.9	16.1
	14	13	15.7	15.3	16.0	15.8	16.2
	14	14	16.1	15.8	15.3	16.4	15.6
	15	15	15.6	15.9	16.2	15.7	15.8
	15	16	15.8	16.3	15.7	16.0	15.5
	16	17	16.2	15.6	16.1	15.8	16.0
	16	18	15.7	15.4	16.0	15.9	16.3
	17	19	16.1	16.0	15.8	15.6	15.9
	17	20	15.9	16.2	15.9	16.1	15.7

試用以上的檢驗資料繪製平均數及全距（$\bar{X}-R$）管制圖。

十八、某罐頭食品工廠爲了控制其鳳梨罐頭內的容量，每天上、下午各隨機選取五

罐爲一組樣本加以檢查，十天中所檢驗的結果如下表：

樣本編號	樣本平均數 $\bar{X}$	樣本全距 R	樣本編號	樣本平均數 $\bar{X}$	樣本全距 R
1	562	7	11	560	8
2	554	4	12	554	3
3	560	6	13	562	5
4	566	5	14	568	2
5	558	8	15	557	9
6	564	3	16	564	6
7	562	5	17	558	3
8	557	7	18	560	5
9	563	4	19	566	8
10	566	6	20	554	4

試用上述檢驗結果以繪製 $\bar{X}-R$ 管制圖，並解釋所得之結果。

十九、某項產品製成後，常發現有不符規格而須重製或修正者，爲加強製程之管

制，每天上、下午各選樣一次，每次選取五件爲樣本，其中 30 個樣本得以

下之結果：

樣本編號	樣本平均數 $\bar{X}$	樣本全距 R	樣本編號	樣本平均數 $\bar{X}$	樣本全距 R
1	76	6	16	74	3
2	78	4	17	77	6
3	75	7	18	73	4
4	73	3	19	75	8
5	74	5	20	72	5
6	71	8	21	76	7
7	76	4	22	73	6
8	74	9	23	75	4
9	78	6	24	74	3
10	72	4	25	78	5
11	73	2	26	75	8
12	75	5	27	72	2
13	76	7	28	76	7
14	72	4	29	74	6
15	75	5	30	78	4

試運用此項檢驗資料繪製 $\bar{X}-R$ 管制圖，並根據表中資料及管制圖對產品的變異加以分析及說明。

二十、某工廠生產腳踏車輪胎，為了控制其產品之品質，每天抽驗100個輪胎，各樣本的不良品數目如下：

樣本編號	樣 本 數 目	不良品數目	樣本編號	樣 本 數 目	不良品數目
1	100	7	16	100	5
2	100	5	17	100	8
3	100	8	18	100	4
4	100	6	19	100	7
5	100	4	20	100	6
6	100	5	21	100	3
7	100	7	22	100	5
8	100	8	23	100	4
9	100	4	24	100	6
10	100	6	25	100	8
11	100	9	26	100	7
12	100	4	27	100	5
13	100	6	28	100	3
14	100	8	29	100	6
15	100	3	30	100	8

試運用上述樣本資料繪製適當的品質管制圖，並說明選擇所用的管制圖為適當之理由。

二一、某製罐工廠專製一磅裝的空奶粉罐，每分鐘可製造100個，今後為加強管制其接頭處銲錫的品質標準，每小時抽查100罐，三天的檢驗結果如下：

日　　期	不　良　數	日　　期	不　良　數	日　　期	不　良　數
9月8日	3	9月9日	2	9月10月	4
	5		6		3
	2		4		6
	4		3		2
	3		2		7
	2		5		4
	6		3		3
	4		6		1

試用上述檢驗資料繪製適當的管制圖，並解釋其結果。

二二、某工廠每天隨機選取產品36個爲樣本，樣本大小相同，以檢查其產品特性，今將30天所檢查之結果統計得樣品總數爲1080，不良品總數爲46。試計算此項檢驗資料的中心管制線及上、下管制界限。

二三、若上題的工廠每天抽驗的樣品數目不相等，各樣本的大小及不良品的數目如下：

樣本編號	樣本數目	不良品數目	樣本編號	樣本數目	不良品數目
1	86	4	16	84	6
2	90	7	17	90	3
3	82	5	18	88	7
4	88	2	19	82	2
5	84	6	20	92	6
6	92	8	21	86	5
7	85	3	22	83	4
8	93	5	23	87	3
9	87	3	24	84	5
10	84	4	25	89	6
11	90	7	26	83	4
12	88	6	27	91	7
13	92	3	28	88	5
14	86	5	29	85	2
15	82	4	30	82	4

試述上述資料繪製適當的品質管制圖。

二四、某塑膠工廠所生產的花紋塑膠布每 100 英尺爲一卷，塑膠布上的污點會影響其美觀而減低價值，故須加以控制，茲抽樣檢驗30卷，並紀錄其污點數如下表：

日　　期	樣本號數	污　點　數	日　　期	樣本號數	污　點　數
8月6日	1	3	8月7日	16	2
	2	5		17	5
	3	4		18	3
	4	2		19	1
	5	6		20	4
	6	5		21	3
	7	3		22	6
	8	2		23	5
	9	4		24	3
	10	3		25	6
	11	6		26	4
	12	2		27	2
	13	5		28	1
	14	7		29	5
	15	4		30	4

試運用此項檢驗資料繪製適當的品質管制圖。

二五、某電器製造廠所製造的電冰箱，其外殼烤漆常有斑點，經檢查30個電冰箱，

每個外殼烤漆的缺點數如下：

樣本編號	缺　點　數	樣本編號	缺　點　數	樣本編號	缺　　點　　數
1	3	11	3	21	2
2	5	12	0	22	1
3	4	13	5	23	4
4	2	14	4	24	3
5	0	15	2	25	5
6	6	16	6	26	3
7	1	17	3	27	2
8	5	18	0	28	0
9	2	19	1	29	4
10	4	20	2	30	2

試應用上述資料繪製適當的品質管制圖。

第十三章　特種品管方法之應用

第一節　作業特性曲線

一、作業特性曲線的意義

在第十二章中已經分析過，如何決定一個適當的顯著水準以求減少第一類錯誤（拒絕正確的假設）；而在樣本大小一定的情況下，減少了第一類錯誤卽相對的增加了犯第二類錯誤（接受錯誤的假設）的可能性，但是又不能爲了避免犯第二類錯誤而不作決定。在此種情形下，作業特性曲線 (*Operating Characteristic Curve*) 卽常被採用，以顯示在顯著水準已定的各種不同檢定結果下，可能犯第二類錯誤的機率。所以作業特性曲線是用於顯示每批製品（或送驗樣品）中雖然含有部分不良產品，但是經過選樣檢驗仍有被認爲合格而允收之機會，其相對機會之大小卽可由作業特性曲線上求出，所以作業特性曲線卽表示不良率 p 與允收機率之對應關係的曲線。

作業特性曲線可以很清楚的顯示出，在各種不同的檢定結果下能將第二類錯誤減少至何種程度。由於能用圖解顯示出檢定的功能，並且可以減少或避免錯誤的決定，所以作業特性曲線對於決定選樣計畫和設計檢定工作都有很大的幫助。以下將舉例說明作業特性曲線之功能及其運用方法。

二、選樣與檢定

假定某工廠所生產的尼龍繩之拉力是常態分配，而且已知其以往的平均拉力 μ 為 350 磅，標準差 σ 為24磅；隨機選取 9 根尼龍繩為樣本，檢驗每根的拉力得平均數 $\bar{X}=367$ 磅，試依 5 % 的顯著水準，根據選樣檢驗的結果，檢定全體尼龍繩的拉力是否有變異，卽檢定以下的假設：

$$H_0 : \mu = 350$$

$$H_a : \mu \neq 350$$

樣本標準差　$\sigma_x = \dfrac{\sigma}{\sqrt{n}} = \dfrac{24}{\sqrt{9}} = 8$

對立假設中　$\mu \neq 350$ 包括大於 350 或小於 350，故為兩端檢定；依照 5%的顯著水準，此項檢定的接受區應在標準化單位 $Z = \pm 1.96$ 個標準差的範圍之內。若選樣所得之樣本平均數的標準化單位 Z 在 ± 1.96 的範圍之內，應該接受虛假設 H_0，卽判定品質沒有變異；反之，則拒絕虛假設，認為品質發生了顯著的變異。

根據上述選樣檢驗的結果，可求得樣本平均數的標準化單位：

$$Z = \frac{\bar{X} - \mu}{\sigma_x} = \frac{367 - 350}{8} = 2.125$$

因為 2.125>1.96，在接受區之外，所以依照 5 % 的顯著水準可以斷定，時下所生產的尼龍繩之平均拉力已經發生顯著的變異。由於樣本平均數的標準化單位 Z 值大於決定值1.96，則此種變異表示品質已經顯著的提高，如以下之圖13-1所示。產品的品質提高可能會對消費者有利，但有時超過規定的品質標準也可能會形成浪費，所以也需要加以有效的管制。

圖 13-1　兩端檢定時平均數與標準化單位之對應值

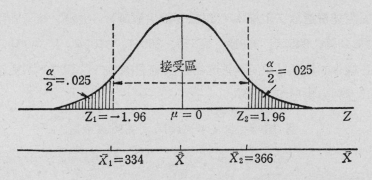

為了便於運用，也可以求出 5 ％顯著水準之接受區中樣本平均數 $\bar{X}$ 的上限和下限，若以 $\bar{X}_1$ 為下限、$\bar{X}_2$ 為上限，如上圖所示，卽

$$Z_1 = \frac{\bar{X}_1 - \mu}{\sigma_x} \qquad 則 -1.96 = \frac{\bar{X}_1 - 350}{8}$$

而　　　　　　　$\bar{X}_1 - 350 = 8(-1.96)$

所以　　　　　　$\bar{X}_1 = 350 - 15.68 = 334磅$

　　　　　　　　$\bar{X}_2 = 350 + 15.68 = 366磅。$

卽以樣本平均數 $\bar{X}$ 的單位表示之，檢定上述假設時，其接受區之下限 $\bar{X}_1$ 為 334 磅，上限 $\bar{X}_2$ 為 366 磅。若選樣檢驗所得之樣本平均數 $\bar{X}$ 落在 334 磅到366磅（包括 334 磅和 366 磅）的範圍之內，接受虛假設 H_0；否則，卽予拒絕。上述的樣本平均數 $\bar{X} = 367$，而 $367 > 366$，所以應該拒絕 H_0。卽依 5 ％的顯著水準，斷定該樣本平均數之變異顯著。

三、作業特性曲線之繪製

至於依照 5 ％的顯著水準，根據各種不同的檢驗結果而認為產品合格，決定接受，或認為產品不合格而決定拒絕，各種情況可能造成錯誤決定的機率如何？而且在顯著水準已決定的各種不同檢驗結果下，各自

犯第二類錯誤的機率如何？茲繼續上述之例題再作進一步的說明。

假定連續選取7組樣本（每組9根尼龍繩），檢驗之結果各得平均拉力為340磅、345磅、350磅、355磅、360磅、370磅，及380磅，茲將以上各樣本的檢驗結果可能造成錯誤決定之機率，以圖 13-2 表示之，並於圖右列表對照說明如下：

圖 13-2　檢定不同情況之決策機率圖

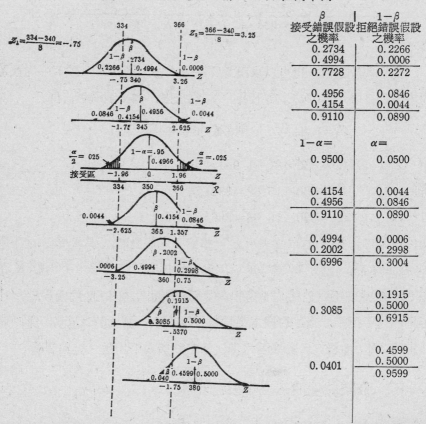

β 接受錯誤假設 之機率	$1-\beta$ 拒絕錯誤假設 之機率
0.2734	0.2266
0.4994	0.0006
0.7728	0.2272
0.4956	0.0846
0.4154	0.0044
0.9110	0.0890
$1-\alpha=$	$\alpha=$
0.9500	0.0500
0.4154	0.0044
0.4956	0.0846
0.9110	0.0890
0.4994	0.0006
0.2002	0.2998
0.6996	0.3004
	0.1915
	0.5000
0.3085	0.6915
	0.4599
	0.5000
0.0401	0.9599

根據圖13-2及其右面附表之結果，即可繪成下述圖 13-3 之作業特性曲線 (*O. C. Curve*)。由圖解中的曲線可以很明顯的看出，在應用決

定法則時可能犯第一類錯誤或第二類錯誤的機率。例如所生產的全部尼龍繩之平均拉力實際上仍然是 350 磅，如果由於樣本發生機遇的變異，而決定產品的品質發生變異，便犯了第一類錯誤，可能造成此種錯誤決定的最大機率即爲顯著水準 α，在設計假設檢定之前即已決定此一機率爲 5 %。當 $\mu=350$ 磅時，$1-\alpha$ 爲接受正確假設之機率，因爲此時全體尼龍繩的平均拉力沒有變動，接受了 $\mu=350$ 磅的假設是正確的，故其機率爲 $1-\alpha$；因爲沒有錯誤，所以不是 β。

圖 13-3　作業特性曲線

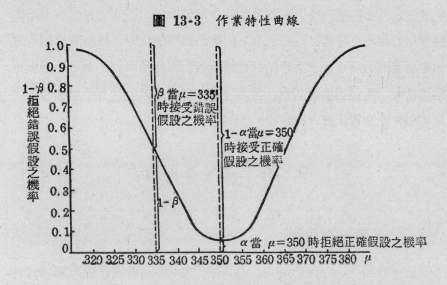

同樣情形，也可以由圖 13-3 中看出，當樣本平均數發生各種不同變異時接受錯誤假設之機率，卽犯第二類錯誤之機率 β；例如由檢驗之結果得知樣本平均數之拉力爲 340 磅，若根據此一檢驗結果而決定全部尼龍繩的平均拉力發生變異，其機率爲 $1-\beta=0.2272$；因此，犯第二類錯誤的機率 β 應爲 0.7728，卽當全部尼龍繩的實際拉力已降至 340 磅時，根據 5 %的顯著水準，決定拉力沒有改變（卽品質沒有變異）之機率仍爲 0.7728。

四、作業特性曲線之敏感性

在應用作業特性曲線時，必須了解，於樣品數目很少時，作業特性曲線的敏感性 (*Sensitivity*) 不大；因此，當品質變異輕微時，所作的決定多爲品質沒有變異，只有當變異很顯著時，才會決定品質發生變異。也就是說，當顯著水準已定，而樣品數目很少時，犯第二類錯誤的機率較大，欲求減少第二類錯誤，最好加大檢驗的樣本。但是，若加大檢驗樣本，必將相對的引起各項檢驗費用之增加。至於究竟應該多花檢驗費用以保持良好的品質呢？還是放寬品質標準以節省檢驗費用呢？則須權衡產品的品質要求及管制品質可能產生的利益而定。總之，兩害相權取其輕，兩利相權取其重，當此時際，才是企業的品管階層運用其高度智慧作最適當決定之機會。

第二節　品質管制圈

一、品管圈的意義

品管圈 (*Quality Control Circle*) 是由美國人設計的，而後經由日本東京大學的石川馨教授在日本倡導推動的一種品質管制方法。所謂品管圈係以工廠內的領班 (*Foreman*) 或圈長 (*Circle Leader*) 爲核心，將工作性質相同或相關的作業員結合在一起，而組成作業圈，以圈爲單位，灌輸重視品質管制的意識，敎以從事品質管制的方法，並訓練第一線主管人員的領導及管理能力，培育全體員工發掘和解決品管問題的潛能，並交換品管的知識和技能，以便自我和相互啓發，冀能達成使全體員工自動自發的從事全面品質管制活動。

品管圈活動在日本許多大工廠推行的效果非常卓著，以致引起世界各國品管界的普遍注意，經過比較試驗的結果，發現實施品管圈可以激發基層員工發揮其工作潛能及重視品質的意識，並使其產生一種參與感，而提高品管工作的團隊精神。尤其是推行品管圈的工廠，可以結合人性管理與科學管理，以致員工的士氣高昂，工作效率高；並且員工有整體的品質責任觀念，故能降低產生不良品的比率，以增加產量；更重要的是由於利潤增加而能提高企業的競爭能力，所以推行品管圈的工廠，容易執行企業的品質決策而達成其經營目標。

二、品管圈之設置

品管圈之設置常因企業的組織型態、管理階層的觀念、員工的素質，以及生產程序之不同而異，所以其組織型態不能一概而論，但是可以歸納為以下幾項原則：

1. 由工作性質相同的作業員組成

品管圈應該由工作性質相同或相關的作業員組成之，最好能由員工自動自發的組成，選定能力較強，品管經驗豐富的領班擔任圈長，以圈長為核心，帶動品管圈之營運。

2. 人數不宜過多

每個品管圈的人數以五人以上十五人以下為原則。人數太少固然無法推動工作；但人數太多時，意見紛歧，不容易協調，也會影響工作效果。

3. 鼓勵圈員參與並提供改進意見

圈內作業員都參與一切品管活動，並儘量鼓勵其提供改進品質的意見和資料，透過會議的形式研討後付諸實施，以求發揮團隊精神。

4. 充實圈長的品管知識及領導能力

對品管圈之圈長，應經常施以品管敎育或安排其觀摩實施品管成效卓著之工廠，以不斷充實其品管知識，俾有能力領導和訓練其圈內之作業員。

5. 高階層應給予充分的支持與協助

品管圈雖然是工作現場自動自發的活動，但是若高階層決策者和有關單位的管理人員不能給予充分的支持與配合，則此項工作卽無法有效的展開，所以廠長和製造部門、工程部門，及品管部門等的管理人員，都應對品管圈給予協助、鼓勵，和敎育，並盡力培養友善的團隊精神，期能造成和諧的品管環境，以利品質管制工作之推行。

除了上述之設置原則外，每隔相當時日，全廠或品管部門各品管圈還須要聯合集會，進行總檢討，以會商非本圈內所能單獨解決的問題，期對共同有關的問題取得協調，俾能共謀解決之道。

三、品管圈的營運目標

爲了能使品管圈的營運產生具體的效果，工廠的決策階層宜事先確定並提示全廠或各品管圈所需達成的工作目標，例如半年內應將不良率從 5 ％降到 3 ％、製造成本降低10%、生產量提高 8 ％等。爲了能夠如期達成此等目標，宜由各品管圈的作業員檢討以往的缺失，分析其成因，並研究改善的具體方法。兹將達成營運目標的重要事項列述如下：

2. 降低不良率

欲求減少不良產品，必須從下列事項着手：

(一) 提高產品設計之水準，以減少產品設計上之不良情況。

(二) 嚴格執行採購規格，減少原料及零配件之不良率。

(三) 改進製造技術水準，嚴格執行製程管制，以減少在製品可能產生之瑕疵。

（四）嚴格執行產品之出廠檢驗，並改善包裝及運送，以減少顧客之抱怨及退貨。

2. 降低生產成本

欲求降低生產成本，必須注意下列事項：

（一）制訂合理的品質規格。

（二）尋求價廉物美的物料或代用品。

（三）改進工作方法或技能，以提高作業效率。

（四）減少工時與物料之浪費。

（五）充分利用現有設備，減少閒置 (*Idle Time*) 之浪費。

（六）研究合理的儲運，以降低庫存量，避免積壓資金。

3. 提高生產量

欲求增加生產量，必須注意以下各項：

（一）研究改善生產設備、生產方法，及製造程序。

（二）改進生產技術，提高生產效率。

（三）研究生產線之平衡，防止發生瓶頸或閒置。

（四）研究設備的汰換成本及效益，以決定經濟合理的汰換時機。

以上的改進事項，若能由圈內各作業員共同參與，並自動自發的提供改進意見或方法，在執行時必能順利達成目標，這就是推行品管圈能有顯著績效的主要原因。

四、品管圈的效能

有些推行品管圈制度成功的工廠，其效果都非常好，茲將品管圈制度可能產生的功效歸納如下：

1. 可以建立愉快的工作環境，提高員工的工作情緒，促進生產線

上蓬勃之活力，使企業達成欣欣向榮之目標。

2. 可以加強員工互助合作之團隊精神，協助品管單位推動全面品質管制工作。

3. 可以訓練第一線的管理人員發揮其領導統御的能力，使操作工人發揮高度的工作潛能。

4. 可以配合目標管理之推行，使企業的經營目標由高階層而延伸至基層幹部與操作員，而達成全員經營之目標。

5. 可以提高產品的品質水準、降低不良率、增加產量、降低生產成本，以提高產品的利潤。

6. 可以藉表揚或獎勵績效優良之品管圈，而鼓舞各品管圈之士氣，並提高員工的工作績效。

由於品管圈在日本推行的效果良好，所以近年來國內若干工廠也曾試行推動，但是兩國的工業發展程度不同，員工的素質也有差別，尤其是國內一般工廠領導階層的品管知識比較缺乏，無法主動領導，也不重視品管的效益；而且低級員工也怯於積極參與，以致試行的結果不夠理想。由此可見，在外國推行有效的方法在國內未必能如法泡製，一味的模仿抄襲未必能達到預期的效果。

第三節　派律陶不良分配原理

一、派律陶原理的意義

派律陶不良分配原理 (*Pareto's Principle of Maldistribution*) 在企業的經營和管理上應用的非常廣泛，而在品質管制方面，則指造成品質不良或有瑕疵的產品只是少數幾項重要原因，其餘大多數原因都是無

關緊要的，如果依照各項瑕疵原因所佔比例的大小順序排列，可以得到如圖13-4之派律陶分析圖。該圖係將造成瑕疵產品的原因按照各自的重要程度之百分比繪成直方圖 (*Bar Chart*)，再連接各直方圖而繪成由小而大的累積曲線，此種累積曲線稱為派律陶曲線 (*Pareto Curve*)，可用以顯示瑕疵成因的累積比例。

造成瑕疵產品的原因可能有許多種，但是若仔細觀察分析，在眾多的派律陶分析圖中可以發現，前兩項不良原因之和通常約佔80％左右，所以只要能控制並消除該等重要的小數 (*Vital Few*) 不良項目，卽可大量減低不良產品，而提高產品之品質。如果情況可能，當然應該將各項影響品質的原因全盤檢討，而予以全部消除，但事實上很難做到；在無法同時消除全部不良原因時，只能採取「重點主義」，首先消去影響重大者。

二、派律陶分析圖之編製與運用

派律陶分析圖之編製與運用，通常多依照下述步驟：

1. 先在不良品中尋求造成不良品的各項原因，並計算其各自出現的次數。

2. 依照所佔次數之多寡 (卽重要性之不同) 而排列次序，次數多者 (重要者) 在前，次數少者 (次要者) 在後，而列成不良原因分配表，如表 13-1。

3. 將不良原因依次表示於橫軸上，並以縱軸顯示不良數或不良率，有時亦可用縱軸顯示金額。

4. 依照各不良原因的次數或比例數的大小而繪製直方圖，再將直方圖依順序累積而畫成折線圖，見圖 13-4。

5. 先消除出現次數最多或比率最高的不良原因，以降低產品之不

良率。

6. 應依產品別或機器別而分別編製各別的派律陶分析圖表。

爲了便於了解派律陶分析圖之編製與運用起見，玆以電風扇的不良品分配狀況舉例說明如下：

假設分析 200 台不合格電風扇的不良原因，而將此等不良原因統計列表如下：

表 13-1　不良原因分配表

不　良　原　因	不　良　數　目	不　良　率　（%）
接　頭　不　良	120	60%
角　度　不　正	40	20%
螺　絲　不　合	20	10%
噴　漆　不　勻	10	5%
銹　　　蝕	6	3%
其　　　他	4	2%

圖 13-4　派律陶分析圖

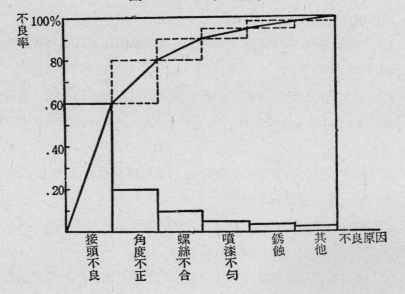

運用表13-1的不良原因次數分配資料繪製派律陶分析圖如上。

三、派律陶分析圖之功能

由以上的說明及圖示可以瞭解，派律陶分析圖如果運用得當，可以對品質管制工作之推行有許多助益，茲擇要列舉如下:

1. 有助於了解造成不良產品的各項原因，並可進一步分析那些是主要原因？那些是次要原因？

2. 有助於計算產生瑕疵的全部原因或個別原因所可能造成的損失各如何？

3. 可據以分析消除各項產生瑕疵原因的費用若干？其可能產生之收益如何？

4. 可用以權衡各不良原因的輕重緩急和消除後的利弊得失，而及時採取適宜的糾正措施。

在品質管制作業過程中，我們經常會發現造成瑕疵產品的原因有很多，但有些是微不足道的，所佔的比例也很輕；而少數幾個主要項目，却往往造成嚴重的缺點。因此，為求品管工作推行有效起見，即可將造成品質變異的各項原因按輕重緩急加以整理，而製成變異原因分配表和分析圖，再運用派律陶原則，依照圖或表所顯示的資料，而首先集中注意力消除嚴重影響品質變異的少數重要原因，因為消除少數重要的變異原因，遠比消除眾多次要的變異原因容易而且有效。此種重點管制的方法，在許多情況下都有事半功倍之效，所以派律陶分析圖又常稱為重點分析圖。

第四節　特性要因分析

一、特性要因分析的意義

當產品的品質特性發生瑕疵時，必定有產生瑕疵的原因，所以若欲消除品質上的瑕疵，卽須先找出造成瑕疵的原因並加以適當的糾正，在造成瑕疵的原因消失後，品質自然可以恢復正常。但是在工廠裏，或在產品的製造過程中，影響產品品質特性的因素可能很多，而且其間的關係又往往是錯綜複雜的，究竟那些因素有直接影響？那些會產生間接影響？那些影響是重要的？那些是次要的？粗略的觀察很難獲得具體的概念，而特性要因分析 (*Cause and Effect Analysis*) 方法，卽用以研究或分析影響某些品質特性的各項因素、各因素與品質特性之間的關係，以及各因素彼此間的相互關係等，以便於尋求和確定其對品質瑕疵產生影響的程度，俾能採適當的糾正措施。

二、特性要因圖的繪製及運用步驟

特性要因圖之繪製，必須提綱挈領才能很快抓住問題的重點，並分別眾多原因之輕重本末，而加以有效的運用。爲了增進了解和便於運用，玆將常用的幾項重要步驟列述如下，以供參考：

1.　首先要確定所欲分析的事項，卽影響品質特性變異的原因。

2.　召集有關的作業人員共同會商研究，由眾人提供意見，以收集思廣義之效。

3.　將所要分析的主要事項寫在繪圖紙的左邊，再順次畫出主要骨架及支線。

4.　將所提出的各種原因,依相關性及重要程度列述於適當的位置,

以顯示其輕重緩急。

5.　對所繪製之草圖加以檢討、　修正，　或改進，　並儘可能予以試驗，以確定其實用性或可行性。

三、特性要因圖實例

由以上所列舉的繪製和運用步驟可以了解，特性要因圖係由主幹再逐次向外分枝，形狀很像魚骨，所以又稱爲魚骨圖。影響品質特性的主要原因置放在最左邊，有如魚頭，與此項主要原因有直接關連的各項因素，依其類別或重要程度分別由左向右以支線表示之，形如魚身；較重要的原因以大骨連接於主骨上，各項次要原因再以小骨連於大骨上，依次按照輕重本末畫分顯示之，茲舉例說明如下：

設某塑膠品製造工廠生產彩色塑膠布，最近發現塑膠布上的彩色不够均勻，乃召集設計、　製造、　物料，　及品管等部門之有關人員共同研討，希望能找出原因，以便改進。經過分析研究後，繪成以下之特性要因圖。

圖 13-5　特性要因圖例

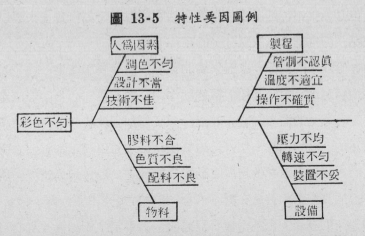

此種特性要因逐項列舉的分析方法，非常有助於了解影響品質變異

的眾多原因之輕重緩急，以及其彼此之間的錯綜複雜關係，故在品質管制工作中，對於複雜的品質變異問題，常採用此種分析方法尋求造成變異的原因，以及採取適當的消除或糾正措施，俾能有益於品質之改進或品質之保證。

第五節　無缺點計畫

一、無缺點計畫的意義

所謂無缺點計畫(*Zero Defects Program*)，係要求企業的全體員工隨時隨地注意做好所從事的工作或所製造的產品，從工作的開始以至完成，不允許有人為的失誤，並防止任何意外的缺點，俾能保證產品的品質毫無瑕疵。而且一次就將工作做的盡善盡美，不需要修正或重做，既可節省人力、縮短時間，又能提高品質，增加可信度，誠所謂一舉數得。

雖然絕大多數從業人員都不希望由於失誤而將工作做壞或造成不良產品，但是如果不特別慎重，失誤仍然在所難免，如何防止失誤以避免發生缺點，即為推行無缺點計畫的工作目標。

由於管理上的放任　或對失誤的寬恕，而令員工產生一種「人孰無過」的消極意念，由於此種消極態度作祟，而在員工心目中形成產生不良品為不可避免的潛在意識。其實，只要能加強注意，人為的錯誤還是可以避免的；要想摒除一切人為的失誤，必須每位員工都有追求完美的求好之心，從自己本身做起，主動的檢討改進．以求避免錯誤。所以無缺點計畫的實施對象首先在對「人」，其次再及於「事」或「物」，它是一種觀念上的革新，也是一種心理建設，只要員工能認清「專心可以減少失誤，警覺必能防止疏漏」，則無缺點計畫是「人人可為」，而且也

「事事可行」。

二、無缺點計畫的發展

從1960年代開始，美國國防部即有感於飛彈和火箭等尖端科學兵器之製造必須要極其精確，而且還要有高度的可靠性，才能確保發射時之安全及命中之準確，因此乃對此等武器的製造廠之製造過程精密度提出嚴格的要求。此時承製陸軍潘興飛彈 (*Pershing Missile System*) 的廠商爲佛羅里達州的馬汀──馬律它公司 (*Martin-Marieta Corp.*) 的奧蘭度分廠 (*Orlando Division*)，該廠爲了能够達成國防部的要求，而且爲了防止因工作失誤而造成重製或改正的損失，乃於1962年 7 月間倡導「無缺點計畫」，以求提高員工的責任感和榮譽心，俾能避免失誤，提高效率和改進品質，推行的效果非常顯著，不但能較預定時間提前兩週完工交貨，而且竟使多達兩萬五千多的零件和配件完全沒有瑕疵。

翌年通用電器公司 (*General Electric Co.*) 和西屋電器公司 (*Westinghouse Electric Corp.*) 也繼馬汀公司之後而開始推行類似的計劃，雖然計畫的名稱並不完全相同，但是本質及目標都是一樣的，希望能防止失誤，以改進品質。由於馬汀公司、通用公司，及西屋公司等實施的結果都非常成功，於是美國國防部乃於1964年 6 月開始，勸導各承製精密武器的工廠和其他國防工業也作有計畫的採用，並爲此計畫正式定名爲「無缺點計畫」。

十多年以來，美國許多較大規模的工廠都先後推行此項「無缺點計畫」，普遍獲得良好的效果，對於改進品質、提高製品的可靠度、降低成本，以及確守交貨期限等，都有很大的裨益。由於效果好，此後歐洲各國、日本，及我國的工業界，也都相繼倣傚推行，因而形成管理上──尤其是品質管制──的一項革新運動。

三、無缺點計畫推行的重點

我們若對工廠中因發生失誤而造成品質變異的原因加以仔細分析研究，主要可以歸納爲以下幾種情況：

1. 作業員的疏忽

現場的作業人員可能由於心理不健全、缺乏責任心，或者注意力不集中，而未依照規定的方法或標準操作，以致發生錯誤。據美國工業界的統計，此種人爲的疏忽造成的失誤所佔的比例最高。

2. 經驗或技術不足

作業人員也可能由於缺少適當的工作教育或職業訓練，以致知識貧乏或技術不良，甚至於欠缺經驗或不諳工作方法，往往也會造成失誤。

3. 工作環境不良

也有些失誤是由於客觀環境所造成的，例如設備安裝不良、製造排程不當、照明設備不佳，或者操作方法訂定不妥等原因，都可能發生不必要的錯誤。

無缺點計畫的主要用意卽在研究對策，首先消除以上各項可能產生失誤的原因，培養員工的責任心和榮譽感，加强其對工作的注意力，充實其工作知能，改善設備及工作環境，再副以適當的分工和派職，並激勵員工發揮潛力，追求更高的品質水準，俾能實現無缺點的最終目標。

四、無缺點計畫的實施步驟

無缺點計畫之推行，必須在事先有充分的準備和周密的計畫，然後再公佈實施，而在實施期間還要全體協力，認眞執行，才能達成預期的目標。通常多將實施步驟分爲以下幾項：

1.　首先籌組「無缺點計畫推行委員會」，負責政策之制訂、作業

之督導，以及績效之評鑑等工作；該委員會宜由首長或高級主管主持之，以示鄭重。

2.　由委員會研擬推行工作方針及實施計畫草案，分送各有關單位徵詢意見，並請提供具體之方案。

3.　參酌各單位所提供之意見，擬訂切實可行的工作綱要及推行計畫，送請最高決策階層核示。

4.　奉准後印製「無缺點計畫手冊」，分送全廠各單位研讀並參照實施，進而發動全廠上、下全面推展。

5.　由各部門主動組成「無缺點計畫工作小組」，遴選組長，並試行設定所欲達成的工作目標（包括近程及遠程）。

6.　針對各小組的業務特性，施以適當之教育或訓練，以增進其技能和對工作應有之認識；將工作目標及責任詳加解說，以求意見及觀念之溝通，並使無缺點計畫之精神深入人心。

7.　小組作業員由工作中吸取經驗，自動自發的運用工作經驗來尋求或研究造成失誤的原因，以便及時防止或消除。

8.　委員會應全力建設推動無缺點計畫的有利環境，連絡協調，以求擴大效果，俾能造成風氣，掀起高潮。

9.　認真考核各工作小組的實施績效，適時予以表揚和獎勵，以激發其工作熱情，並保持長期的績效。

以上所列的各項步驟，僅為粗略的概要，每一步驟還可以再編訂細則，以利推行。總之，多一分準備工作，在推行時即可減少一分阻礙，多增加一分成功的把握。

無缺點計畫之推動，務求形成一種自動自發的氣氛，以求增加助力，避免阻力，並使品質管制技能和觀念在現場作業員中生根。尤其要重視意見溝通，以激發員工對品質的責任心和榮譽感，俾能高度發揮其

達成無缺點的努力意願，最後實現提高產品的品質和可信度，降低產品的成本，供應顧客價廉物美的產品，加強企業的競爭能力，增多企業的利潤，以利其成長，進而增進員工的福祉，以促進社會的進步與繁榮。

練 習 題

一、何謂作業特性曲線？其功用如何？

二、在本章第一節的例題中，如果選樣檢驗得樣本平均拉力$\bar{X}=365$磅，試依5%的顯著水準，計算接受錯誤假設和拒絕錯誤假設之機率各若干。

三、上題中若依1%的顯著水準，接受錯誤假設和拒絕錯誤假設之機率又如何？

四、當顯著水準已定，若將樣本增大，作業特性曲線會有什麼變化？此種變化對於「接受錯誤假設之機率」會有什麼影響？

五、當樣品數目很少時，作業特性曲線之敏感性如何？此種特性對於犯第二類錯誤的機率有何影響？

六、何謂品管圈？推動此種品管方法之特點如何？

七、品管圈之設置原則如何？怎樣才能使品管圈發揮預期的效果？

八、品管圈之營運目標如何？怎樣才能達成此等目標？

九、推行品管圈制度可能產生那些重要效能？

十、品管圈制度在那些國家推行的效果非常顯著，而在另外一些國家卻無法達到預期的目標，其原因何在？

十一、何謂派律陶不良分配原理？如何應用於品質管制問題？

十二、何謂派律陶曲線？其作用何在？

十三、派律陶分析圖之編製步驟如何？列述之。

十四、派律陶分析圖之運用具有那些重要功用？

十五、某電器製品廠分析 500 個有瑕疵的燈泡，發現其中接頭鬆脫的有50個、玻璃壳有氣泡的佔60個、鎢絲斷裂的有200個、銅頭過短的有120個、螺絲不合的有20個、電流不符的有30個、接頭彎曲的有15個、其他瑕疵 5 個，試用上述資料

　　繪製派律陶不良分配圖。

十六、特性要因分析的功用如何？

十七、特性要因分析圖爲什麼又稱爲魚骨圖？

十八、某印刷廠的平版印刷部發現其印刷品着墨不勻，試研製特性要因圖，以助其
　　　分析瑕疵之成因。

十九、何謂無缺點計畫？其用意何在？

二十、無缺點計畫是由那個機構發起的？爲什麼？

廿一、推動無缺點計畫常依那些步驟進行？

廿二、推動無缺點計畫的重點何在？如何使員工發揮此種意願？

第十四章　全面品質管制

第一節　全面品質管制的意義

　　自1960年代以來，高級產品或科學儀器的品質要求越來越高，製造技術也越來越精細，大家發覺若仍沿用傳統的品質管制方式，僅以製造過程爲管制對象，而忽視其他有關部門之配合，則仍然無法獲得理想的品質。爲了徹底達成品質管制的要求，除了運用統計方法和技巧，並加強控制製造過程之外，還需要强化各項有關管理與服務的功能加以配合，也就是要生產企業的各個有關部門都充分發揮其對產品品質的功能，才能達成預期的品質管制目標。所以欲求徹底實施品質管制，應自市場調查和產品設計開始，以至產品製造完成交給顧客，並繼之以週到的產品售後服務爲止，此種廣泛的管制過程稱爲全面品質管制 (*Total Quality Control-TQC*)。

　　由以上的說明可知，全面品質管制係將品質管制作業擴大至一切有關生產活動的一種整體觀念，係藉綜合企業各部門有關品質設計、品質發展、品質維持，以及品質改進之努力，先求提高人、事、物的品質，俾能在最經濟有效的情況下，製成合格的產品，並提供完美的售後服務，以使顧客獲得高度的滿足。

　　傳統的品質管制工作，只著重於利用統計方法於產品的製造階段之管理，其工作重心只限於選樣檢驗、變異分析、統計檢定，以及管制圖的繪製等技術性工作，却忽視了製程前的許多配合作業，例如市場調查、產品設計，和製程研究等，以及製造完成後的售後服務（消極的服

務例如處理抱怨，代客修理；積極的工作例如訪問顧客，指導用法，並發現新的需求）工作。實質上，這些營業活動都與產品的品質息息相關。美國通用電器公司 (*General Electric Co.*) 品質管制經理費根堡 (*A. V. Feigenbaum*) 有見於此，乃提出全面品質管制的構想，使品質管制工作邁向一個新的里程。

費根堡對全面品管所下的定義是「爲了充分滿足消費者的需求，企業組織在最經濟的水準下從事生產和服務，將組織內各部門之品質發展、品質維持，以及品質改善的各種努力結合而成的有效整體」。他的法則是：

全面品管＝管制（設計＋物料＋製程＋產品）÷成本（預防＋鑑定＋剔除）×消費者的滿足

他的這項定義初看起來似乎不够明確，但却顯然的包括了製程前後的各項營業活動，並且還加入了品質成本的觀念，對傳統上只著重製造過程中的品質管制來說，實在算是觀念上的一大革新。

第二節　全面品質管制的特徵

費根堡所提倡的全面品質管制是以統計性的品質管制爲基礎，而將管制的範圍擴大，並將管制的方法更深入，其與一般狹義的品質管制之重大區別，在於全面品管將品質成本系統化、品質管制整體化，和管理方法的科學化，玆將各項要點分別略述如下：

一、品質成本的系統化

從事任何業務活動都需要考慮成本，以便權衡其得失，所以費根堡乃將品質成本的觀念注入品質管制之中，此種成本可以區分爲三種主要

類別:

1. 預防成本 (*Prevention Costs*)

即爲防止發生不良產品所支付的各項費用。此種費用包括: 增進員工品管技術的訓練或教育費用、品管工具設備的維護保養費用、品管計畫的設計和實施費用、製造過程的管制費用、檢驗設備的設計與改善費用, 以及有關品質管制的研究發展費用等。

2. 鑑定成本 (*Appraisal Costs*)

係指爲了維持產品的品質標準所從事的一切與檢驗有關的作業費用。例如對物料、配件、在製品, 和製成品的檢驗、試驗, 或化驗等所花費的一切物料、人工, 和場所費用, 以及爲研究或改進製造過程和研究物料代用品的試驗費用等也包括在內。

3. 失敗成本 (*Failure Costs*)

即由於物料或成品的品質不合所發生的一切費用。此項費用又可以區分爲廠內品質事故費用 (*Costs of Internal Failures*) 與廠外品質事故費用 (*Costs of External Failures*), 前者包括重製費用、修改費用、物料耗損費用、剔退物料費用, 以及報廢品的費用等; 後者則包括顧客抱怨或抗議所造成的損失, 以及售後服務的費用, 例如退換、賠償、罰款、改正缺陷, 及檢校修理等。

全面品質管制即在加入品質成本的概念下, 對品質管制作廣義的解釋, 將製造成本、維持品質的成本, 以及售後服務的成本都納入品質成本的範圍, 以求品質成本的系統化。生產企業的品管部門之主要目的有三: 一爲管制產品的品質, 以擴展其銷路; 二爲適當運用預防成本, 以作爲有計畫的投資; 三爲控制預防成本並防止失敗成本, 以降低品質成本。生產企業即在此一品質成本系統化的觀念之下, 決定其品管目標及實施方針。

二、品質管制的整體化

實施全面品質管制所指的「品質」，並不是只限於產品的有形品質，所有與產品的品質有關的業務活動之品質，都應該列入管制的範圍之內，茲將全面品質管制中有關的主要品質項目列述如下：

1. 人的品質管制

在推行全面品質管制的有關事項中，以「人的品質」最為重要，因為生產企業的一切經營活動（包括品質管制），都需要人去推動和執行，若人的品質不够水準，則企業的一切經營發展計畫都將落空。所謂人的品質，係指員工的敬業精神、品質意識、工作態度、責任觀念，以及公正廉明的程度。當企業的員工品質優良時，其他各方面的品質就容易控制和改善，所以惟有企業中每個人都有品質意識和品質責任，才能使品質管制的推行蔚為風氣。

2. 制度與計畫的品質管制

制度是企業全體員工必須遵守的行事規範，而各種計畫則為達成企業經營目標的必要手段。為了要使制度合理，計畫切實可行，對於制度之設定和計畫之擬訂，最好能由執行單位的員工參與其事。至於制度是否公平，計畫是否可行，都應該有合理的標準來作評價，對於制度與計畫的品質優劣之評價，可參考以下各項原則：

（一）是否切合實際的需要。

（二）是否具有可行性。

（三）是否能達到預期的目標。

（四）是否有益於企業的整體。

如果對以上各項權衡標準的答案都是肯定的，則擬議中的制度或計畫必定切實可行。

3. 投資的品質管制

現代化的生產事業，其機器設備、廠房，以及工程技術等，都是重要的投資項目。因爲這些投資對於產品的品質之優劣以及製造成本之高低都有密切的關係，所以在從事投資之前，必須要經過愼密的分析與考慮，而且在執行時還要有周詳的計畫，才能避免不良的後果。對於投資計畫的品質評價，應考慮以下幾項原則：

（一）汰換與保養之難易。

（二）費用與預期收益之比較。

（三）作業性能之優劣。

（四）經濟壽命之長短。

若對上述各項原則權衡之後，所得的答案都是有利的一面，則此項投資計畫的可行性卽相當高。

4. 產品的品質管制

產品的品質管制是全面品管的最終目標，也是實施全面品管的具體成果，必須要切實執行才能達成預期的目標。此項過程應包括產品的設計、物料的採購、製程的管制、在製品和成品的檢驗，以及包裝、存儲、運送，和售後服務等。由檢驗可以提供品質情報，運用管制圖來顯示並分析製程是否穩定、品質是否有變異，以及產品是否合乎規格；更可以運用統計方法來分析選樣和檢驗結果之可靠性，以及檢定變異之顯著性，俾作正確合理之管制。

生產企業欲求全面品質管制工作能够有效的推動，必須先從「人的品質」——卽員工的素質方面着手，以求健全；進一步建立合理的制度，並設計可行的計畫；而且對耗資鉅大的設備投資和新產品之開發，尤需愼重的權衡比較；最後才能對產品的品質從設計、採購、生產、銷售，與服務等營業活動，作有系統的整體管制。

三、管理方法科學化

在實施全面品質管制時，不僅在製造過程中應用統計方法管制產品的品質，在人事、財務、銷售、倉儲、產品設計，以及研究發展等各方面，都可以運用科學方法加以合理、有效的管理，俾能提高人的效率，增加財物的效用，降低產品的成本，改進產品的品質。

生產企業的品質管制工作之推行，絕不能單靠某一個過程或某一個部門，必須職掌各項業務的有關部門通力合作才能貫徹實施，設計部門需要配合市場調查的資料，而負責產品設計之品質管制；採購部門應遵循設計的品質，而擔任進料的品質管制；生產部門更需依照設計的規格從事製造，而貫徹製造過程中的品質管制；營業部門負責推銷並擔任成品之品質管制；服務部門則經由對顧客的服務，而瞭解顧客對產品品質之反映，最後再將獲致之資料彙轉至設計部門，憑以研究改進。此種重視品質成本，運用科學方法，從事整體品質管制的系統作業，即為全面品質管制的最大特徵。

第三節　全面品質管制的範圍

由以上各節的說明可以瞭解，全面品質管制絕非像傳統的品質管制所指的，從事選樣檢驗，做統計檢定、繪製管制圖等工作，其活動範圍遠較統計性品質管制要廣泛的多。為了便於瞭解，茲將全面品管的活動範圍分為以下三項加以介紹：

一、製程前的管制活動

欲求製造品質合乎消費者需要的產品，應從市場調查開始，以便正

確瞭解到底消費者需要的是甚麼品質的產品，根據消費者的要求以設定品質標準，再由技術人員從事產品設計和製程研究，以求配合設備的性能和能量 (*Capacity*)；而且還要進一步對用料的品質和規格加以適當的研究和設計，俾能符合產品的品質標準。所以產品欲求合乎要求的標準，必須從市場調查、製法研究、工程設計，以及進料管制等項目着手，而且這些都是在製造過程之前的首要活動。

二、製程中的管制活動

在製造過程中的管制活動，包括機器設備、製造用具、製造方法，以及作業員工等的管制，利用統計方法及各種管制圖作爲管制手段。如果發現在製造過程中產品的品質發生顯著的變異，即須立刻追查原因，俾能及早消除；尤其是對於人爲的忽略所造成的品質變異，更須認眞的檢討，並加以嚴格的管制，以免錯誤擴大或重複發生。欲求對製造過程作有效的管制，必須建立製程管制制度、訓練管制人員、設計品管儀器等，以作有效的配合，才能達成預期的目標。

三、製程後的管制活動

產品在製造完成之後還有若干管制活動，才能達成品質保證及服務顧客的目的。製程後的品管活動包括：成品的驗收、包裝、倉儲及售後服務等。欲實施品質保證，不但在製造過程中應嚴加管制，而且在製造完成後還需要施以合理的檢驗，以保證有瑕疵的粗劣產品不出廠上市。產品到達顧客手中之後，還須要繼之以完善的售後服務，在積極方面可以指導產品的用法和瞭解顧客的新需求；在消極方面也可以處理顧客的抱怨，或對不滿意的產品加以修換，俾能獲致顧客的好評，以建立良好的商譽。

由以上的說明可以了解，全面品質管制所涉及的範圍非常廣泛，可以說包括了生產企業的全部營業活動。爲了便於說明起見，玆將全面品質管制的重要活動項目，以及其應隸屬的工作部門以圖解表示如下。

圖 14-1 全面品質管制作業範圍圖

爲了便於了解全面品質管制的範圍，玆再將統計性的品質管制與全面性品質管制的適用範圍比較如下：

統計性品質管制	**全面性品質管制**
1. 主要由生產及品管的技術員使用	上至決策階層下至操作員工全面配合
2. 應用於製造部門及品管部門	有賴於整個企業內各部門的協調支援
3. 自原料開始至成品爲止	自市場調查和產品設計開始，擴及於圓滿的售後服務

4.　應用統計方法及機率理論　　除上述方法外還須具有工程、會計、管理，及行銷等多方面的智識

5.　根據均勻度或不良率來評估品質　　除此之外還需考慮品質成本及效率

6.　剔除不良品或預防瑕疵之發生　　着重各有關部門之連繫配合，使不良品無從發生

7.　偏重於物料、在製品，及成品的品質之管制　　除此之外還需管制設計之品質及作業之品質（如包裝、倉儲、運送，及服務等）

8.　着重在工廠內部作業　　除廠內作業外尚需延展至供應商及顧客

由以上的列述及比較，可能更有助於認識全面品質管制業務範圍之廣泛，並且了解全面品質管制效果之優越。

第四節　實施全面品管的功效

自從費根堡提倡全面品質管制以來，工業界風起雲湧的響應，許多具有規模的生產事業都在加緊推行，而且頗具成效。茲將推行全面品管的工廠所獲致之顯明功效擇要列舉如下：

1. 設 計 方 面

可以藉改進產品的設計以改善產品的品質，而且由於充分了解製程中的可信度 (*Reliability*)，對允差可作精確之設定，並提供組合件及分系統的可靠性資料。由於品質之目標明確化，所用之零件標準化，可使品質設計合理化，並有助於製造過程之改善及設備能量之配合。

2. 採 購 方 面

可以根據設定的品質標準和合理規格，而選購價廉物美的物料、配件，和用品；依照訂定的需要量而控制到貨期限，並決定經濟採購量；

尤其可以經由驗收或使用單位所提供的資料，以評定供應廠商的商譽及可靠性，俾確實掌握貨源。

3.生 產 方 面

可以運用適宜的製造程序和科學的管制方式，在加工或裝配之前卽剔除有缺陷或不合格的物料及配件，避免生產線上出現瓶頸，防止延誤和減少廢品，以製造品質均勻的合格產品。並將品質規格的可信度通知設計部門，將物料及配件的質料通知採購部門，俾作改進之參考。

4.檢 驗 方 面

依照設定的品質標準和允差，以檢驗物料、配件、在製品，及成品。檢驗物料和配件以防止不合格者進入生產線，檢驗在製品可及早發現瑕疵產品，以避免繼續加工的動力浪費，並可藉以尋求造成瑕疵的原因，立刻消除以免重複發生；檢驗成品以保證瑕疵產品不出廠上市，俾能保證產品之品質。

5.保 養 方 面

可以確立適當的預防保養時間表，在不妨礙作業的情況下，調派適宜的保養人員對機器設備從事妥善的保養；而且可以利用保養記錄及允差的校正資料，以決定機器設備的翻修或汰換之適當時機，以控制機器設備的維護保養成本於最低。

6.銷 售 方 面

可以將訂價、出貨，及庫存等作業都確定標準的處理方法，而對售價之決定、貨物之搬運及儲存實施適當之管制，以保證成品之品質；而且是依據市場調查而設計適合顧客需要的產品，再加上妥善的售後服務，將使顧客獲致較高的滿足，因此可在同業競爭中獲得有利的地位。

7.財 務 方 面

由於能從設計、採購、製造、檢驗、保養、倉儲，及銷售等部門獲

得正確的營業資料，故對品質成本之計算、標準成本之設定、預算控制制度之實施，以及標準與實績之比較等各項作業，都可以順利的推行，不但有利於資金之調度，更可以隨時提供管理階層正確的決策資料。

8.管 理 方 面

可以根據制定的各項標準及各單位提供的正確資料，而公平合理的研判作業人員的才能及機器設備的功能，以消除不良的情況，建立優良的工作環境，作合理的決策及正確的領導，俾爲生產事業謀求遠大的發展。

由以上的列述可以了解，全面品質管制確實具有多方面的功效，但是如何使其由製造部門推廣至管理部門，如何將市場調查、研究發展、產品設計、製程管制，以及售後服務等各項業務活動均納入品質管制的範疇，以求發揮廣泛的功用，實有賴於從事品質管制工作者與研究品質管制的學術界共同努力，才能實現減低生產成本、提高產品品質，及推廣產品銷路之全面品管的最終目標。

第五節　實施全面品管各有關部門的職責

欲求實現上節所述全面品質管制的各項功效，必須企業的各部門都能負責盡職，配合得當才可以奏效。因爲產品的品質標準之設定，必須考慮消費者的需要，生產者的技術水準，以及製造成本等各項因素，所以實施全面品質管制時，除了控制製造過程之外，還要包括市場調查、產品設計、品質成本，以及售後服務等業務。由此可知，生產企業的各有關部門對於產品的品質都直接或間接的發生影響，絕不單是製造部門和品管部門的責任。爲了便於了解，茲將企業各主要部門對實施全面品質管制所應盡的職責略述如下：

1. 營 銷 部 門

注意收集同類產品或代用產品的品質資料,了解消費者的需求偏好,研判顧客需要的品質水準及所願支付的價格, 以供給設計部門研究改進的參考。 此外還要介紹產品的性能及用途, 或指導顧客適當的使用方法, 並處理抱怨事件。

2. 設 計 部 門

運用營銷部門所研判歸納的消費傾向資料及會計和品管部門所提供的品質成本資料, 以設計性能適用、 價格適中的產品, 並且要考慮製造技術, 以制定合理的品質標準 (或規格) 及允差。

3. 製 造 部 門

依照設定的品質標準, 研究合理的製造方法, 擬定適當的作業程序, 並維護作業之安全; 尤其應該減少物料的耗損和防止發生瑕疵產品, 以求控制適當的品質標準。

4. 品 管 部 門

嚴格執行物料、 配件、 設備, 及工具等之驗收, 產品在製造過程中和 (或) 製造完成後之抽驗, 運用檢驗之結果以確定製程之管制狀態, 或作為尋求產生瑕疵原因之依據, 俾協調有關部門對品質作有效之管制。

5. 採 購 部 門

調查物料、 配件, 及用品供應商的信譽和供應能力, 俾作適當的評定和選擇; 隨時注意尋求新的物料和用品, 或價廉物美的代用品, 以求確保物料的品質, 減低製造成本, 並保障供應來源。

6. 工 務 部 門

注意製造工程之研究改進, 並選擇精良的機器設備、 工具, 及檢驗儀器, 施以適當的維護、 保養, 和汰換, 俾能經常保持良好的作業情

況，以配合品質管制之要求。

7. 儲 運 部 門

對物料和成品之倉儲作業加以適當管制，以免受潮、腐損，或變質，並注意包裝和運輸之安全，以確保產品的品質；更要控制適當的存量，以免發生短缺或增加存管費用。

由以上所列述部各門對維持產品品質所負的職責可知，欲求達成全面品質管制的目的，絕非祇賴一個品質管制部門的控制和推動所能奏效，必須各部門全力配合與支援，才能克竟全功，所以企業的決策主管應設法激勵各部門的每一成員各盡其責，個個成為品質管制員，使各單位皆能主動、確實、澈底的推行品質管制。而且品質管制工作不是一朝一夕即可發生效果，必須要經年累月始終不懈的長期努力與改進，才能達成預期的目標。

第六節　全面品質管制的未來發展

近年來高級科學產品的品質要求越來越嚴格，對此種精密產品的品質管制過程便非常複雜，必須運用多元變異數分析 (*Multivariate Analysis of Variance*)、多變量因子分析 (*Multi-scale Factor Analysis*)，以及多元的相關和廻歸分析 (*Multiple Correlation and Regression Analysis*) 等方法才能作有效的控制。此種多變量的分析方法在運算上相當複雜費時，而且所需要運用的資料往往也很繁雜，在電腦未發明之前，從事此種繁複的分析非常困難，甚至是不可能的，但是現在都可以交由電腦去處理，而能很快的獲得正確可靠的結果。

現代化大規模的生產事業，為了保證其產品的品質以建立商譽，大多實施全面品質管制，此種全面管制所牽涉的營業活動非常廣泛而且複雜。尤其是高級的精密產品，大多趨向於自動化生產，在此種情形之

下，運用電腦來控制複雜的生產過程及精密的品質，則更有迫切的必要，即將企業的一切生產活動之管制，從市場調查、產品設計、物料採購、存量管制、製程管制，一直到成品檢驗、包裝、倉儲，及運送等作業，統由電腦來控制。甚至由市場調查所收集的資料和品質檢驗所得的結果，也可以由電腦加以儲存，並從事各種統計分析和檢定，進而加以運用，俾使設計、製造過程，及檢驗等作業相銜接，以至產品出廠、分配通路 (*Distribution Channels*)、售後服務等各種情報 (*Information*)的管制，能建立一個完整的情報系統，由電腦來控制全面的品質管制。

自從費根堡倡導全面品質管制以來，已在品管界發生了革命性的影響，而電腦與全面品質管制系統的結合已成為必然的趨勢，這種結合和發展趨勢將使品質管制工作邁向更新的里程。也就是說：未來的品質管制作業人員，必須了解電腦的功能及作業程序，並能參與產品設計和製造過程的控制，以明瞭製程的實際情況。具備了以上兩項基本知識與技術，才能直接設計或運用電腦程式 (*Program*)，從事輸入 (*Input*)、處理 (*Processing*)，和輸出 (*Output*) 的作業，並了解其所顯示的結果，俾能於最短時間內獲致正確的品質管制進行情況，而使品質管制工作臻於至善至美的境地。

練　習　題

一、何謂全面品質管制？為什麼有實施全面品質管制的必要？

二、全面品質管制與傳統性品質管制有什麼區別？

三、費根堡 (*A. V. Feigenbaum*) 對全面品管所作的定義及實施法則都有那些創見？

四、費根堡將品質成本區分為那幾部分？各自的含義如何？

五、實施全面品質管制所謂之「品質」，其含義如何？摘要申述之。

六、在全面品質管制中，爲什麼也要管制人的品質？所謂「人的品質」，其含義如何？

七、對生產事業的制度與計畫之品質實施評價與管制時，應考慮那些因素？

八、生產事業爲什麼要管制投資的品質？將投資計畫的品質實施評價與管制時，應考慮那些事項？

九、在全面品質管制下，對產品的品質管制過程中應包括那些作業？

十、何謂品質管制作業系統的整體化？爲什麼需要整體化？

十一、全面品質管制的範圍如何？可以區分爲那些重要項目？

十二、那些作業是製造過程之前的品質管制活動？

十三、那些作業是製造過程中的品質管制活動？

十四、爲什麼要重視製造過程之後的品質管制活動？其內容如何？

十五、統計性品質管制與全面品質管制有甚麼區別？

十六、列述實施全面品質管制可能產生的重要功效。

十七、生產企業推行全面品質管制時，各有關部門之責任如何？

十八、各有關部門應作怎樣的配合才能達成全面品質管制的目的？

十九、電腦的優越性能和廣泛應用，對品質管制作業有什麼影響？

二十、品質管制作業的未來發展趨勢如何？

第十五章　存貨控制

第一節　存貨控制的意義

生產企業的存貨 (*Inventory*) 應該包括物料、在製品、製成品、零件、工具，以及用品等的存量。存貨控制 (*Inventory Control*) 則指研究如何控制存貨的種類、數量、收發以及保管等事項的最佳方法，俾能充分配合企業的各項生產活動之需要，而且要求保持生產成本中的物料成本於最低。故存貨控制可分為消極的與積極的兩種含義：消極的意義在求確保生產所需之物料、零件，及其他用品，能於適當的時間內保持適當種類、適當品質，及適當的存量，俾能充分供應生產所需，而無虞匱乏。但是如果因充分供應而使存貨成本太高，也不合經濟原則，所以存貨的積極意義則在創設存量管制基準，用最科學的辦法，以最經濟的成本，維持適當種類、適當品質，及適當數量之存貨，對各種生產活動之需要作最佳供應，既需避免物料存貨不足可能對生產作業發生停工待料之不良影響，及成品存貨不足而影響商譽或喪失顧客；又要防止存貨過多，以免壓積大量資金或蒙受其他損失，俾維持生產及存貨的成本於最低。

會計工作上雖然只在會計期間終了，或會計年度終了，作決算時才計算存貨；但在管理方面，却應隨時了解存貨的動態情況，以作最有效的控制。為了增進對存貨之了解，茲將存貨之發生原因、存貨之功能、存貨太多之不當，以及存貨控制之必要等項，分述如下：

一、存貨發生之原因

任何工商企業，都不可能完全避免存貨，至於存貨所以發生之原因，可就其內容分別討論如下:

1. 就原料而言

理想的生產企業，應該是原料依照需要的數量準時進廠，進廠後馬上從事加工生產，而且儘快將全部原料製成產品，並立卽將成品銷售出廠。但事實上此種理想永遠無法實現。原因是重複而又少量的購買，次數太頻繁，不但喪失大量採購的價格折讓，而且也增加採購及運輸成本，浪費人力物力，甚至還會因物料供應不繼而影響生產作業，所以不如採購適當的數量儲存之，以供逐漸耗用，較爲經濟可靠，因而卽產生原料的存貨。

2. 就在製品而言

現代的工業製品，大多要經過複雜的製造過程，而且要經過相當長的製造時間，無論是連續性的製造工業，還是斷續性的裝配工業，在各個生產過程中都會儲存有相當數量的在製品，而此種在製品於繼續加工製造期間，又不能變賣或出售，所以在製品的本身卽係一種存貨。

3. 就製成品而言

生產企業若只依顧客的訂單而生產，勢將時急時緩，而且需要頻繁變更開工率，提高籌製成本 (setup cost)，也不合經濟原則，尤其無法在穩定中連續不斷地大量生產，不能實施產品標準化，也難以積極的推廣市場銷路；反而不如維持一定的開工率，預測市場之需求變化，而在穩定中大量生產，儲存相當數量的產品，以隨時應付顧客的需要較爲有利，故有製成品的存貨。

4. 就零件工具和用品而言

零件、工具，和用品，皆為生產過程中不可或缺者，若等需要時才臨時派人購買，非但浪費人力及動力，更往往會因零件或用品缺乏，而使工作停頓以致延誤生產。因此，必須將各種零件、工具，和用品預先購買相當數量儲存之，以備隨時供應，所以乃有零件、工具，和用品的存貨。

總之，大規模的現代化製造業，產品的種類及數量繁多，物料及用品的耗用量鉅大，採購部門必須與生產部門配合，對各種物料、零件，及用品，預作適當數量的進貨，以維持相當期間的生產作業所需，俾免於奔命之勞，也可降低生產成本。

二、存貨之功用

在維持繼續生產與不規則的銷售過程中，存貨有如治水之蓄水池，有調節生產量與銷售量使之趨於平衡的功用。另外，存貨為流動資金的一種，在財務報表的分析上佔很重要之地位；存貨多即增加流動資產，流動資產充裕表示資本結構健全；存貨少又說明商品之週轉率高，商品週轉率越高則資本的收益率越大。因此，存貨的多寡在在影響財務結構，所以生產企業常利用存貨量的增減，以誇張其經營能力，存貨的此種特殊效用與意義，本章不予討論。

三、存貨太多之不當

生產部門、採購部門，以及銷售部門等，都希望能有充足的存貨量；但財務部門却相反的每每要求存貨儘量減少，以免積壓太多資金，增加企業的財務負擔。而且存貨中的原料可能因儲存過久而發生腐蝕或變質等的損失，製成品也可能因消費者風尚 (*Fashion*) 的改變、需求

的降低、新代用品的問世，或新製造方法的發明等，而遭到廢舊 (*Ob-solescence*) 的損失；何況存貨還要負擔資金利息、保險費，倉租、及管理費等，故存貨不宜太多。

四、控制之必要

由以上的分析可知，生產企業必須要維持存貨，但存貨太多則增加經營的風險及財務的負擔；存貨太少又恐不敷需要，而將延誤生產或喪失顧客，故過與不及皆須避免。而且儲存的方法及處理的程序若有不當，也容易造成供求失調的現象或增加管理上的困難。所以本章將討論如何利用科學的方法，決定適當的存貨數量，以及保持適當存量之處理方法及管理技術等問題。

第二節　存貨數量的控制

存貨數量之適當與否，爲存貨控制之基本條件，舉凡物料預算之編製及物料成本之估計等等，均需以存貨的數量爲依據，故在存貨問題中必須對存貨的數量加以嚴格有效之控制。茲將存貨中主要項目之數量確定方法及其控制原則分述如下：

一、物料及用品的存量控制

1. 決定最適當庫存量應考慮的因素

物料及用品若能維持適當的庫存量，則既能確保繼續供應生產過程的需要，而且還能降低生產成本，並提高資本的報酬率。有些物料和用品隨時可以從市場上獲得，而且取之不盡用之不竭　即無需維持存量，或者只要少量的儲存以維持急需可需；但有些受時間或空間限制的稀少

物料或用品，因供給有季節性變化或者需要長距離運輸，該等物料或用品卽需經常維持適當的庫存量。適當庫存量之設定，必須考慮下列因素：

（一）物料或用品之性質——越是稀少的物料或用品，越需設定較多的庫存量，以策安全；無虞匱乏的物料或用品，則宜儘量減少庫存，以免積壓資金。而對容易腐損銹蝕之物料，更不可多存。

（二）物料或用品之價值——廉價的物料或用品，所費不多，存量之控制無關緊要；而對價值昂貴的物料或用品，則不宜儲存太多，以免增加財務負擔。

（三）物料或用品之需要量——需要量大的物料或用品，自然需要多儲存以備供應；至於需要量少的物料，卽無需儲存過多。如果對未來的市場需求預測樂觀，則宜及早備料，以便增產。

（四）所需之購運期間——有些物料或用品必須到國外採購，長距離運輸耗費時日，尤其列入管制進口的項目，申請手續更是繁雜，每次申購數量宜多，以節省請購之費用；至於國內近距離採購的物料或用品，存量宜少。

（五）數量與價格之折讓——若大量採購所能獲致之價格折讓，其能節省之利益高過存儲之費用，當然宜於大量購存；否則，存量不宜太多。

（六）財務之負擔能力——若企業之財力充裕，尤其在物價上漲期間，存貨的利潤遠勝過利息負擔，則不妨增加存貨量；否則，若以流動負債來維持物料之存儲，則容易構成企業之財務危機，尤其在物價下跌的時期，更應力求避免存貨過多所造成的損失。

2. 物料及用品之類別與控制原則

物料及用品大致可分成三類，卽高價物品、低價物品，及中價物品，茲依重點分類管理法分述其控制原則如下：

　　（一）高價物品——所謂高價物品係指物料或用品之單位價格昂貴，需要大量資金者。一般生產企業所俱有的共同現象，卽物料或用品中的少數項目，其價值經常佔全部存貨資金的絕大部分，此等項目卽派律陶（*Pareto*）法則中所謂之「重要的少數（*Vital few*）」(註一)，對這些少數項目的重要物料或用品，一定要有完整的存量記錄，而且要能預測並控制其需要量及需要時間，在適當的時間提出申請，預期於需要時恰能運到，以求儘量減少準備存量，避免壓積資金及過時廢舊的損失。

　　（二）低價物品——所謂低價物品係指物料或用品之單位價格低廉，耗用量所值無幾者。一般生產企業的存貨項目中，經常有大多數的項目，其價值僅爲全部存貨價值中的極少部分，此等項目卽派律陶法則中所謂之「不重要的多數（*Trivial Many*）」(註二)。此等項目的存貨只需作簡單的紀錄卽可，因其價值低廉，嚴格控制所能節省的費用，也許不夠因此而增加的人工成本，例如廻紋針、圖釘，及螺絲釘等，必須經常維持夠用，而且可以放置於各別工作枱，俾便於工作人員隨時取用，以免請領之麻煩。但在不影響工作需要的情形下，亦應力求減少此類物品之存量，以免佔用太多的倉儲空間，及避免無謂的浪費。

　　（三）中價物品——所謂中價物品就是介於高價物品與低價物品之間的物料或用品。對於此類物品之未來需要量，無須每期預作詳細的估計，只須依照過去的用量及領用情況訂定最高及最低存量標準，領用時加以記錄，存量到達請購點時依經濟數量（*Economic Lots*）請購卽可。

二、成品的存量控制

1. 算出淡旺季節波動的幅度

註一　Franklin G. Moore: *Manufacturing Management,*
　　　Chapter 33, P. 623.

註二　同上

通常多以統計方法來計算季節波動的指數 (Index)，俾據以調節成品的存量。設以 Y 表示原始時間數列 (Time Series)，T 表示長期趨勢，S 表示季節變動，C 表示週期變動，I 表示不規則變動；則時間數列 $Y=T+S+C+I$，或 $Y=TSCI$。計算季節變動時，多以月份為準，將某期間內各年度同一月份的數值加結平均，作為該月份的指數；此種指數卽消除了週期變動 C 及不規則變動 I，若再消除該年度的長期趨勢值 T，所求得之結果卽為季節變動指數，卽 $\{[(T+S+C+I)-C-I]-T\}=S$，或 $(TSCI/CI)/T=S$。根據各該期間的季節變動指數，來預計各該期間的成品存量，以避免存貨過多之風險或存貨不足之損失。

2. 預計存量與實際銷售量的分析比較與調整

商情瞬息萬變，有許多動態因素無法完全把握，因而預計的銷售量與實際的銷售量不會完全吻合，但如果相差太大時，則必須詳加檢討，究竟是預計的錯誤呢？還是市場情況有了劇烈的改變？表 15-1 係四個月的預計銷售量與實際銷售量的比較。表中可以發現 1 月份的銷售量超過預計的數量很多。經分析研究後，如果發現僅是消費者提早購買而已，總需要量並沒有顯著的增加，則生產計劃只須略加調整卽可。如果發現係由於低估了市場的需求量，則需立卽調整產量以求存貨隨時足以供應市場之需求。

表 15-1　存量與銷售量比較表

月　份	銷　售		存　貨	
	預　計	實　際	預　計	實　際
10月	30	10	30	30
11月	30	25	30	50
12月	40	55	40	65
1 月	120	160	120	130
總　計	220	250		

第三節　控制存貨數量的方法

生產企業之控制存貨猶如控制金錢，必須要有適當的控制方法，而控制存貨的方法常因企業之規模及產品之性質而不同，玆將常用的控制方法介紹於下：

一、實地盤點制 (*Physical Inventory System*)

所謂實地盤點，係於年終或會計期末結賬時，將庫存的物料及用品數量實際盤查一次，以確定其存量並估計其價值，卽庫存的各項物料及用品之價值與數量，只有盤查完畢才能確切知道。當施行年終盤點時，所有的物料必須一一予以衡量查點，並依當時的市場情況重新估價。此種盤存方法對人力及時間所費太多，往往因而間斷工作；不過，如能認眞盤點及正確估計，頗有助於瞭解實際資產價值，以資控制，故小規模的企業而存貨種類又單純者仍多採用此法。

二、永續盤存制 (*Perpetual Inventory System*)

所謂永續盤存，係平時對於存貨總賬之各欄資料，均予以詳確的記載，卽以存貨總賬作爲一種永續之盤存表。表上標明最高和最低存量，以及經濟請購量等，根據表上顯示的資料，於適當時間訂購適當的數量，以維持適當的存量。物料賬上的進貨單價，卽爲存貨之成本價格，單價乘存量卽爲存料之總值。物料管理人員亦可經常於存量最低時，根據賬面數量盤查倉庫內之實際存量。此法盤點容易，賬面存量確實，而且賬面價值接近市價，故採用甚廣。

三、存量基準 (*Standard Quantities*)

所謂存量基準控制法，係預先以科學的方法制訂各種物料或用品之適當存量，管理人員據以隨時衡量存量之多寡，俾便及時予以補充或作其他適宜之處理。茲將常用之各種計算存量基準的方法列述如下：

1. 戴維斯 (*R. C. Davis*) 法

戴維斯法係由美國物料試驗協會 (*American Society for Testing Materials*) 所推薦倡用者，乃針對物料儲存過多而發生積壓資金的浪費現象，或因物料儲存過少而發生停工待料之弊端，故設立最高存量及最低存量兩種基，準作為控制之界限為，了維持此種界限，並需有訂購量與請購點兩項輔助基準予以配合。其各項控制基準之關係如圖 15-1 所示。

圖 15-1　戴維斯庫存控制圖

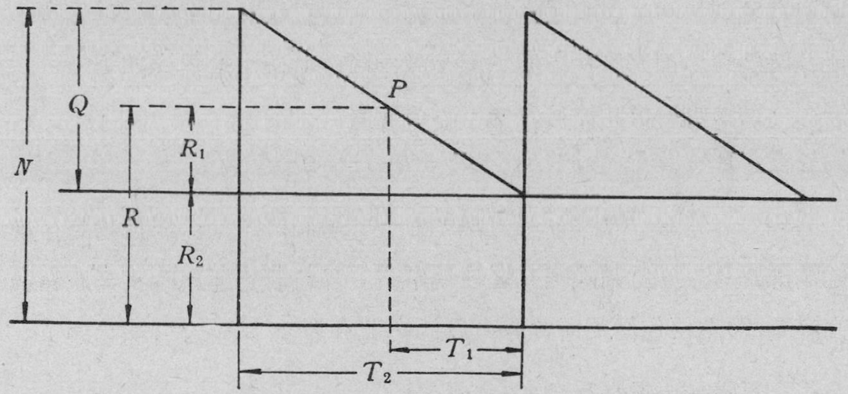

茲將該法各種控制基準之實際運用情形分項列式說明如下：

（一）最高存量 (*Maximum Inventory*)——所謂最高存量，係指在某特定期間內，某項物品庫存數量之最高界限。存量過多則造成積壓浪費，其確定之程式如下：

$$\underbrace{最高存量}_{M} = \overbrace{\underbrace{一次採購足夠耗用之時間}_{T_2} \times \underbrace{每日耗用量}_{S}}^{Q} + \underbrace{安全存量}_{R_2}$$

（二）最低存量 (*Minimum Inventory*)——所謂最低存量，卽庫存之某項物品，在某特定時間內，旣能確保供應生產之需要，而存貨成本又最低時，應予維持之適當存量。最低存量又有理想最低存量與實際最低存量兩種情形，其確定之程式如下：

$$\underbrace{理想最低存量}_{R_1} = \underbrace{購運時間}_{T_1} \times \underbrace{每日耗用量}_{S}$$

$$\underbrace{實際最低存量}_{R} = \overbrace{\underbrace{購運時間}_{T_1} \times \underbrace{每日耗用量}_{S}}^{R_1} + \underbrace{安全存量}_{R_2}$$

（三）請購點 (*Reorder Point*)——所謂請購點，係指物品存量降至某一特定數量時，卽需請購補充之界限。俾存量耗用至安全存量時，恰能及時運到以補充庫存，使供應不致中斷，其確定之程式如下：

$$\underbrace{請購點}_{P} = \underbrace{理想最低存量}_{R_1} + \underbrace{安全存量}_{R_2} = T_1 S + R_2$$

（四）訂購量 (*Reorder Quantity*)——所謂訂購量，係指物品存量已達請購點時，應行請購補充之經濟數量。卽待訂貨運到時不至於超過最高存量，而單位進價及運費等又最低之進貨數量，其確定之程式如下：

$$\underbrace{訂購量}_{Q} = \underbrace{最高存量}_{M} - \underbrace{安全存量}_{R_2} = T_2 S$$

2. 國內企業界通常採用之計算法 (註一)

註一：參閱解晉編著生產控制學第十章第七節 182 頁

根據圖 12-2 所表示者，其計算之公式如下：

最低存量：$R = T_1 S(1+X)$

最高存量：$M = T_2 S(1+Y)$

請購點：位於最高存量與最低存量之間，隨時配合各項變動因素，酌量升降，以不低於最低存量基準爲原則。

訂購量：最多訂購量

$$= M-(A+B-C)$$

最少訂購量

$$= R+[R-(A+B)-C]$$

以上各式中所用的符號之意義如下：

$T_1 =$ 購運時間

$T_2 =$ 一次採購足夠耗用之時間

（存貨週期）

$S =$ 平均每日耗用量

$X =$ 購運時可能發生之時間延

誤及數量損失百分比。

$Y =$ 存貨週期中可能超出預定

用量之百分比。

$A =$ 實存量，卽庫房中可用之

存量。

$B =$ 待收量，卽已訂購尚未收

量。　　到之數

$C =$ 配定量，卽已配定尚未發

出之數量。

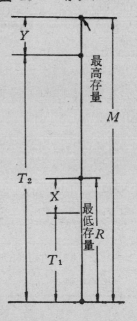

圖 **15-2** 存量控制圖

3. 茂爾 (*Franklin G. Moore*) 的計算法 (註二)

註二：Fanklin G. Moore：*Manufacturing Management*，Chapter 36. P. 768, 1965

　　（一）請購點的決定——請購單提出後，並不能立刻收到訂貨，從請購到收到訂貨的購運期間內，仍需耗用存貨，如果沒有安全存量作意外準備，很可能因供應者或運輸上的意外事故（如罷工或戰禍等），而

圖 15-3　存量控制圖

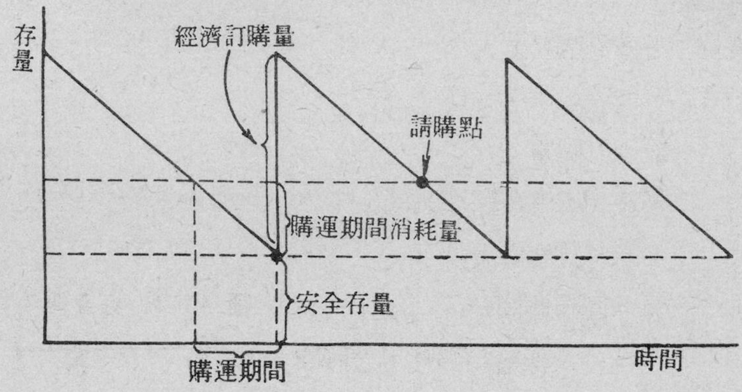

造成缺料停工的損失，但安全存量若太多却又增加財務負擔，至於如何決定適當的請購點，玆依圖 15-3 所表示者，舉例說明如下：假定某項物料

　　每星期的耗用量爲50個單位

　　每次缺料停工可能造成之損失爲$200

　　每週每單位存貨之費用爲$0.75

　　由統計資料中獲得最近25次訂貨之收貨期間變動情形如下：

從請購到收貨所需要的時間（星期）	3	4	5	6	7
發生的次數	2	6	10	4	3

如果在三星期前請購，請購點應爲 150 個單位，購運期間內的平均存貨量爲75個單位（150/2），所需之存貨費用＝$.75×75＝$56.25；但缺貨的機率約爲92%（$1-\frac{2}{25}$），故有 $200×.92＝$184 的缺貨風險負擔。玆

將上述資料中25次訂貨之收貨期間變動情形，及在各種訂貨情形下所需要之總成本計算結果列表如下：

表 15-2　*存貨成本計算表*

到貨期間(星期)	出現次數	出現次數所占百分比	到貨期間耗用量	平均存貨量（到貨期內）	每星期平均負擔的存貨費用	缺貨機會的百分比	缺貨之風險	每星期缺貨的損失	總成本（每星期）
3	2	8	150	75	$56.25	92	$184	$61.33	$117.58
4	6	24	200	100	75.00	68	136	34.00	109.00
5	10	40	250	125	93.75	28	56	11.20	104.95
6	4	16	300	150	112.50	12	24	4.00	116.50
7	3	12	350	175	131.25	0	0	0	131.25

由上表所顯示的結果可知，最適當的請購點應是 250 個單位，其總成本最低，為 $104.95，當存貨低於 250 個單位時，便提出請購。

（二）訂購數量的決定

(1)影響訂購量的因素：

（甲）金額的限制——即存貨中某些項目的訂購數量受分配金額的限制，用以控制總存貨量的價值，使不致於超過一定限額。

（乙）時間的限制——某些項目的訂購數量以使用量的時間作期限，譬如任何時間內存貨不得超過30天的用量。

金額限制與時間限制可以配合運用。例如某些項目存貨之請購用款不得超過 $100,000，其中每項存貨不得超過 30 天的用量，用此種雙管齊下的方法，以收嚴格控制之效。

(2)經濟訂購量 (*Economic Lots*)

所謂經濟訂購量，係指籌購成本 (*ordering cost*) 及存管成本 (*carrying cost*) 等皆為最低之訂貨數量，即存貨總成本為最低之訂購數

量。經濟訂購量是與經濟產量相配合決定的物料常備量，在此種最適當的庫存量下，以期充分達成減低生產成本及提高資本效益的目的。物料的耗用數量如果穩定，存量卽可減少，但採購批數可能增多；反之，則存量增多，採購批數少。所以物料之存管成本增加，其籌購成本卽可能減少，反之亦然。但是存管成本之增加數額與籌購成本之減少數額，未必相等，如何決定存量才能使存管成本與籌購成本之總和爲最低，必須加以分析研究，茲舉例兩則分述如下：

（甲）經濟訂購量之微分確定法

　　　設 X＝經濟訂購量

　　　　O＝每批次的籌購費用

　　　　D＝每年預計耗用的數量

　　　　C＝每單位貨品的存管成本

　　卽 D/X＝每年訂購的次數， $X/2$＝平均存貨量， 故每年總費用 $TC=OD/X+CX/2$ 經微分之後得

　　　　$dTC/dX=-OD/X^2+C/2$　　　設 $dTC/dX=0$

　　卽 $-OD/X^2+C/2=0$

　　則 $C/2=OD/X^2,\ CX^2=2OD$

　　所以 $X=\sqrt{\dfrac{2OD}{C}}$，卽爲經濟訂購量。

由上式可知，經濟訂購量數額的大小，直接受年度耗用量 D 及每批次的籌購費用多寡之影響，將成正比例的增減。同時亦受每單位貨品的存管費用多寡之相反影響，若貨品的存管費用高，經濟訂購量宜小，反之，則經濟訂購量增大。

（乙）經濟訂購量之表解及圖解確定法

　　在全年耗用量確定的情況下，全年的籌購費用之增減與每批採購數量之多寡成反比，若每批採購數量多，則全年採購次數少，所以籌購費

用也少；反之，若每批採購的數量少，全年採購的次數多，則籌購成本增多。而存管成本之增減則與每批的採購數量之多寡成正比，每批採購數量大，則平均存貨量多，存管成本卽成比例的增加；反之，若每批採購的數量少，因平均存量少，則存管成本減低。所以經濟訂購量卽在維持籌購成本與存管成本兩者均衡的情況下，才能使全年總成本爲最低，玆舉例說明之。假定某項貨品之全年耗用量爲1,600個單位，每單位的年度存管費用爲 \$0.10，每次籌購的費用爲 \$5.00，試以表15-3確定此項貨品的經濟訂購量如下：

表 15-3　經濟訂購量計算表

每年訂購次數	每次訂購數量	平均存量	每年存管成本	每年籌購成本	總成本
16	100	50	\$ 5.0	\$80.0	\$85.0
8	200	100	10.0	40.0	50.0
6	267	133	13.3	30.0	43.3
4	400	200	20.0	20.0	40.0
3	533	266	26.6	15.0	41.6
2	800	400	40.0	10.0	50.0
1	1600	800	80.0	5.0	85.0

由上表中可以看出，存管成本隨每次訂購數量之增加而成比例的增加，但籌購成本却相對的減少；反之，每次的訂購數量減少時，雖然存管成本成比例的減少，但籌購成本却相對的增加。在經濟訂購量400個單位時，存管成本與籌購成本能維持均衡，而使總成本最低。訂購數量低於此點時，減少的存管成本少於增加的籌購成本，而使總成本增多；反之，訂購數量超過此點時，增加的存管成本大於減少的籌購成本，總成本也因此而增多。所以只有在經濟訂購量時，才能保持存貨的總成本於最低。此項結果顯示：每次應該訂購400個單位，而1600÷400＝4，卽每年應該訂購4次，全年的存貨總成本爲最低，只要40元。爲了增進

讀者的興趣並容易瞭解起見，茲將表 15-3 中計算的結果，以成本曲線將其變動情況顯示於以下之圖 15-4。

圖 15-4 經濟訂購量確定圖解

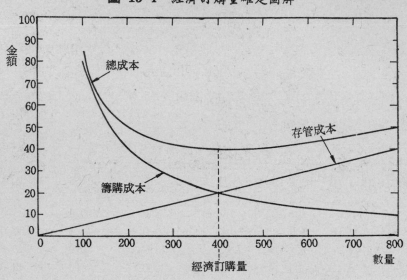

由圖中的總成本線之變動可以看出，當訂購量為 100 個單位時，存貨的總成本很高為 $85，隨着訂購量之增多，總成本則遞減；但是當訂購量超過 400 個單位以後，總成本又開始遞增。而且經濟訂購量一定在存管成本與籌購成本之交點處，也就是說當二者相等時，總成本為最低。

觀察總成本線之變動還可以看出，在經濟訂購量附近之曲線比較平灦，也就是說在經濟訂購量附近總成本之增減很少，所以訂購量在 300 或 500 個單位時對總成本之影響很少。

(3) 注意事項——上述求經濟訂購量的方法，也適用於求經濟產量。但應用此方法時必須明瞭其以下之假定條件：

(甲) 每年耗用的總量為已知。

（乙）未考慮價格的季節變動及大量訂購時價格上的降低或折讓。

（丙）資金的籌措不發生困難。

（丁）庫房的容量不受限制。

當然還有其他因素會影響訂購數量的成本，但爲了便於運算起見，都省略不計，所以由上述方式所求得的經濟數量，只可作爲一個訂購標準的依據，並不一定要分毫不差的套用，只要能參酌實際情況，使訂購數量接近於經濟訂購量卽可。

（三）請購點與訂購數量之配合

每次訂購的數量應爲經濟訂購量，於存貨量降至請購點時，提出請購。訂購量加上訂購的物料到達時的存貨量，應爲倉儲之最高存量。至於安全存量之設置與否，則視物料的價値及缺料時可能造成的損失之大小而定，若存貨的價值較高，而物料供應不及時，所可能產生的損失又不大，卽可減少或不必設置安全存量；相反的，如果物品的價值不高，而缺貨時可能產生的損失又很大，則請購點自然會被迫上升。請購點之升高與訂購數量之增加，卽含有安全存量之設置。

（四）存貨週轉率 (*Inventory Turnover Rate*)

存貨週轉率亦爲存量控制之考核基準，係指庫存量對實際銷用量之比率，卽表示於一定期間（一年、半年、一季，或一月）內，各該項存貨之週轉次數，週轉之次數多則顯示該項物料或成品之存量低，也就是表示存量控制良好；反之，週轉率低則顯示存量過多，控制欠佳。其計算之公式如下：

$$存貨週轉率 = \frac{領用（或銷售）量}{平均存量}$$

對於物料以領用量計算，對於成品則以銷售量計算，至於平均存量，常採逐月平均，或以一定期間之期初存量與期末存量之平均數計算之。週轉率之計算，多以數量爲準，也有以金額爲計算標準者。

存貨週轉率中常用的有物料週轉率、在製品週轉率，以及產品週轉率等，其中以產品週轉率最爲重要，因爲產品之週轉率高，則物料及在製品之週轉率亦必同樣的提高；反之，則顯示物料及在製之品週轉率也很低。產品之週轉率，不但爲存量控制之考核基準，而且也決定生產企業之收益能力，故深受生產企業之重視。

第四節　銷售預測與存貨

物料及用品之存貨爲從事生產所必須，其存量之多寡每與成品之產量成正比，生產成品數量之多寡，則又根據生產計劃所擬訂之數量而定，而生產計劃又係根據銷售預測而擬訂，故物料及用品之存量控制，亦以產品之銷售預測爲依據。

各行業的市場需求情況都時常在改變，就長期而言，市場變化有所謂繁榮時期與蕭條時期；短期之內，市場情況也有季節性與週期性的波動。一個生產企業欲求生存發展，必須充分把握市場的變動，以適應其需求，在繁榮時期要能適度的擴充生產；在蕭條時期要能適度的減縮生產。在短期之內應經常保持穩定的生產，而又能適應季節變動，在淡季不需停工裁員，在旺季仍能充分供應市場需求。要達到此種境界，當然要充分瞭解市場的需求情況，尤其是未來的需求趨向，故需對未來情況作銷售預測，根據預測的銷售量及季節變動情況，以決定生產所需要的物料和用品之存量，及製成品應維持之存量，以求能適度的應付市場之需求變化。茲將如何有效的預測未來銷售量，俾憑以調整存貨之有關問題分述如下：

一、銷售預測的方法

常用的預測銷售之方法有：因素列表比較法 (*Factors Listing Me-*

thod)、數列趨勢分析法 (*Series Tendency Analysis*)、領先落後數列分析法 (*Lead-lag Series Analysis*)，及輿論測驗法 (*Opinion Polling*) 等。但綜合一般常用的方法，可以歸併成以下兩種：

1. 由上而下的預測法 (*Top-down Forecasting*)

所謂由上而下的預測，係從預測一般的社會經濟情況之趨向，如國民所得的增減、消費傾向的變動、新投資的多寡，以及政府支出的膨脹或收縮等，進而估計銷售數量的增減。如何由今年的利潤變化，以估計明年的經濟趨勢，茲舉例說明如下：

（一）確定假設條件——以下各項條件皆為經濟學中的基本法則：

(1) 明年的消費決定於明年的所得。

(2) 明年的投資決定於今年的利潤。

(3) 租稅收入決定於未來國民總所得 (*GNP*)。

(4) 國民總所得為消費、投資，及政府支出的總和。

(5) 國民淨所得等於國民總所得減折舊。

（二）建立代數式——根據上項假設條件，而建立以下各代數式：

(1) $C = aY + b$

(2) $I = cP_{-1} + d$

(3) $T = eG$

(4) $G = C + I + E$

(5) $Y = G - T$

（三）應用預測模式——根據歷年統計資料的消費、投資，及所得等數列的趨勢，而求得以上各代數式之常數 a、b、c、d、e。結果如下：

(1) $C = .7Y + 40$

(2) $I = .9P_{-1} + 20$

$$(3)\ T = .2G$$

$$(4)\ G = C + I + 75$$

$$(5)\ Y = G - T$$

（四）求出所需之答案——設今年的利潤總額約42億元，則方程式 $(2)\ I = .9 \times 42 + 20 = 57.8$ 億元。將 I 代入（4）式，再與其他方程式聯立即可解得：$C = 260$ 億，$GNP = 392.7$ 億，$T = 78.5$ 億，$Y = 314.2$ 億。即明年的消費額約爲 260 億元，投資約爲 57.8 億元，GNP 國民總生產毛額約爲 392.7 億元，租稅約爲 78.6 億元，而國民所得淨額約爲 314.2 億元。

亦可用同樣程序，建立預測各種產品需求量的模式，以推測未來的市場需求情況。例如厨房設備中之電爐及電冰箱等產品的需求量 X，假設與國民所得 Y，及新建築 Z 等因素之關係爲直線相關，即可以

設　　　　$X = a + bY + cZ + \cdots\cdots + mR$

再由時間數列求估計線　$X_y = a_1 + bY, X_z = a_2 + cZ, \cdots, X_R = a_n + mR$。式中 $b, c, \cdots,\ m$ 等皆爲常數（大於 0 小於 1 的分數），而 $a = a_1 + a_2 + \cdots\cdots + a_n$。或設 $X = aY^b + dZ^c + \cdots\cdots + mR^n$，亦可由 $X_y = aY^b$, $X_z = dZ^c, \cdots\cdots X_R = mR^n$ 中求得之結果相加而成。

2. 由下而上的預測法 (Bottom-up Ferecasting)

所謂由下而上的預測，係指從產品推銷的記錄，以及承銷商分支店推銷員的直接估計，根據歷年增減的趨勢，以預測該年度的可能銷售量，再根據預測的銷售量，以預計存貨數量。此種估計大都根據業務經驗，和資料的搜集、核對，以及分析調整等而提出的報告數字，由於提供資料者最接近市場實際的需求情況，故此種數字的可靠性較大。

另外亦可用直接從事民意測驗的方式，以探求消費者的意向。此種方法在時間及金錢上之浪費太大，除非爲了明瞭消費者對新產品之反映

外，甚少採用。

　　由上而下的預測方法，可直接求得總需求量，但除非已確知生產企業本身所擁有的市場佔有率(*Market share*)，及競爭者的動向，否則很難推算出生產企業本身應有的產量。由下而上的預測方法，可能會有主觀的成份在內，也不完全可靠，而且整個經濟情況究竟是趨向繁榮還是在逐漸衰退，也無從得知，所以實際作預測工作時，常兩者兼採，相互印證，較爲妥當可靠。

二、銷售預測與存貨之調整

　　銷售量的多寡固然影響到成品存貨量的多少，如果銷售情況平穩，沒有太大波動，存貨並不需要太多；反之，若淡旺季節銷售量相差很懸殊，但生產規模旣定，產量不允許有太大變動時，則只有在淡季多積存些，以應付旺季之需要，故存貨量反而升高。

　　存貨可以調節不規則銷貨與穩定生產之間的差額，尤其是季節性銷售變化非常顯明的產品，更需要適當的調整其成品之存貨。玆舉一個典型的例子說明如下：

　　假定某公司專製玩具裏的音響盒 (*Music box*)，發售給玩具製造廠裝配到各種玩具裏出售，此種生意的季節性變化很大，耶誕節前幾個月爲該產品之旺季，零售店多在耶誕節前買進，所以該公司於五、六月即需加緊生產。大致說有些玩具的流行時間很短，過時即無銷路。所以該公司必須善加計劃其生產量，俾能減少存貨，而旺季時又不至於因存貨不足而喪失顧客。於是該公司首先擬訂一份全年度的每月銷售預測表，再根據此表釐訂生產計劃，表15-4即爲該公司的銷售預測及生產計劃。該產品必須於三、四、五，及六月份大量製造，以便其他廠商購買裝配，從十月開始至次年九月爲一個市場週期，在此週期內最高月份的銷售量

為最低月份銷售量的十倍，但生產量却因設備的能量所限而不能相對的配合變動。表中顯示最高銷售量為30萬個單位，最高產量為15萬個單位，故該公司必須控制適當數量的存貨，以彌補銷售旺季月份內生產之不足。

表 15-4　預計銷售、生產，及存貨累積表

月　　份	銷　售　量	累積銷售量	生產量	累積生產量	月末存貨
10	3	3	6	6	3
11	3	6	6	12	6
12	4	10	8	20	10
1	12	22	8	28	6
2	8	30	12	40	10
3	6	36	15	55	19
4	14	50	15	70	20
5	30	80	15	85	5
6	25	105	15	100	−5
7	8	113	13	113	0
8	4	117	4	117	0
9	3	120	3	120	0

單位：萬

表15-4最後一欄表示月末存貨的數字，也可以轉換為圖15-5的折線更清楚的表示如下。

圖 15-5　存貨計劃

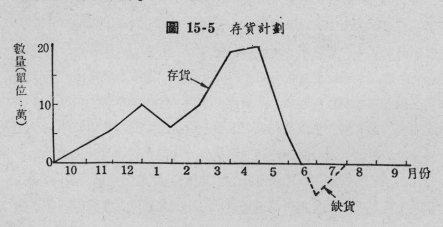

六月底的負五萬個單位存貨，表示該公司在六月底有五萬個單位的訂單無法按時交貨。該批訂單如果可以延至七月初交貨最好，否則卽因計劃不當而將喪失該批交易。所需提醒注意的是，在市場競爭激烈的情況下，要爭取一個顧客或者獲得一批訂單必須化費大量成本（廣告費及應酬費等），所以失去一個顧客或喪失一批訂單卽等於增加了企業的損失。

本節偏重於銷貨有週期性變動或成不規則波動時如何計劃存貨，如果計劃不當，卽發生存貨過多或過少的現象。存貨過多則壓積大量資金，而且要負擔存管費用（*Carrying Costs*）；若存貨過少則喪失顧客，造成間接的損失。所以存貨數量的控制，應配合市場部門的銷售預測，生產部門的生產能量，以及財務部門的負擔能力和週轉能力等，而預爲適時適量的調整。

第五節　庫房之設置與管理

庫房之設置，係爲便於物料及用品之存儲與領用，故其位置務求方便。對於小型工廠，廠房比較集中者，爲了便於管理，其庫房亦應集中；而對廠房分散之大規模企業，其庫房則不宜過分集中。原料庫房應鄰近加工部，在製品之庫房應鄰近裝配部，而成品之庫房則宜接近裝運部。如此設置不但便於物料之領用與存儲，亦可縮短搬運距離，減少廠內搬運之浪費。庫房之設置與管理得當與否，不但影響物料存儲之方便，而且關係物料之搬運費用，對生產成本之影響極大，玆將設置庫房時應注意之重大事項分述於下：

一、倉儲位置之設計

庫房中倉儲位置之設計適當與否，對物料管理及領用之關係至爲重

大，圖 15-6 爲一典型的倉位設計，將進料及發料之倉門，分設於庫房之兩端，　收料之一端留有檢驗及點收之場地，　並設有收料櫃臺及料賬

圖 15-6　倉位設計及編號

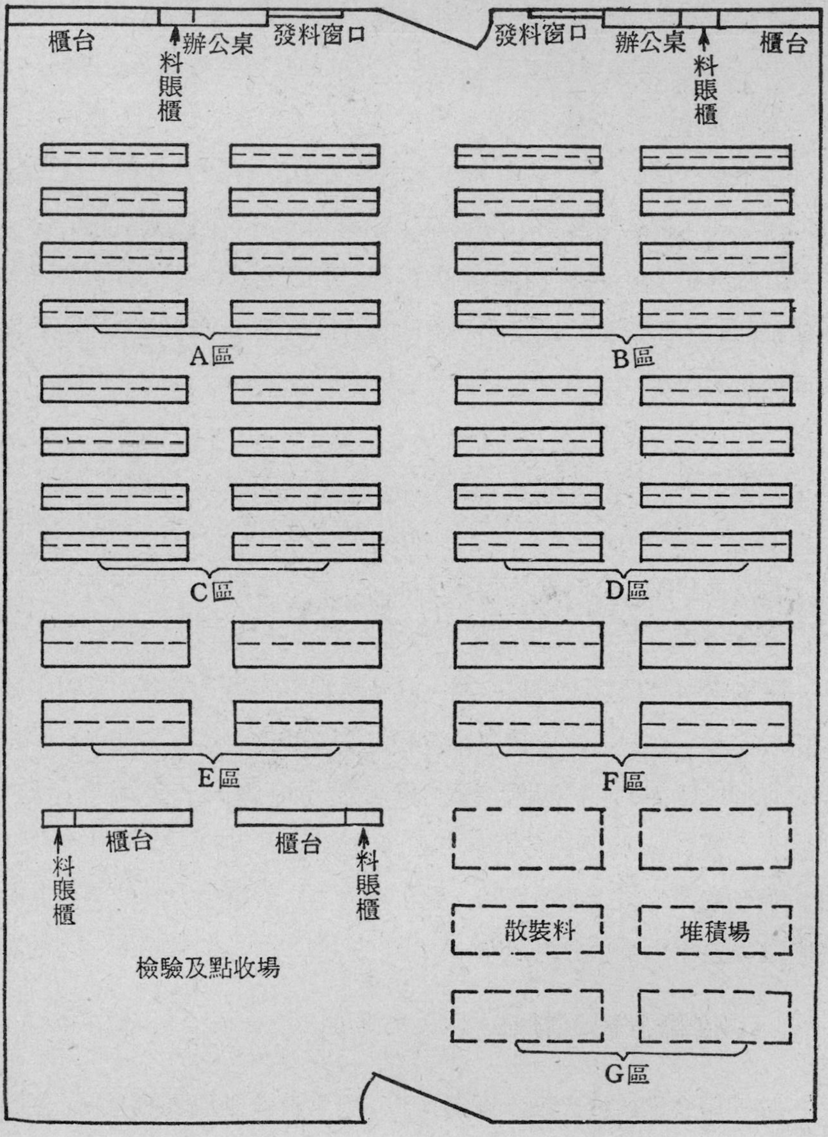

櫃；發料之一端設有發料窗口、發料櫃臺、辦公桌及料賬櫃等。針對不同之儲存設備，將儲存場地分區，標以明顯之分區編號，以資識別。依照物料之性質或體積，及搬運之需要，而分別定出縱橫交錯寬度不等之通路。以利搬運工具之出入，在貨物進口處，應有裝卸臺之設置，其高

圖 15-7 倉儲位置之設計與管理

度應與運輸工具之高度相適應，既利於裝卸，又避免損壞。物料之類別與其存儲之位置亦需妥善的安排，體積重大者宜接近於出入口處；使用料架或框櫃的倉儲間，應將笨重的物料儲存於底層，輕小者儲存於上層；貴重的物料應特設安全的位置儲存之；至於着火點低的易燃物料，最好隔離儲存於防火間。總之，倉儲位置之設計與物料之放置，必須井然有序，而且要安全穩重，才合乎科學管理之原則。圖 15-7 係庫房之一角，可以看出其分區編號的倉儲位置之設計與井然有序的妥善管理。

二、倉儲位置之編號與標示

為了使物料易於歸類與辨識起見，倉儲位置亦應編號並加以標示，以與物料之分類編號相對應。尤其是原料和用品等種類繁多的倉庫，必須將存儲位置編號，並於擱架或框櫃上附以標籤，標明物料之類別、名稱，及編號等，以求物料收發、存放，及取用之便利，既便於查核，又節省時間。常用的編號方法有數字符號法(*Numerical Symbolization*)、易記符號法 (*Mnemonic Symbolization*)，及混合法 (*Combined Symbolization*) 等三種方法，茲簡單介紹如下：

1. 數字符號法

所謂數字符號法，係以一個或一組數目字為表示種類之符號，如果編號複雜，則分為數段，以短橫劃連接之。數字符號法中常用杜威 (*John Dewey*) 的十進位分類法 (*Dewey Decimal System*)，以阿拉伯數字分段表示之。例如以編號 *No.46*-05 表示第 4 號庫房、第 6 號隔間中的第五號器材。

2. 易記符號法

所謂易記符號法，係指選用英文名稱的首項字母，或英文名稱中有代表性的一、二個字母，望文生義用以標明物料之種類或性質。例如以

M代表機器 (*Machine*)，以 S 代表鋼類 (*Steel*)，以 T 代表工具 (*Tools*)，以 E 代表電氣器材 (*Electric*)，以 R 代表原料 (*Raw materials*) 等。

3.混 合 法

所謂混合法係將以上兩種方法混合應用之，卽將英文字母與數字混合編號。例如以編號 S5208，表示鋼類物料，儲存在第 5 號庫房，第 2 存儲區之第 8 號擱架。

物料庫中倉儲位置之編排，應依物料之分類爲原則，卽先將類別分爲原料、在製品、製成品、零件、工具，及用品等類，各類分別存放。再於每類中性質相同者歸集一處，而後再依其重量或體積分別儲存之，其實際倉儲作業情況，可以參考以下之圖 15-8 及 15-9。

圖 15-8 物料庫分區編號以標示倉儲位置

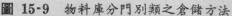

圖 15-9 物料庫分門別類之倉儲方法

三、庫房之管理

庫房之管理得當與否，輕則關係生產成本之增減，重則關係生產企業之盈虧，其重要性與現金之出納相同，甚或過之，而庫房之事務又千頭萬緒，管理尤感不易，茲將常用的管理方法擇要提示如下：

1.定位管理

將各庫房予以座標定位，並將庫房中之區段及存儲之櫃架予以標記編號，再將物料貯存位置之標誌編號登記於賬卡之上，管理人員即可了然各種物料之存放位置，既利於收存，又便於撥發，省時省力。

2.適時盤點庫存

一般之物料大多定有最高存量與最低存量，交由庫房遵照執行，良好的庫房管理，必須確實掌握庫存量，於存量最低時，或於營業清淡時，或於會計期末，盤點庫存。一方面清點核對實際存量與賬面數量是

否相符；一方面檢查存貨之品質是否有變化，以防止量與質兩方面的損失，並維持安全之存量。

3. 注意置放與領用之順序

通常多將先入庫房之物料置於裏端或角落處，依次堆置，以致物料之領用或出庫，多從外面搬運方便處開始，而許多物料如果儲存時間過久，可能腐蝕變質或廢舊，故物料之堆存務求避免後入先出（*Last-In First-Out*）之弊端。

4. 防止銹蝕或耗損

一般倉庫之通風窗口，多設置得很高而且很小，又經常緊閉以防意外，故庫房內多密不通風，易生潮氣，致使物料霉爛或生銹等損害，爲了保持存貨之品質，必須注意庫房通風，並保持乾燥。

5. 注意防火

庫房一定要有完善的防火設備，因爲有些物料在儲存期間發散熱量，如果庫房的通風設備不良，氣溫卽會逐漸上升，一遇火種，卽可能釀成火災。庫房最怕失火，必須時時防範，對於易燃的物料尤應特別注意，最好隔離放置。

6. 謹防盜竊

大規模的庫房，物料進出頻繁，如果管理不善，卽易發生竊盜情事。所謂竊盜有內賊與外賊兩種情形，而尤以內賊最難防範；故除加強防盜設施外，並需加強管理，例如嚴禁在庫房內會客及閒人之出入等。

第六節　料賬控制制度

工廠所用之物料，需有詳細之記錄及嚴密之控制，正像金錢之必須妥爲入賬及保管一樣。爲了確定責任及防止物料之浪費損失，必須注意

合理之訂貨，以防止存貨之過多或不足，並隨時掌握存貨之正確價值，及各單位用料與各種產品上用料之成本，欲求達此目的，非有正確詳細之記錄不可，故需確立料賬制度。料賬之作用，係為物料動態之記錄與憑證，良好之料賬，可以隨時明瞭各項物料的過去及現在的動態，卽可藉此而推測將來的變動趨勢，而此種預測又為存量控制之依據，所以要求有效的存量控制，必需確立料賬控制制度。茲將料賬制度中之重要事項分述如下：

一、物料總賬之設置

物料總賬為料賬制度之核心，用以記錄物料之訂購、收到、撥發，及現存量等，可使存量控制一目了然，既可避免定期盤點的人工及時間之浪費，又能防止缺料停工或物料過多而積壓資金等弊端，並且具有永續盤存制 (*Perpetual Inventoy System*) 之功用，所以物料總賬不但為存貨控制之依據，亦為生產控制之重心。常用的物料總賬之格式如下：

表 15-5　物料總賬

品 名：		編 號：							
請購點：		經濟訂購量：							
日期	訂 購		收	到		撥 發		現 存	附 註
月 日	數量	請購單編號	數量	單價	總價	數量	領料單編號	數量	總價	

物料總賬應印製散張，每項物料各設一張，茲將表中各欄之內容及其應用說明如下：

1. 編　　號

如果物料項目繁多，儲存位置分散，爲了儲存或領用之方便，通常多將物料編號，以標示物料之種類及倉儲位置，此項編號應與倉位編號配合應用。

2. 請　購　點

各項物料，應依需求之性質而制訂適當之請購點，並註明於物料總賬之顯著位置，俾便及時請購，以免引起停工待料之損失。

3. 經濟訂購量

爲求物料成本之最經濟，應求出最適當之經濟訂購數量，卽物料之存管及籌購的總成本爲最低之訂購數量。此項訂購量加最低存量，以不超過最高存量爲原則，將經濟訂購量標明於料賬單上，爲訂購數量之參考。

4. 訂　購　量

係業已簽發訂單，尚未收到貨品之數量。每批訂購數量應以經濟訂購量爲準，但並不一定完全相等，可視實際需要及財務能力而增減。

5. 收　到　量

係供應商送達，經驗收入庫之數量。惟可能有分期到貨之情形，短期內收到之數量，未必與訂購之數量相符，故需註明請購單之編號，以備查核。

6. 撥　發　量

係經製造單位請領出庫之數量。物料之撥發應以上級核准之領料單爲依據，故需註明領料單之號碼，以備查證。

7. 現　存　量

係庫房實存可用之數量，此項存量以不低於最低存量爲原則。通常多將存量以現金價值表示之，爲編製資產負債表之依據。

二、存貨的計價方法

本節將僅討論存貨領用出庫時之計價方法。因物料計價方法之不同，關係到產品成本之計算，而且影響到企業資產的價值，故需有適當之選擇。茲將常用的計價方法列述如下:

1. 先入先出法 (*First-in, First out Method*, 簡作 *Fifo*)

所謂先入先出法，係認定每次領用的物料皆為存貨中最先購入者，卽以存量中最先購入的物料價格計算領用的物料成本; 若領用之物料中，包括兩批購進之物料，則應按其各批之進價分別計算。此法計算簡單，故採用較廣; 惟在物價有漲落波動時，則此法算出的生產成本，可能會發生偏低或偏高的情形。尤其在物價上漲時，因物料計價偏低，而低計生產成本，使利潤虛增，以致加重稅捐負擔，而且售價中計列的物料成本，無法購回所耗用之等量物料，故物價波動時不宜採用此法。

2. 後入先出法 (*Last-in, First-out Method*, 簡作 *Lifo*)

後入先出法恰與上述先入先出法相反，係認定每次領用的物料皆為最後入倉者，卽以最後購入的物料價格計算成本。此法所算出的生產成本，比較與市價接近，尤其在物價上漲時，所計得之製造成本比較接近市價。但此法却使存貨之賬面價值與市價不符，有壓低存貨價值之嫌。

茲以一個簡單的例子說明在物價波動（上漲）時，採用不同的計價方法，對存貨價值可能產生的不同影響:

先 入 先 出 法

購入數量	發出數量	餘 額	單 價	總 價	存貨價值
		0			
50磅		50磅	$1.00	+$50.00	$50.00
100磅		150磅	1.50	+150.00	200.00
	60磅	90磅	{50磅@$1.00 {10磅@ 1.50	− 65.00	135.00

後 入 先 出 法

購入數量	發出數量	餘　　額	單　　價	總　　價	存貨價值
50磅		0			
100磅		50磅	$1.00	+$50.00	$ 50.00
		150磅	1.50	+150.00	200.00
	60磅	90磅	60磅@$1.50	－ 90.00	110.00

　　由以上兩種不同計算方法所產生的不同結果可以看出，在物價上漲的情況下，先入先出法壓低了所耗用的物料之現值，但存貨餘額的價值比較接近市價；而後入先出法却恰好相反，所計耗用的物料之現值比較接近市價，但存貨餘額的價值却低於市價。此種不同結果對生產企業的損益表和資產負債表都發生不同的影響。反之，在物價下跌時，兩種方法所計得之結果將與上述之結果完全相反，讀者可自行設例演算之，以增進了解。

3. 累積平均法 (*Cumulative-Average Method*)

　　所謂累積平均法，係認定每次領用的物料皆為庫存的各批進料之混合體，不宜分別計算，而且發料時也並非特從全體中選用某批物料，故領用之物料價格應為庫存的各批物料之平均價格，即以平均成本為物料之存貨價值。此法每購進一批價格不同的物料，即需改算一次平均成本，其計算較為繁複，但領用的物料成本接近存貨的真實價值，而且各批領用的物料成本不致有太大的波動。

4. 標準成本法 (*Standard-Cost Method*)

　　所謂標準成本法，係依據以往的購料記錄，並參酌未來的市場供求趨勢，而定出各種物料的標準價格，在某一期間內，無論物價有無波動，皆按照標準價格計算成本。於年度終了或會計期間終了時，再將實際成本與標準成本間之差額，轉入損益賬戶沖銷之，以資調整，此法計算固然方便，但必須在物價穩定時才能採用。

以上所列舉的四種計算方法，各有利弊，生產企業應依照本身的營業性質，參考物價的變動情況，及物料的各別特性等，而斟酌採用其中最適宜的計價方法，以便計得正確的生產成本，並保持合理的存貨價值，俾能公允的顯示營業損益。

練 習 題

一、生產企業的存貨包括那些項目？存貨的積極意義如何？

二、生產企業為什麼要有存貨？其功用何在？

三、生產企業的存貨是不是越多越好？為什麼？

四、決定存貨的適當數量時應考慮那些因素？列述之。

五、如何依照物料和用品的價值以控制其存量？申述之。

六、何謂實際盤點制？此法之利弊如何？

七、何謂永續盤存制？此法之優點和缺點何在？

八、戴維斯 (*R. C. Davis*) 法中的各項控制基準，如最高存量、最低存量、請購點，和訂購量等如何確定？

九、國內企業界常用之計算方法中，對最高存量、最低存量、請購點，和訂購量如何確定。

十、茂爾 (*F. G. Moore*) 法中的各種存量基準之確定與戴維斯法有何異同？

十一、試以代數法演化經濟訂購量之計算公式。

十二、設某工廠全年需要某種零件 50,000 個，每個之進價為 $100，每件存貨的全年存管成本為 $1，每次訂貨的籌購成本為 $1,000，試以公式計算其經濟訂購量。

十三、試用表解法為上題的資料計算以下的訂購量之總成本，卽每次訂購 2,000，5,000，10,000，12,500 及 25,000 個，以總成本最低之訂購量與上題計得的經濟訂購量比較。

十四、將十三題中各訂購量所計得之存管成本、籌購成本，及總成本以圖解顯示

之。

十五、假定某零售店購存燈泡以備零售，若每盒的進價爲 $250，每盒存貨的全年存管成本爲進價的 10%，每次訂貨的籌購成本爲 $20，預計全年的銷售量約爲500盒，試以公式計算該項存貨之經濟訂購量。

十六、試以表解法爲十五題求經濟訂購量，並比較所得之結果。

十七、將十六題中爲各訂購量所計得之存管成本、籌購成本，及總本以圖解顯示之。

十八、何謂存貨週轉率？其高低對存貨控制有何意義？

十九、如何運用對銷售之預測以控制存貨？有那些常用的方法？

二十、庫房之設置究竟適於集中還是分散？申述之。

廿一、庫房中的倉儲位置應如何標示？常用的有些方法？

廿二、庫房之管理應注意那些要點？列述之。

廿三、庫房之管理與現金之管理有何異同？比較之。

廿四、物料總賬中應該包括那些項目？列述之。

廿五、何謂先入先出的存貨計價方法？在何種情況下適於採用此法？

廿六、何謂累積平均的存貨計價方法？此法之利弊如何？

第十六章　成本控制與成本降低

第一節　成本控制與成本降低之重要性

在自由競爭的經濟制度之下，生產企業之經營，外界則受消費者對產品漲價之抵制，及同業間競爭淘汰之壓力；內部則須符合股東希望多分股息及員工希望提高待遇之要求，可謂內外夾攻困難重重；而物料用品價格之不斷上漲，更加重企業經營之困難，所以任何生產企業，欲求在商戰中維持生存並謀求利潤，產品不但要物美，而且還要價廉，欲求價廉即必須嚴格的控制生產成本，對人力、物力、及財力作最經濟有效的運用，以求將生產成本降至最低。

企業之經營原以牟利爲目的，而利潤則是銷貨收入與營業總成本之差額，在一定數額的收入之下，成本愈低則利潤愈多；反之，成本愈高則利潤愈少，若成本高過售價，即發生虧損。除了獨佔市場的少數特殊情況之外，產品的售價不是某一個企業所能自由決定的；但生產企業對自己產品的成本總是可以設法控制，所以一個生產企業欲求獲致較多的利潤，只有從減低成本着手。而欲求成本之降低，又賴於有效的成本控制，欲求成本之控制有效，則首須明瞭成本發生之原因；而成本之發生，固然由於它能達成某種功能，或能滿足某些需要，但事實上，有許多間接成本是浪費掉的，並未發生實際效用，則此等未發生效用的成本便須加以削減。一個經營有效的企業，應該時時注意削減不必要的成本和費用，減少浪費就是增加利潤。

如果聽任成本無限制的自由發展，而不加以控制，則成本必定會膨脹增加，以至於虧損賠累。現代化企業管理所推行之預算制度、會計制度，及統計制度等，都是爲了實現有效的成本控制。事實上，良好的成本控制工作，必定產生成本降低的效果，所以，成本降低是成本控制的目標，而成本控制則是達成成本降低的手段。

瓦格納 (*F. W. Wagner*) 曾說:「成本降低，爲企業之管理階層對於員工、顧客、股東，及其本身應盡之職責，而其結果，對各方面的利益影響甚大……」(註一)。因爲產品成本降低可以減輕顧客的負擔，而使企業取得有利的競爭地位，若能因此而推廣產品的銷路，以謀取較多的利潤，卽可用以改善員工的待遇，股東也可以獲得較多的股息，並可保障其投資之安全，而且也可能提高決策者的聲望和鞏固其地位，所以生產企業的負責人，有義務也有責任運用有效的管理方法，降低成本，以提供價廉物美的產品。由是觀之，除了積極謀求銷貨收入之增加外，成本控制與成本之降低，實爲生產企業競爭獲利的最有效途徑，並爲生產企業謀生存及求發展的必要措施。

第二節　成本控制的意義

所謂成本控制 (*Cost Control*)，係指運用企業的成本記錄和成本分析的功能，事前研究各項成本有無發生之必要及其可能產生的效果；執行時要避免減少不經濟或非必須的成本，以防止錯誤，杜絕浪費；事後再加以檢討修正，以作未來改進之依據。故成本控制工作卽爲此種設計、執行，及考核的整個循環過程，其目的係對生產企業的資源作最合

註一: F. W. Wagner, Jr. *"A Cost Reduction Department……When and How"*; N. A. A. Bulletin, No. 33

理有效之運用，期以最低的生產成本達成預定之產品數量及品質標準。
上述的循環控制過程之詳細進行步驟可用圖解表達如下：

圖 16-1　成本控制工作進行步驟圖解

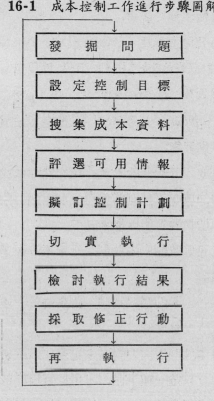

發　掘　問　題

設　定　控　制　目　標

搜　集　成　本　資　料

評　選　可　用　情　報

擬　訂　控　制　計　劃

切　　實　　執　　行

檢　討　執　行　結　果

採　取　修　正　行　動

再　　執　　行

生產企業爲了繼續維持其與同業間競爭的有利地位，對於如何促進
其製造技術的進步，以低廉的成本生產上好的產品，以及如何在重稅負
擔與貨幣貶值的雙重困難情形下，保持合理的利潤；對於社會經濟之變
化及競爭者的動態等，均應盡可能置諸計劃與考慮之中，不可以因爲自
己的成本在增加中，就夢想競爭者的成本也會同比例的增加。而且決定
產品售價的並不是自己的成本，而是競爭者的價格，商場的競爭是無情

的，競爭者可能在你售價虧損的某些產品上獲致厚利；相反的，如果同業間皆因成本增加而提高售價，只要你能控制成本於最低，卽可在競爭者虧損的售價下而獲致鉅利。所以生產企業必須時時注意控制自己的成本，以求能降低售價，利於競爭。

北美金屬產品公司董事長 (*President of North Metal Products Company*) 凱迪茲 (*Clement C. Caditz*) 曾提出有關成本控制的三項法則，後來密西根大學 (*University of Michigan*) 敎授，佛蘭克林茂爾 (*Professor Franklin C. Moore*) 又補充了一項 (註二)。茲將此四項法則介紹於下以供參考：

一、始終控制成本於較低的水準，比突然降低成本要來得容易。

二、成本的增加與成本控制的努力成反比例，卽在成本控制上所下的功夫愈大，成本增加的可能性愈小。

三、營業情況良好時的成本控制，比營業情況蕭條時的成本控制容易，而且更易收效。

四、爲達成某一水準的預期利潤，營業情況不佳時所作的成本控制努力，要多於營業情況良好時。

此外，推行成本控制所需要的成本也須加以嚴格控制。成本控制工作的本身不是目的，只是一種手段，可用以實現降低成本的目的。如果成本控制工作不能爲企業降低成本，則其本身已爲企業增加了成本。所以推行成本控制工作所可能發生的費用亦須加以控制，以期因推行成本控制制度所增加的少許成本，能爲企業節省更多的費用。

註二： Franklin G. Moore; *Manufacturing Management*, Chapter 33, P.615.

第三節　成本控制的原理

推行成本控制，應有充分的準備，否則控制工作將無所依據，所以營業預算實爲成本控制的首要工作。關於預算對成本之控制，首應注意其預計利潤，而通常對預算之編製，均始自銷貨預算，逐步推及於損益計算表，也就是先估計銷貨收入，然後再決定要達成此種營業計劃所需支付的各項費用，及可能剩餘的利潤，其公式爲:

銷貨收入－(製造成本＋推銷費用＋管理費用)＝利潤

欲求有效的控制成本，則須反其道而行，卽先決定可能的銷貨量及預期的利潤，然後再估計維持此一預期利潤所必需支付的一切成本及費用，而加以適當之控制，其公式如下:

銷貨收入－預期利潤＝一切成本及費用

此一控制方式的特點是將一切成本及費用，控制於一定範圍之內，責成各階層負責部門執行之。美國汽車工業協會會計監察人佛奧齊爾 (H. M. Faucher) 卽曾建議此一編造營業預算的方式。名之爲:　先求利潤法 (Get Profit First)。根據此一預算，試行抑制成本於設定的數額之內，但企業的營業活動及生產方法，都必須配合此一標準，才能實現此種預期的利潤。例如福特汽車公司，在當時就是爲了要實施此種先定利潤的成本控制方式，而責成製造部門設計裝配線的生產方式與之配合，以求實現預期的利潤。

成本控制的成效，主要取決於成本記錄與成本分析之正確合理；成本分析表是成本控制工作的重心，由報表中可以了解成本發生的來龍去脈，所以成本報告必須具有高度的眞實性，而且要繼續不斷的隨時加以檢討修正，並分析其差異的原因，克瑞斯浦 (Richard D. Crisp) 曾提

出所謂冰山原理 (*Iceberg Principle*)，以說明成本報告中的成本差異數字，一部份是顯而易見的，一部份是隱約可見的，另一部份是完全看不見的；此種隱藏的成本，猶如冰山潛藏水面以下的部份。一座冰山，其看不見的部份往往較能看見的部份還大，所以利用成本分析報告時，必須注意隱藏的不當成本。在成本控制制度之下，隱匿的成本差異在所難免，但此種浪費決不容許長期的大量隱匿而無從發現，必須將成本控制辦法徹底應用於成本控制的各種文件中，再輔以嚴格的審核工作，才能使各種差異顯露無遺。

成本控制工作是一種行動，也是一種心理上的認識，但此種心理認識並非是自然的，所以成本控制工作也是一種改變員工心理狀態的教育過程，欲求提高員工對成本降低之警覺性，並激發其對成本控制之關切及興趣，是件緩慢費時的工作。生產企業的員工，雖然很少人能為企業創造更多的銷貨收入，但每個人都能幫助企業減縮開支；所以，生產企業的成本控制與成本降低工作，實有賴於全體員工的共同努力，認真推行。

企業中的較低級員工，對生產成本大多懷有事不關己聽其自然的放任態度 (*Laissez-Faire*)。但實際上，大部份的成本都發生於企業的基層單位，所以控制成本的工作也須由基層員工着手，並由他們去認真執行；因此，各級領班 (*Foremen*) 才是執行成本控制工作中的關鍵性人物 (*Keyman*)，必須對這些人灌輸一種降低成本的意願，教導一些實施降低成本的方法，並責成其監督執行。卡羅勒 (*Phil Carroll*) 曾寫過一本書，叫做「領班如何控制成本 (*How Foremen Can Control Cost*)」(註三)，書中將領班對控制成本的態度以及如何利用領班控制成本的關鍵性問題，從事精闢獨到的分析。該書特別強調只有贏得領班及工人之合作，控制成本的工作才能順利推行，並產生實效。

註三：同註二。

第四節　成本類別之分析及其控制法則

要研究控制成本之有效方法，應先了解各項成本的功能及性質，再針對其各別特性而施以有效之控制。依成本性質之不同，可以粗略的分為固定成本 (*Fixed Cost*)、變動成本 (*Variable Cost*)，及節制性成本 (*Regulated Cost*) 三大類別，玆逐一分析並列述其控制方法如下：

一、固定成本

凡不因產量之增減變化而影響其支出數額的成本，稱為固定成本，例如資產稅、房租、保險費，以及固定資產之折舊等。在某一特定期間之內，只要不超過機器的生產能量，無論產量多寡，甚至減產停工，固定成本必須定量支付。因此，在同一時間之內，如果產量多，則每單位產品所分擔之固定成本卽少；反之，如果產量少，則每單位產品所分擔之固定成本卽多。所以在降低成本之目標下，控制固定成本之最佳方法莫過於提高工作效率，卽充分利用生產設備，以控制單位產品成本中之固定成本部分於最低。

二、變動成本

因產量之增減而發生增減變動之生產成本稱為變動成本。例如直接用以從事製造工作之人工及物料等，當產量增加時，直接人工及直接物料的費用必定按比例增加；反之，當產量減少時，此項費用也可能按比例減少。玆將變動成本中較重要的人工成本及物料成本之控制方法分析如下：

1. 人 工 成 本

成本控制工作中，各方面都離不開人的因素，如果員工能保持較好的合作態度，必可減低物料成本、機器的維護費，及修理費，甚至管理費用都可以節省。人事因素對直接人工成本之控制，關係尤其重大，因為人工成本數額之大小直接關係工人之個人利益，而參與成本控制工作的人也是獲取工資的人。在長期趨勢中就大體而言之，工人的利益應與企業整體之利益互相一致，但就某些各別情況來說，個別工人的利益與企業主持人的利益相衝突。

工資之支付造成生產事業的直接及間接人工成本，所以控制人工成本，首先需要制定標準工時及工資率，務使工資能依標準工作時間給付；減少工作過程中之閒散時間 (*idle time*)，以縮短實際工作時間，使工資之支付產生眞實的效果。其次是工人的工作方法及工作情緒等，亦足以影響生產效果。所以欲求控制人工成本，必須責成生產部門及人事部門控制工作時間、工資率，及工作效率等。

兹將控制人工成本之實施要點介紹如下：

（一）按時計酬——現在最通用的是以時鐘 (*Time Clock*) 核對工人上工和下工的時刻，工人上、下工時，應以計時卡插入計時鐘內打上時間，核發工資部門卽按該工人每日在廠內之工作時間，及其工作之總時數而核算工資，此法旣可避免任何有關考勤時間之爭論，且可防止遲到早退，但要有適當的監督，以免錯誤和弊端，如代打時刻等。

（二）有效工資之控制——以出勤時間計酬太刻板，無法確知其工作時間內之效率，除產品之品質重於數量，必須工人專心於工作之精巧者外，按時計酬制對雇主與工人皆不公允，故爲消極控制。因此需要有效工資控制法，此法係以標準工作時間爲準，計算有效工資，詳計工人實際消耗在工作上的時間，務求將工資差異減至最少。如果可能，應以

論件計酬控制工資，最爲有效。工人之工作報酬，以完成之工作數量計算，產量多則工資高；工人欲求多得報酬，其工作效率必定因而提高。

（三）生產力之控制——工人在工作時間內，可以認眞工作而多生產，也可能敷衍塞責而少生產；因此，對其生產力務須加以有效控制。通常多制訂標準生產量以爲控制之標準，如果一定期間內之實際工作量低於標準量很多，則應研究其原因，以謀求改進。

（四）人工成本差異之控制——所謂人工成本之差異，就是實際發生的人工成本與制訂的標準人工成本之間的差異。如果發現此種差異顯著，卽需研究其原因，並責成管理人員與工人共同設法改善，例如訓練工人改進工作方法，規定生產進度，或控制工作之調配等等。

2. 物料成本

在此所指之物料，應包括直接或間接用於製造產品的原料、配件，以及各項用品而言。工業生產大多是將物料經過製造或加工而轉化爲產品，而且物料成本每佔生產成本中的絕大部份，因此，物料控制也是成本控制中重要的一環，例如防止用料之浪費和意外損失，保持低廉合理之進價，確定用料之標準，以及避免存貨之過多或不足等。由此可知，控制物料成本必須責成生產、採購，及檢驗等各部門注意控制物料之用量、進價、品質，及供應等項，玆逐一分析如下：

（一）數量控制——爲避免物料之損壞及用料過多之浪費，應訂定標準用量及確立控制程序，由每一製造部門按期或按批列報其實用之物料數量，俾與標準數量比較，務求減少差異，以減少物料之浪費及損壞。凡物料之發出及領用等，均須憑主管所簽發之單據，以防止物料之去路不明；並且要注意控制物料之存量，旣要防止停工待料之風險，又要避免存料過多之負擔及因此而造成的各項損失。

（二）價格控制——物料價格之高低對生產成本之影響至爲顯明。

控制物料價格時必須同時顧慮其他有關的因素，例如物料之品質及採購批量等。在現行辦法中，以標購或比價方式較優，而且要有計劃的控制物料之採購數量，俾爭取大量採購的折價優待。

（三）品質控制——物料之品質控制與價格控制密切相關，絕不可因求價廉而影響物料品質之標準化。至於如何確立物料之品質標準，則需有周密之考慮與正確之設定，而且要不斷研究及發掘，俾能採用價廉物美的代用品，以求改進品質並減低成本。

（四）供應控制——採購部門對於如何訂購適當數量的物料及爭取價格優待之可能性，必須詳加計劃，同時還要考慮企業的財務狀況，預測市價可能產生之變動，以及預期企業接受定單之狀況、生產設備之能量、運送之可靠性，以及倉儲設備之容量等，俾能於適當時間，有適當品質及適當數量之物料供應，以免有停工待料或品質不合之情事發生。而且要與信用卓著的供應商建立互惠之友好關係，以確保物料之供應。並應善加利用供應商之各項服務，以節省本廠之開支。

三、節制性成本

有些製造成本係介於固定成本與變動成本之間，既不是固定不變，又不因產量之變動而比例增減，例如機器之折舊費、營利事業所得稅、間接物料、間接人工，及管理人員之薪資等。此種成本固然因產量之增減而變化，但其變化並不一定成比例，通常於產量增加時，此種成本很容易隨之增加，但產量減少時，却很難隨之減少。例如當產量增加40％時，領班、搬運工，及保養人員等，很可能因工作需要而比例增加；反之，當業務蕭條產量減少 40％ 時，由於情感的關係或因領班、保養人員，及檢驗人員等培養不易，很難按比例減少。尤其此種成本之數額往往相當龐大，每因控制之適當與否和控制程度之不同，而影響成本之增

減。故控制成本之工作，必須適應情勢及未來發展之趨勢，對此種有節制性之成本加以適當之控制，玆將各項重要的節制性成本之控制重點擇要列述於下：

1. 折 舊 費 用

機器折舊在某種限度內常視爲固定費用，但超過通常的生產能量（*Capacity*），如實行兩班制或三班制，及擴充設備以增加產量等，皆需增加折舊費用，所以許多折舊費用在有些情況下亦因產量之增減變動而變動。生產企業爲了增加可用資金（*Working Capital*）以謀求更多利潤，通常多加速計提折舊，以增加折舊費用，俾減輕早期的稅捐負擔。因此，如何計提折舊費用以控制成本於最低，亦爲管理決策的主要事項，（詳見本書第一章第十節）。

2. 稅 捐 負 擔

稅捐中之房捐及地價稅等財產稅，係定期定額之固定費用，而貨物稅又多轉嫁給消費者負擔，故對成本之增減變動影響不大，而且容易控制，不須詳加討論。至於營利事業所得稅，則因營業額及利潤之多寡而作累進之變動，生產事業在謀求更多利潤之原則下，可以在稅法許可的範圍內，以免稅的營業支出，如研究發展費及修繕費等開支，調整其利潤額使不超過累進等級，以減輕稅捐負擔，俾控制營運成本於最低，（詳見本書第一章第十節）。

3. 間 接 物 料

有些物料並非特定產品中的一部份，其費用不能直接歸屬於某種產品，但却爲生產過程中所必須，此種物料稱爲間接物料，例如油料、供應品、動力、搬運工具，及保養器材等。此種成本也許因產量之多寡而增減，但却未必成比例，故須善加控制，以使此項費用保持於最低，並發揮最高效能。

4.間接人工及管理人員之薪資

工廠中有許多員工，其工作並非專爲製造某項產品，例如搬運工、保養工、清潔工，及各級監督管理人員等，其增減的彈性較大。此等員工之增加，不但增加薪津支出，連帶的增加辦公用具、供應品，及水電費用之開支，而且間接員工很難隨產量之減少而縮減，所以間接員工之雇用，必須愼爲權衡，並嚴加控制，以求維持此種間接人工費用於最低。

上述依照成本性質分類之控制方法，不但適用於製造成本，同樣適用於銷售成本，卽銷售成本亦可按其性質而區分爲固定、變動，及節制性三類，以便分別控制，其控制之方法與上述大致略同，無須贅述。

各種成本要素之控制基準，宜採用數量與價值並重制，至於其只有價值而無法用數量表示者，則可採用效率制。成本控制之執行結果，若實際成本與控制之基準數字有差異，務須詳加分析，並研究造成差異之原因，以謀求改善之對策，俾達成降低成本之目的。

第五節　成本降低之分析

成本控制之消極目的在使企業於某種特定產量下，繼續維持某一低水準的成本；而其積極的目的，則在求生產成本之降低，所以成本降低是生產企業控制成本之最終目的。所謂繼續維持某一低水準的成本，與成本之降低是相對的，就是說，當產量增加時，前者卽按等比例的增加 (*Increasing at Proportional Rate*)，而後者則按遞減律增加 (*Increasing at Decreasing Rate*)，甚至保持不變 (*Constant*)；當產量減少時，前者按等比例減少 (*Decreasing at Proportional Rate*)，而後者則希望能按遞增率減少 (*Decreasing at Increasing Rate*)。

生產企業所獲致之利潤，乃由於銷貨收入大於總成本，此項結果若以公式表示之，應爲:

$$銷貨收入-（製造成本+管理費用+銷售費用）=利潤$$

欲求增大利潤，不外乎以下兩種方法: 其一是增大上式之被減數，卽增加銷貨收入；另一方法是降低減數，卽降低各項成本與費用。

增加銷貨收入的一項措施，一直爲企業界所偏重，如大衆傳播工具之利用，廣告術之研究改善，產品形態及包裝之設計改良，以及市場之調查分折等，無非希望能多多吸引顧客，以求擴展其產品之銷路。但由以上的說明可知，銷售數量的增加係因銷售成本增加的結果，而且銷售成本先銷貨收入而增加，收入雖多，支出也必定增大；通常，利潤僅爲銷貨收入的某一百分比，可能事倍而功不及半。

至於成本之降低對利潤的貢獻則比較直接而有效，在售價不變的情況下，每減少一元的成本卽增加一元的利潤，可收立竿見影之效。而且在企業的各項營業活動中，常有不當的開支與浪費之存在，如何糾正錯誤與減少浪費，並節省不經濟的支出，以求成本之降低，實爲現代生產企業經營者的重要職責。玆將生產企業用以降低成本的幾種方法擇要列舉如下:

1. 改進生產方法和生產技術

時代在不停的進步，科學上不斷的出現新的發明，此種新發明常常可以用於改進生產方法和生產技術，而此種改良又每每有助於降低生產成本。

2. 設計、改良，及創新產品

商場的競爭優勝劣敗，商品必須不斷的研究改進，經過改良、重設計，或創新的產品，常常可以節省物料或者簡化製造過程，因而降低生產成本。

3. 選擇原料及配件

製造產品所用的原料、物料及零配件，經常有新產品或代用品問世，生產企業應該隨時注意選擇採購，務求以最低的成本購得價廉物美的用料。

4. 嚴格控制品質

認眞的實施品質管制，旣能保持產品之規格，又可以減少物料的浪費，更可以避免廢品在製造過程中繼續加工，所以有效的品質管制也可以降低生產成本。

5. 確實執行預算控制

合理的營業預算，不但可以指導生產企業的營業活動，而且還可以規範各項有關的營業費用，若能愼重編製營業預算，並嚴格執行，必能有效的控制生產成本於最低。

以上所列舉的只是一般生產企業所常用的幾種方法，祇能提供決策者參考，因爲有的企業或在某種情況下採用有效的方法，不一定能普遍適用於其他企業或各種情況，所以實際運用時必須考慮企業的特性、作業的程序、產品的功能、市場的狀況，以及未來的發展趨勢等問題，再斟酌實際情況選擇採用，以求能附合需要而產生實效。

第六節　成本降低之實施原則及方式

成本降低之實施方法，固因企業之個別特性而異，但有些基本原則却須嚴格遵行，玆擇要列述如下：

一、須有妥善的計劃

推行成本降低之工作，決不可盲目的任意實施，事前必須有妥善的

準備和計劃，溯本求源，依據可靠的資料，製定切實可行的方案；而且還要考慮周詳按步實施，才能達成預期的目標。成本降低計劃之實施，只許成功不許失敗；否則，該工作之本身反而會增加費用或造成損失。

二、不可損及產品之品質

生產企業如果用偷工減料的方法，降低產品的品質以求降低成本，無異自尋末路，在自由競爭的市場上，顧客絕不會第二次吃虧上當，若產品喪失了銷路，則不但不能達到降低成本之目的，反而會招致損失，甚至毀滅企業的前途。所以任何降低成本方案之實施，絕不可損及產品的品質。

三、不得損及有關方面之權益

成本降低計劃之實施，實際上在為員工、股東，及顧客謀取福利，例如因成本降低而增加利潤，即可改善員工的待遇，並使其工作職位更有保障；股東也可獲致較多之股息，並可保障其投資之安全；顧客亦可因此而獲得價廉物美之產品。反之，若因此而損及員工的權益，必定會遭受反抗抵制，使降低成本之計劃無法貫徹實施，甚至員工會故意浪費、損毀，或減低效率；若因此而損及股東之權益，則股票價值必定跌落，而且也會遭到董事會的反對；如果因此而損及往來廠商或消費者，則原料之供應堪虞，且顧客的減少或喪失，都可能會威脅到企業之生存，必定得不償失。

四、要全面配合

控制成本並使之降低的工作，不是由某一個人、某一個單位，或某一個部門單獨從事策劃、執行就可以達成任務，更不是枝枝節節的局部

性工作所能奏效，必須各有關部門全力支援配合，而且要整體上下同心協力，全面貫徹實施，才能達成預期的效果。所以說，成本降低的工作欲求產生成效，必須是整體的、全面配合的團隊工作。

五、應貫徹持久

成本降低應為一項繼續不斷的經常工作，決非頭痛醫頭脚痛醫脚的臨時性措施所能奏效，必須要歷久不輟，事前既有周密之計劃，再從工作經驗中檢討得失，不斷的研究設計以補救缺點，繼續發展改進以策勵未來，對成本已經降低之效果務須保持，俾能達到精益求精的理想境地。

對生產企業而言，所謂成本即指物料、人工，與費用之總和，所以欲求降低成本，即須對物料、人工，及費用等之支出予以有效之控制，俾求避免浪費。其實，如果僅是消極的減少浪費，只能維持較低水準的成本，並不能實現降低成本之目標，必須有更進一步的積極方案，例如產品設計之改良、製造方法和技術之改進、生產設備之更新，以及廠房佈置之改善等等與之配合，方足以促進成本之降低，茲介紹幾種常用的實施方式以資參考:

一、通盤減縮法

此法係由上至下，從董事長而總經理、總理，以至領班，層層傳達以降低成本，從製造成本、推銷費用，及管理費用，全線 (*Full-line*) 的比例縮減。此種不分輕重緩急的減縮方法，有時固能達到降低成本的效果，但却可能嚴酷而不合理，往往產生不良的後果。所以在縮減之前必須有妥善的計劃，而且要考慮到那些成本該減，減縮之後有何影響，是否會妨礙重要工作之推行或影響員工的工作情緒等，都需有周密之考

慮和妥善的安排。

二、懷柔法

　　所謂懷柔法係使全體員工自願的、熱心的針對一切缺點集中精力於成本減縮工作，以達成降低成本之目標的方法。為了鼓勵員工積極推行成本降低計劃的興趣，及重視其工作起見，亦可由領班及工人組成小組，參與擬訂成本降低計劃。至於為什麼要由低級的領班及工人組成小組，參與降低成本的工作，其原因如下：

　　1. 成本降低計劃之實施，必須獲得整個機構之通力合作，尤其是領班及工人之態度更為重要。因為員工如果充分了解成本降低計劃對企業之重要性，及對其本身可能產生之影響，大家必予以有力之支持，則該計劃成功的可能性也比較大。

　　2. 欲求降低成本計劃之貫徹，必須每一個員工皆為成本之降低而努力。參與成本降低計劃之員工，其最終任務即在削減成本，惟人類有愛好自由並爭取主動的習性，由員工來主動倡導並造成減低成本的意願，則大家將更願意尋求減低成本之機會而實施之。

　　3. 員工對各自所屬部門之實際情形最為了解，由他們來發掘並研究問題之癥結和原因，而設定減縮之目標，並由自己實行之，則必易達成。

　　4. 成本減縮計劃確立後，宜先試行，將試行期間記錄的結果與設定的目標比較，如果實際情形與目標不一致，則參與減縮計劃的員工，**較**容易了解不能達到目標的原因，也容易謀求改進之道。

三、派律陶不良分配原理 (*Pareto's Principle of Maldistribution*)

派律陶 (*Wilfredo Pareto*) 經過統計分析而指出，在成本的許多可變因素中，可分爲兩大類: 一類爲「重要的少數」 (*Vital Few*)；另一類是「不重要的多數」 (*Trivial Many*)。他認爲支配成本不良分配的是一些少數重要的項目，並非是多數不重要的項目。以後的學者卽將此項理論稱爲派律陶不良分配原理 (註四)。

假如我們記錄工人造成的殘屑 (*Scrap*)，將會發現，大部份的殘屑經常是由相同的幾個少數工人所造成的。烏勒綴脊 (*Thompson R. Wooldridge*) 曾研究工廠中的工具費用，發現90%的工具費是由10%的項目所耗費的 (註五)。所以派律陶的觀念也可以應用到成本控制及成本降低的工作上，卽將大部份的努力投諸於少數耗費鉅資的項目上，卽所謂重點控制，而不必斤斤計較一些無關緊要的項目，以免耗費精力，勞而無功。

降低成本計劃之實施方式很多，以上所列舉的僅指出三項主要概念，有人可能會不分輕重緩急的從事通盤的減縮；也有人會運用懷柔的方式，由各階層的員工自動自發的主動去從事成本減縮；另外也有人運用重點式的減縮方式，卽選擇與成本增減關係重大的項目研究減縮，以求成效。至於那種方式合用和有效，則要看企業的各別情況和決策階層的處事方式而定。

註四　Franklin G. Moore: *Manufacturing Management*,
　　　Chapter 33, P. 623.

註五　同上，　P. 623.

練　習　題

一、成本控制的積極意義如何？申述之。

二、成本控制與成本降低之關係如何？申述之。

三、為什麼成本降低是企業管理階層對於員工、顧客、股東，及其本身應盡的職責？

四、成本控制對營業利潤有什麼影響？申述之。

五、成本控制工作進行步驟之循環過程如何？試以圖解表達之。

六、實施成本控制時，應注意那些原則性事項？列述之。

七、從事成本控制工作的本身對成本增減之關係如何？申述之。

八、何謂「先求利潤法」的成本控制方式？舉例說明之。

九、克瑞斯浦 (*R. D. Crisp*) 所倡導的冰山原理，對成本控制有什麼意義？

十、工廠中的領班或工頭對成本控制與降低之關係如何？

十一、何謂固定成本？每單位產品所負擔之固定成本是否固定？

十二、何謂變動成本？每單位產品所包含之變動成本是否變動？

十三、控制變動成本中的人工成本都有那些重要措施？列述之。

十四、控制變動成本中的物料成本都有那些重要措施？列述之。

十五、何謂節制性成本？列述其中重要項目之控制方法。

十六、生產企業可以採用那些方法降低成本？列述之。

十七、實施成本降低計劃需要考慮那些原則性事項？列述之。

十八、成本控制之最終目的如何？怎樣才能達成目標？

十九、為什麼成本控制及降低的計劃與措施應有領班及工人參與？其理由安在？

二十、何謂派律陶不良分配原理？如何應用於成本控制及成本降低？

第十七章　企業預算及成本計算

第一節　企業預算的意義

預算制度起初係應用於政府機構，作爲平衡收支的依據，對於政府的財政收入與行政費用支出之配合與控制頗有助益，由於現代工商企業的組織規模日漸龐大，營業活動也日漸繁雜，對各項營業活動的收支，若事先沒有周密的計劃與正確的評估，而執行中又缺乏適當的調配與嚴密的控制，往往難以適應變幻無常的經濟環境，於是乃有傑出的企業家，試以政府機構所採用的預算制度作爲藍圖，以規劃並控制其各項營業活動，結果效用顯著，對企業的營運及收支之策劃和控制很有幫助，於是具有規模的企業都群起效法，預算控制制度遂一躍而爲現代企業管理之必要工具，而且其應用的範圍也越來越廣泛。

企業預算的意義可以從積極的與消極的兩方面來分析：積極的意義是制訂企業經營的具體目標，企業的一切營業活動都應當爲達成此一目標而協調配合，以求達成預期的績效；消極的意義則是用以規範企業活動之實施方案，企業的重要營業計劃及其可能發生的收支都藉助於所編列的預算項目，以求逐步促其實現。企業的主管卽可依預算事項爲標準，來衡量各單位之業務績效，並依預算而控制經費之開支；而且在預算的範圍內，單位主管又可靈活運用，故預算之執行亦可達成逐級授權分層負責之目的。由此可知，預算實爲現代化生產企業之綜合性的全盤作業計劃和營運方針。

　　作業部門對預算之編製，須依據以往的經營實績，參酌對未來發展趨勢之預測，以預計下一預算期間的營業額，俾藉以預估營業利潤及經營所需之成本和費用，從而統合及指導企業的生產和營銷活動，衡量其工作績效，以期能有效的控制各項成本，並達成預計的營業目標。管理部門亦須依據預算來控制、協調，及指導企業的行政業務，以便與產銷計劃相配合，務求企業的營運作業能符合既定的方針。因此，在現代化生產企業的經營活動中，預算控制已成為代表有效管理之標記。

　　預算之編製貴在切合實際，執行時尤宜主動促使預算中事項之實現，而且應該靈活運用，不可拘泥於數字之定式，務求工作目標之圓滿達成。所以行政院主計處所頒訂的公營事業預算法中曾明定：「預算之控制，並非強求實際數與預算數之絕對一致，乃在求兩者之差異減至最低限度，並進而分析其差異之原因，俾事業管理當局，確能藉預算為經營之指針，對於整個事業的活動有嚴密之控制，預為各部門人員規定正確之共同遵守目標」。由此一說明，更可了解預算的真實含義。

第二節　預算控制之優點及其實施之先決條件

一、實施預算控制之優點

　　完善的預算控制，既須有專人費時編製，又應有專人策劃其執行，很可能因此而增加企業的間接成本；然而採用預算控制制度之企業却與日俱增，分析其原因，主要在於設計良好的預算制度能產生以下各項優點：

1. 增進對業務之了解

　　因為實施預算制度，必須對影響業務的一切因素都加以有系統的分

析與研究. 在編製預算之前，須參酌以往的業務實績而擬定未來的營業目標，或依據企業的政策而修正業務方針，如果實績與預算發生差異，即應研究其原因，以求改進將來的業務，所以實施預算控制制度所從事的分析、研究，及比較工作，有助於對企業經營狀況之了解。

2. 作經營之指針

實施預算控制制度的生產企業，可以將企業的經營政策及營業目標，透過預算而轉變為具體的業務計劃，並擬訂配合業務計劃所需要的費用開支以及可能產生的營業收益，藉此種有均衡性的業務計劃之實施，可以導致企業的資金及經營活動於最經濟有利之方向。

3. 作營業之準則

預算中所編列的營業事項及其限額，即為企業內各有關部門的營業目標，此種具體目標對各單位主管來說，無異是執行業務之依據，也是考核績效和頒訂獎懲之準則，而且也規範出各業務單位的職責。

4. 作連繫之工具

總預算表對各部門的營業計劃融合為一個總體計劃，經由通盤的規劃和妥善的配合，可以加強各部門之間的連繫並促成業務人員的協調與合作，而共同朝向企業的總體目標邁進。

5. 作控制之手段

企業的總預算是集中控制業務之工具，管理階層應適時將實際業務與預算事項加以分析比較，當實際的業務情況與預算中的計劃事項不符時，即須及時檢討原因，以便提出糾正並謀求改進，所以實施預算控制為達成有效管理之最佳策略。

預算制度雖然是生產企業實施規劃與控制的重要工具，但是預算本身不能自動發揮功能，更不能代替行政控制的效果；而且，如果企業的營業情況不穩定，或為特殊性的訂貨生產，或因市場情況有重大變化而

影響產品的需求及產品的製造成本時， 預算之執行卽會發生困難。 此外，預算制度之實施尙受制於決策階層維持有效管理之能力。

二、實施預算控制之先決條件

現代化的生產事業，欲求有效的管理，預算控制實爲不可或缺的重要工具，但是若運用不當也會產生不良的後果。預算控制如果一味拘泥於數字之限定而控制的太嚴格，卽可能動輒掣肘，阻礙營業之發展，而影響企業的成長。預算如果編列過寬，也可能造成浪費，因爲有些單位主管每恐因本期的財務預算有餘額，而導致下期預算遭受削減，常於期末胡亂開支，以求報銷。故企業欲求預算控制制度之實施有效，應有成熟的觀念和適宜的環境，卽應具有下列各項先決條件:

1. 高級主管的全力支持

企業預算制度的建立及有效推行，必須獲得高級主管的重視與堅強支持，而且也有賴於各部門的瞭解與誠信合作，才能貫徹實施。由於各部門的經理卽爲各該部門的預算責任中心，如果各部門經理對預算的功能不夠了解，而且因本位主義而意見紛歧，預算制度卽難望發揮功能。

2. 權責分明的組織結構

預算制度不但能具體的表示企業的經營目標，同時也能明確的顯示各部門的業務方針和責任範圍，但是預算之編製在人，其執行亦在人，所以人爲的因素常決定其成敗；而且預算之執行並非一個會計主管或一個會計單位所能單獨奏效，有賴於各部門相互間的密切配合，以及全體上下對預算制度之正確認識，所以企業的內部組織必須健全，尤其是各部門間的權責應劃分清楚，個人的職務亦應規定詳盡。卽須有權責分明的作業組織，始能有效的實施預算統制；否則，推諉牽制，控制的功能將被抵銷。

3. 完善的企業政策

　　生產企業的營業政策應爲一切作業活動之指南，故企業須先根據其政策，於會計年度開始之前確定其經營之方針，以爲編製預算之依據。各部門的營業目標，應與既定的經營方針相配合，以求企業政策能透過預算控制而徹底付諸實施，所以企業預算應是企業政策的具體表現。

4. 可靠的商情資料

　　預算是以預測將來可能發生的營業活動爲目標而設定的，因此，是否能作有效的控制，端賴對將來預測之正確性而定；所以預算之編製必須對產品的銷售量、售價，以及製造成本等都有正確的預估，預算才能切合實際。而預測未來的市場變化之趨勢，則必須對過去及現在的市場情況有充分的了解，並有可靠的資料依據才能奏效。

5. 正確的成本資料

　　各項成本資料是擬訂生產計劃的基本要素，也是編製預算的重要依據；要預計未來期間的製造成本和各項費用，必須參考過去的成本記錄，比較實際成本與標準成本之間的差異，並分析將來的發展趨勢。換言之，必須有可靠的成本資料爲依據，預算才能保持高度的準確性和可行性，故成本控制應以預算爲藍圖，而預算之編製應以正確的成本計算爲基礎。

　　由以上的說明可以瞭解，生產企業的預算控制工作必須獲得高級主管的堅強支持，才能有效的推行；企業組織內部的權責分明，各單位才能密切配合執行；具有正確的經營政策，才能擬訂合理的營業目標；而且還要能提供可靠的商情資料和成本資料，才能編製切實可行的營業預算。

第三節　企業預算之類別

生產企業所採用的預算種類繁多，每因分類標準之不同，而有不同的類別，玆將常用的分類標準及其類別分述如下：

一、依期間之長短分

按預算適用期間之長短可以劃分爲長期預算、中期預算，及短期預算。較大規模的企業，每有長遠的營業發展計劃，如三年計劃或五年計劃等，配合此種長期發展計劃所編製的預算，期間在三年以上者卽爲長期預算，一年以上三年以內者爲中期預算。一般的企業大多依會計年度而編製預算，也有按營業週期而編列者，配合此種營業期間所編製之預算卽爲短期預算。短期預算也有再詳加劃分爲季節別和月份別者。

二、依適用之範圍分

凡企業內與成本有關的任何業務項目都可以單獨編製預算，所以預算也可以按其適用範圍之大小而加以區分，包括全部營業活動者稱爲總預算；只涉及營業活動中的一部份或一個項目者，稱爲部份預算。例如彙總銷貨預算、製造預算、財務預算，以及管理費用預算等而編製成總預算。又如生產部門爲了控制物料成本及各種物料的適當供應量，而編製物料預算；或推銷部門爲了控制廣告費用及其效果，也可以預先計劃利用那些大衆傳播工具，於何時從事何種廣告策略，以及各種傳播媒體(*Media*)之費用分配等，而編製廣告費預算。

三、依適用之對象分

生產企業的預算也常按照適用的對象而區分，例如爲了控制銷貨的收益、費用，及成品的供應量等，而編製銷貨預算；爲了控制製造產品所需的人工、物料之成本和數量，以及各項間接生產成本，而編製製造預算；爲了便於調度財務收支和籌措長、短期資金，而編製財務預算；爲了控制間接費用而編製管理費預算；另外爲了便於控制非營業性的收入和支出，也常編製營業外的損益預算等。爲使讀者能有一清楚的概念起見，茲將一般性生產企業依不同對象而編製的預算體系列述如下：

總預算
- 銷貨預算
  - 銷貨收入預算
  - 銷貨費用預算
  - 銷貨成本預算
  - 銷貨淨益預算
  - 成品存貨預算
- 製造預算
  - 人工預算
  - 物料預算
  - 採購預算
  - 製造費用預算
  - 維護費用預算
- 財務預算
  - 現金收支預算
  - 營運資金預算
  - 資本支出預算
- 管理費預算
- 營業外損益預算

四、依實施之性質分

預算制度依實施時之適應性又可分爲固定預算(*Fixed Budget*)與彈性預算(*Flexible Budget*)兩種情況，兹說明如下：

1. 固定預算

固定預算又稱爲靜態預算(*Static Budget*)，係假定各項有關情況不變，根據對未來會計期間內銷售數量之預測，而訂定該期間之生產量以及可能產生之利潤，並根據標準成本而分配達成該計劃的一定費用。

其實，只有當對銷售及收益能作相當正確的預測時，才宜於採用固定預算，如果因市場情況變動，而使預估的結果與實際情況相差很遠時，固定預算卽失去控制作用。而且若硬性限定各項費用及產銷數量，營業活動將難以適應市場變化；若遷就適應變動情況，預算卽喪失控制的功能。所以只有在政府經營的獨占事業中，對會計年度的收支能作相當正確的預估或者可作強制規定者，才適於採用固定預算。但是企業對於若干明確的資本開支，如擴充計劃、汰換計劃，及營繕工程等，仍宜採用固定預算。

2. 彈性預算

彈性預算又稱變動預算 (*Variable Budget*)，卽產品之銷售量因市場需求之變動而無法確切預測時，各項費用（除固定費用）的開支，因產量之不同而根據標準成本作比例性的調整，彈性預算之編製多採用梯級預算法 (*Step Budget Method*) 或公式法 (*Formula Method*)。所謂梯級預算卽確定不同產銷數量而予以機動調整之預算，例如對產量的每一10％變化，因生產成本將有顯著的改變，卽設定一種預算標準，或對每一等級的產量設定一種預算標準，以便實施時能依照預算等級而機動調整。所謂公式法卽藉固定成本加變動成本總額之公式，以確定各種產

量之預算，例如假定每月固定成本爲 100,000元，每單位產品的變動成本總額（直接材料、直接人工，及各項節制性製造費用）爲10元，則每月生產一萬個單位產品之成本預算應爲 200,000 元；每月生產一萬五千個單位產品之成本預算卽應爲250,000元。

由以上的說明可以了解，預算依照適用期間的長短，可以區分爲長期預算、中期預算，及短期預算；依其適用的範圍，可以劃分爲總預算、部份預算，或各別預算；依其適用的對象分，則有銷貨預算、製造預算、財務預算、管理費預算，以及非營業損益預算等；另外依照實施之性質，又可以區別爲固定預算與彈性預算等。但是企業的各種營業活動必須協調配合，當然各種預算也需要密切配合，才能產生預期的效果，所以企業的各類別預算仍需與統合性的總預算相配合。

第四節　企業預算之編製

一般生產企業的預算多與銷貨、製造，及財務等部門之關係最爲密切，所以一般生產企業多以銷貨預算、製造預算，及財務預算爲主，玆以該三種主要預算爲例將其編製要點略述如下：

一、銷貨預算 (*Sales Budget*)

所謂銷貨預算，係指由銷貨部門根據企業以往的銷貨實績，並預測未來市場需求變化之趨勢，再考慮設備的生產能量及物料的供應情況等有關資料，預計可能銷售的產品種類及數量，以估計銷貨收支及淨益的一種預算。銷貨預算大多依會計年度而編製，但爲配合特殊性之營業，也有按營業週期而編製者；通常業務部門爲了適應市場的變化，尚可編列逐月的銷貨計劃，以便控制。另外，並應每月編製銷貨收入表，俾與

預計的銷貨收入相比較，如有顯著的差異，則應檢討其原因，並設法調整與謀求補救。

銷貨預算之編製，大多由高級主管依照營業計劃，於年度開始前數月作原則性之決定，然後交由主管部門負責協調編製。其實，直接負責推銷工作的業務人員，才最了解顧客的購買偏好和市場的需求變化，因此，在編製銷貨預算時，必須由銷貨部門參與，並應盡量參酌其提供的意見，用此種方式所決定的業務方針和推銷計劃，才能切實可行。

二、製造預算 (*Manufacturincg Budget*)

生產部門為了保持產量、銷售量，及存貨數量的均衡，於擬訂製造預算時，除了應該依據本身的生產能量 (*Capacity*) 及對市場需求之估計外，並應考慮季節性變動，故需配合銷貨預算，以決定所應製造的產品種類與數量，並為之預籌所需之人工、物料，及各項費用。生產部門還需每月編製實際產量與預計產量比較表，如有顯著的差異，即應分析並研究其原因，以期適時控制補救。

為了便於嚴格控制製造預算，還可將其中的主要項目分別編製預算，例如人工預算、物料預算，及製造費用預算等，茲分述如下：

1. 人工預算

生產部門根據預定的產量核計所需要的直接和間接人工數額或時數，依各項人工之工資率，考慮未來工資可能增加之比率，預計所需要之工資額而編製預算。此項人工預算可以作為生產部門與會計部門分別控制人工數及工資額的標準，亦為人事部門雇用、訓練、調遣，及減裁員工之依據。

2. 物料預算

依據製造計劃核計所需要的直接物料和間接物料之種類、數量，及

其規格，依市價並參酌未來物料市場之可能變化，而編製物料的單價及
總值預算。生產部門在估計所需要的物料時，宜同時對物料的數量及品
質都訂定標準，以便控制。此項預算，一方面可作物料採購的依據，同
時亦為財務部門調度資金之參考，而且物料之領用皆須受預算之控制。

3. 製造費用預算

　　除了直接人工及直接物料以外的各項間接製造費用，也常編列預算
而加以控制。為便於製造費用預算之估計和控制，各有關項目可再細加
劃分為固定費用、變動費用，及節制性費用等三類，採用合理的分攤方
式，分配於各項有關產品負擔之。固定費用不受產量增減的影響，其開
支應依預算嚴加控制；變動費用雖因產量之增減而增減，但必須受單位
產品預計費用額之限制；節制性費用之增減與產量之增減變動不成比
例，更需嚴加控制，以防其增加太快或太多。

三、財務預算 (*Financial Budget*)

　　財務預算為綜合各項預算中的現金收支項目而編製之預算，主要在
顯示預算期間內的財務收支狀況，為財務調度之依據；通常分為現金收
入、現金支出，及現金結存等項。財務預算之編製應以銷貨預算及製造
預算中之有關現金收支項目為依據，編列全年的和逐月的現金預算，分
別作為全年和每月之現金調節標準。此種現金預算應以現金的實收實付
項目為基礎，以期切實合用。會計部門還應每月編製現金收支表，將實
際收付與預計收付數目加以比較；若有差異，即應分析造成差異之原
因，俾便糾正並供以後調整之參考。

　　以上僅以銷貨預算、製造預算，及財務預算為例，說明各該項預算
的要義及編製時應注意的要點，其他各種預算的編製都可依此類推。任
何預算都貴在切合實際，但是先期預估的資料，不可能完全符合實施時

的實際情況，但最重要的是應該明瞭造成差異的原因，以便謀求改進，使逐漸趨於正確合理；而且更重要的是控制單位與業務單位要能開誠佈公、誠信合作，預算才能達成規劃營業方針、衡量業務績效、調配各項生產因素，並控制營業收支的功能，以求提高人員的效率，發揮財物的效用。由此可知，現代化的生產企業，欲求加強管理，以提高效率，預算控制實為不可或缺的重要工具。

第五節　成本計算的意義

綜觀生產企業的各種營業活動，其主要目的則為製造產品與推銷產品，在製造與推銷的過程中，必定要發生各種費用支出，各項有關的費用都與產品的成本密切相關，如果不能合理的分攤於各項產品，則計算出來的產品成本必定不够正確；所以通常所謂的產品成本，不但包括各項直接成本，有關的各項間接成本和費用，也要精確的計算，而作合理的分攤。

生產事業通常多是預先報價以接受訂貨，若沒有精確的成本計算，即無從預計產品的正確售價。若報價過高，則難以獲得訂單；如果報價太低，即可能造成虧損；若等產品製成後，求出實際成本再行報價，恐已喪失銷售之機會，而影響業務之成長，可見成本計算對生產企業的生存與成長關係是何等密切。

產品的售價應該是總成本與利潤之和，為了要決定產品的適當售價，以謀求合理的利潤，即必須先確定產品的正確成本；所以只有準確的成本計算，才能預計並控制企業的盈虧和損益。由此可知，成本計算工作的主要目的不外以下三項：1. 確定產品的正確成本；2. 決定產品的合理售價；3. 預計營業的預期收益。

理想的成本控制工作，在求實際的生產成本與所釐訂的標準成本之間的差異減至最小，要達成此種理想，實有賴於精確的成本計算。必須要能計算出正確的成本，所編製的預算才能正確可行；而且只有實施嚴格的預算控制，才能達到成本控制和成本降低的目的，而爲企業謀求更多的利潤。

時下國內的生產事業，大多數都不能確知其眞實成本，卽使能提出實際的成本數字，而此種成本之發生是否合理？而且是否已盡力控制其生產成本於最低？仍然大有疑問。許多廠商都依賴或等待政府的輔助和保護，否則卽將事業的成敗委之於機運，聽任市場環境之變化，以決定其營業之盈虧。以致倖進之徒享有特權保護，往往獲致不應得之超額暴利；而失敗者又往往不知虧損的眞正原因。所以現代化的生產企業，在自由合理的激烈競爭而又變化無常的商戰之中，要想立於不敗之地，並進而謀求發展，惟有從控制成本減低成本着手，但欲求有效的控制成本，卽必須有正確的成本資料，所以正確的成本計算在現代化的企業管理中也佔極重要的一環。

第六節　分攤間接成本之計算方法

通常所謂的產品成本，係指生產企業爲了製造與銷售其產品，所支付的一切合理費用之總和。若按各項成本發生類別的不同而分析之，可以列成下表：

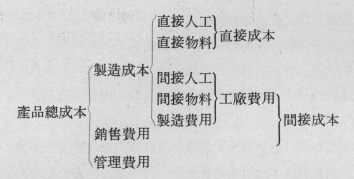

各項產品所耗用的直接成本（包括直接人工和直接物料），當然可以歸屬於各批產品或各期間製成的產品之成本中；而每單位產品中所應包含之間接成本若干則無法直接計算，但是為了要正確的計算產品之成本，却又必須將各項間接成本適當的分攤於各批產品或各期間製成之產品。為了便於了解和運用起見，茲將上表所述的間接成本中之工廠費用、管理費用，以及銷售費用等之分攤和計算方法列述如下：

一、分攤工廠費用之計算方法

如果工廠內只生產一種規格的標準產品，則工廠中各種費用可以很容易的平均分配於該種產品之各單位；即以某批或某期間內的產品數量除該批或該期間內的工廠費用總額，所得之商數即為每單位產品應該分攤的工廠費用額。但事實上，大多數工廠都生產各種不同性質、不同規格，甚至不同品質的產品，因此各種產品所應分攤的工廠費用即不可能完全相同，以致產生許多種不同的見解和分攤方法。

由於觀點不同，而對工廠費用之分攤有許多不同的主張，筆者的看法是：工廠費用之分配額，應為能代表全年度一般正常情形下的經常費用，而適當的分配率應以各種產品所共有之因素為依據，此種因素又應與製造費用之耗用成比例為原則。一般工業產品在製造上所共有之因

素，主要的應爲直接工資和工作時間，所以工廠費用之分攤，卽可以此二因素中的一項爲計算標準。兹將分攤工廠費用常用的計算方法略述如下，以供參考:

1. 直接工資比例法 (*Direct Labor Method*)

所謂直接工資比例法，係以製造各種產品所耗用的直接工資爲標準，而依比例分配工廠費用於各該產品之方法；卽將爲製造某批產品或在某期間內工廠中所耗用的各種費用總額，除以同批或同期間內所耗用的直接人工之工資總額，而求得兩者之百分比，以此百分數乘各項產品之直接工資額，卽得各該產品分攤的工廠費用額。例如本月份直接人工的工資總額爲60,000元，該廠的費用總額爲48,000元，二者之比例爲80%；假定某種產品共耗用直接人工12,000元，直接物料24,000元，則該項產品所應分攤的工廠費用，以及該項產品的製造成本可計算如下:

$$應攤工廠費用 = \$12,000 \times 0.80 = \$9,600$$

$$製造成本 = \$12,000 + \$24,000 + \$9,600 = \$45,600$$

此種計算方法的優點是計算簡單，分配比例容易決定，而且能顧及產品製造過程中之時間因素。但是其缺點則爲正確程度較差，因爲產品所分攤的費用額受耗用直接人工多寡之影響，而工廠費用之發生未必與直接工資成比例，所以此法之應用須以各項產品的直接人工工資率相等爲前提。

2. 直接成本比例法 (*Direct Cost Method*)

直接成本比例法，係將工廠費用依各項產品所耗用的直接物料與直接人工爲標準而分配之，卽以某期間內所耗用的直接人工與直接物料的費用之和，除同期內工廠費用之總額，再以此項百分比乘各項產品所耗用的直接人工和直接物料之數額，卽得各該產品所應分攤的工廠費用額。例如本月份耗用直接人工的工資總額爲 60,000 元, 直接物料的總額

為 120,000元， 工廠費用為 48,000元； 假定該期間內為了製造某項產品而耗用直接人工12,000元，直接物料24,000元，則該項產品所應分攤的工廠費用可用下式計得：

$$應攤工廠費用 = (\$24,000+12,000) \frac{48,000}{60,000+120,000}$$

$$= \$36,000 \times 0.2666 = \$9,600$$

此法之計算與直接工資比例法相似，只是在比例中加入了直接物料成本，故有兼顧人工與物料兩項變動因素之優點；但是工廠費用之發生與所耗用的物料數量未必成比例關係，而且有些耗用貴重物料的產品，實際上可能耗用的工廠費用卻很少，若在此種情形下，運用直接成本比例法分攤工廠費用即有欠公允。

3. 工作時間比例法 (*Working Hours Method*)

工廠中的許多費用，都可以依照時間的長短為標準而分配之，例如廠房的租金、光、熱、動力、維護費，及搬運費等的耗用數額，都可以用時間來衡量，所以工作時間比例法係以各批產品所耗用的直接人工之工作時間為標準，而分攤工廠費用，即以某期間內全廠直接人工的工作時間總數，除同時間內該廠的費用總額，以所得之百分比乘該期間內各批產品所耗用的直接人工時數，此項乘積即為各批產品所應分攤的工廠費用。例如某工廠本月份的工廠費用為 40,000 元，本月份的直接人工為 80,000小時，該期間內所製造的某項產品計耗用直接人工20,000小時，則該項產品所應分攤的工廠費用可計算如下：

$$應攤工廠費用 = (\$40,000/80,000) \times 20,000$$

$$= \$0.50 \times 20,000 = \$10,000$$

此法係以製造產品所耗用的工作時間為基礎而分配工廠費用，但事實上，各種產品在相同的時間內所耗用的機器設備之價值未必相等，所

以只有在以人工生產爲主的製造業中才適於採用此法。

4. 機器工作時間比例法 (*Machine Hours Method*)

所謂機器工作時間法，係以各項產品所耗用的機器工作時間爲標準，而分配工廠費用。運用此法時，先分別計算各類機器在一定期間內所發生的費用，如折舊、維護費、保險費、動力，以及按廠房面積比例而分配之廠房折舊和光、熱等費用，再以各別機器在該期間內之工作時數除上項費用總數，卽得各機器每小時之費率，以此一費率乘各項產品所耗用的機器工作時間，所得之乘積卽爲各該項產品所應該分攤的工廠費用。一貫作業的機械化工廠之各種費用，應以平均分配於耗用機器的產品爲原則，所以此法最適用於以機械化的生產線或裝配線製造產品的工廠中分攤其各項費用。

關於工廠費用之分攤，除了上述四種方法外，尙有其他許多修正方法，因爲大體上都大同小異，不須一一贅述。。分析上述各種方法，皆有各自的優點和缺點，而且各有獨特的適用情況，所以必須先考慮各廠的特殊性質，然後決定採用適當的分攤方法。事實上，許多工廠中都製造不同種類的產品，而各種產品所需耗用的人工和時間各不相同，所耗用的物料和機器時間之差異更大，爲了能夠公平合理的分配工廠費用於各項產品，工廠中各製造部門常各別採用最適宜的計算方法。

二、分攤管理費用之計算方法

爲求正確的計算產品成本，各項管理費用也需要適當的分配於各種有關產品，通常所採用的分攤方法有以下幾種:

1. 分配於製造和銷售兩種成本

生產企業的管理部門，其主要職責不外協助與配合製造和銷售兩項重要營業活動，所以因此而發生的管理費用，卽應由製造成本和銷售成

本加以分攤。通常多將管理成本之總額，依照各製造部門和推銷部門中工作人數之多寡，作成適當的比例而分配之。

2. 分配於出售之產品

管理工作之最終目的，在協助出售產品以謀取利潤，卽管理費用是為了達成出售產品之目的而發生，而產品之出售，又須計算成本以確定售價，所以有些廠商乃主張將一切管理費用，以適當的標準分配於各項出售之產品。常用的標準有以下兩種：

（一）依銷貨數量為比例。

（二）依銷貨成本為比例。

3. 預計管理費用分攤率

管理費用之分配於各項產品，很少等事後依照實際發生之數字計算，一方面是因為各期間的管理費用並不一定相同；另一方面若等待期末的實際數字，卽無法預先計算銷貨總成本以確定產品的售價。所以事實上大多數廠商都採用預計分攤管理費用的方法，卽依照以往的成本資料和分攤數額，而預先確定管理費用的分攤比率或數額，以便事先計算品成本，彙計銷售總成本，俾決定產品的適當售價。

三、分攤銷售費用之計算方法

銷售費用則全因推銷產品而發生，故須依照適當比率而分配於出售的各項產品，其分配之標準則依銷貨數量或銷貨成本較為允當。常用的銷售費用分攤率之計算步驟如下：

1. 根據下一預算時間的銷貨預算，預計下一預算期間的銷售費用總額。

2. 根據下一預算期間的銷貨預算，預計下一預算期間的銷貨數量。

3. $\dfrac{預計銷售費用總額}{預計銷貨數量}$ ＝每單位銷貨的銷售費用分攤率。

　　運用此項單位銷貨的銷售費用分攤率乘每批銷貨的數量，卽得每批
銷貨所應分攤的銷售費用。但是此法僅適用於產品種類單純的生產企
業，因爲若貨品的種類不同，所花費的單位推銷費用卽不可能完全相
等；若工廠中的產品種類很多，此種依數量平均分攤的方法卽不夠公
允。所以有些企業的預算分類比較詳細，並且擁有可靠的各種銷貨成本
資料時，則依產品的類別而各別計算其分攤銷貨費用之比率，俾能求得
更正確的分攤數額。

第七節　同源產品成本之計算

　　有些生產企業，往往運用一種原料經過不同的製造過程，而產生數
種不同的產品，例如鍊油廠，將原油經過不同的提鍊過程，而製成汽
油、機油、煤油、柴油，以及柏油等不同的油料，甚至還可以將原油分
解，再經過製鍊，而產生各種化學原料；又如製糖廠，將甘蔗壓榨後，
經過許多提鍊過程而製成細糖、粗砂糖、糖蜜、康生素、飼料、蔗渣
（製紙漿用），以及蔗板等不同的產品。此種由同一原料而產生的許多
產品，卽稱爲同源產品 (Group Products)。在同源的許多產品中，若
各種產品的重要性相同，皆爲主要產品，則稱爲結合產品 (Joint Pro-
ducts)；否則，若其中一種或兩種爲主要產品，其他各種卽爲副產品
(By Products)。

　　同源產品在製造過程中，必定共同經過某種製造階段後始行分離，
此一分離點卽爲計算各種產品成本之決定條件。因同一原料製造的各種
產品，有共同經過的製造階段，又有分離後單獨經過的製造階段，所以

一部份成本發生於分離製造之前； 另一部份成本則發生於分離 製 造 之後，以迄於完工爲止。因此，在同源產品中，任何產品的成本記錄，必須要能表示出下列兩項要點，以爲計算成本之依據。

1. 自開始製造至分離點的結合成本。

2. 自分離點後以迄於完成的各別加工成本。

茲依據上述的兩項要點，將結合產品和副產品的成本計算方法分別略述如下：

一、結合產品 (*Joint Products*)

結合產品中又可以分爲全部結合與局部結合兩種情況：

1. 全部結合

所謂全部結合卽在數個製造過程中皆爲共同製造，一直到最後製造完成，才分離爲不同的產品，此種全結合的產品之成本計算方法有以下三種：

（一）平均法——卽按照產品的產量，而平均分配其所發生之成本。

（二）積量法——卽按照產品的面積、體積、數量，或重量等爲標準，而分別計算其各自應攤的成本。

（三）市價法——卽按照各別產品的不同市價爲標準，而分別核計其各自所應分攤的成本。

上述的平均法，適用於結合產品的數量或價值相等或者相接近者；積量法多應用於結合產品的體積或重量等相差很懸殊者；市價法係應用於結合產品的銷售量不同，或者售價有很大的差別時。

2. 局部結合

所謂局部結合，係指在整個製造過程中，數種產品有共同經過的製

造階段，也有分開後各別製造的階段，此種局部結合的產品，其成本之計算步驟如下：

（一）在分離點以前的共同製造階段，可依照上述之全部結合方法計算成本。

（二）在分離點以後的各別製造階段，則應各別計算各產品之部份成本。

（三）以上（一）、（二）兩項成本之和，卽為各局部結合產品之成本。

由以上的計算步驟可以了解，局部結合產品之成本，等於應攤的共同製造成本加個別製造的部份成本之總合。

二、副產品 (*By Products*)

副產品旣為主要產品之外的附屬產品，其應分攤的成本數額若不多時卽勿須精確的計算，通常多視其所占比重或價值之不同，而有以下幾種不同的處理方法：

1. 副產品不計成本

有些生產作業的副產品數量有限，價值又低廉，而且也沒有一定的銷路，在會計上為了處理方便，往往將副產品視同廢料（或下脚），而把生產成本全歸主要產品負擔，則此種副產品卽不計攤任何成本。

2. 副產品計攤銷售成本和管理費用

副產品因為是在製造過程中附帶產生的，如果沒有專為製造副產品而耗用製造成本，或者副產品比重很少的情況下，副產品卽可以不計算製造成本，但仍須負擔為推銷副產品而發生的銷售費用和管理費用。因為副產品也須要包裝、搬運、倉儲，和看管，而且在銷售時又必須耗費勞務和費用，所以理應負擔或分攤因此而發生的銷售及管理費用。

3. 副產品照計應攤成本

副產品之產生，不可能完全不耗用物料、人力，或動力等製造成本，有些副產品耗用的製造成本也占很大的比例，而且其數量也相當多，價值又相當高，在此種情況下，為求準確分攤成本，以免影響主要產品的成本之正確性，則副產品不但應該計算銷售和管理費用，也應該合理的計算其製造成本。

生產企業每因作業的性質或製造過程之不同，而產生不同數量和不同價值的副產品，如果副產品的數量很多，而又有銷路時，即應合理的分攤成本；反之，如果副產品的數量有限，而且也沒有固定價值時，則可不必計算成本。此項原則也不是一成不變的，有的副產品在某一時期（或季節）有價值，而在其他時期（或季節）則無人問津；因此，在有價值時即應分攤成本，在沒有銷路而又不值得儲存時，即可視同廢料，而不必分攤成本。總之，副產品的成本計算和分攤，應斟酌實際情況，視其當時的價值而作合理的決定。

第八節　計算成本之會計制度

生產企業所採的會計制度，尤其是成本會計，係以能夠正確計算產品的成本為目的。惟各類工業的生產方式不盡相同，而各種製造業所採用的計算成本之會計制度，又必須切合其本身的需要，所以各種生產企業所採用的成本計算制度，也因為製造程序之不同而有差異。生產企業常用的計算成本之會計制度計有：分批成本制度、分步成本制度、分類成本制度、估計成本制度，以及標準成本制度等，茲分別略述如下：

一、分批成本制度 (*Job-Lot Cost System*)

所謂分批成本制度，係分別計算各批產品成本之會計制度。通常多適用於依訂貨而生產的裝配式製造業，例如機械廠、汽車製造廠、飛機製造廠、造船廠，以及營造業等。採用分批成本會計制度之企業，必須具備以下的條件:

1. 製造之產品每一單位可以明顯的區分。

2. 每批產品所耗用的成本可以分別計算。

採用分批成本會計制度之工廠，每批產品都設立一份成本記錄單，將製造各該批產品所耗用的人工、物料，以及工廠內的各項開支，分別記入其成本單內，每批產品完成後，即可運用成本單中的各項記錄而求得其成本總額; 再以該批產品的單位數量除其成本總額，即得該批產品的單位成本，其計算方式如下:

$$產品單位成本 = \frac{人工成本 + 物料成本 + 工廠費用}{該批產品之單位數}$$

此項結果雖然是事後計得的實際成本，却可用來與報價時所預計的批量成本加以分析比較，以便研究改進，並且可以作爲將來預計成本時之參考。

二、分步成本制度 (*Process Cost System*)

所謂分步成本制度，係彙計個別製造步驟於某一期間內所耗用的一切人工、物料，及工廠費用等各項成本之總額，平均分配於各該步驟所製成之產品，以求得該步驟的單位產品成本之會計制度。在連續製造的生產作業中，如造紙業、水泥業、製糖業，以及紡織業等，其產品須依次經過若干連續製造步驟才能完成，不易分別批次; 因此，其產品的製

造成本應依製造步驟分別計算之。卽依製造步驟爲單位，分別設立成本賬戶，記錄各該步驟在某期間內所耗用的人工、物料，以及各項費用，以求得同期間內每一步驟的成本總額，再除以同期間內各該步驟所製造之產品數量，卽求出各該步驟之單位成本（其計算單位成本之方式與上述計算分批成本者相同），最後將產品所經過的各製造步驟之單位成本合計之，卽求得成品的單位成本。具有下列作業情形之生產企業適於採用分步成本制度：

1. 產品之製造係依連續程序進行，不易顯明劃分批次以計算成本者。

2. 以相同之物料，經過同一的製造過程，可以製成同一規格之產品，而且各單位產品之成本相等者。

三、分類成本制度 (*Class Cost System*)

有些製造業的產品可以歸納爲幾個類別，而每一類別內各項產品之成本又大致相等，則此等性質的製造業，其成本之計算卽可採用分類成本制度。所謂分類成本制度，係將產品依性質、式樣，或所用物料之不同，而分爲不同的類別，以便分別計算各類產品之成本，卽將各類產品分別設立成本賬戶，凡爲製造該類產品所耗用的人工、物料，以及工廠費用等，都分別記錄於各該成本賬戶內，以求得各類產品的總成本，再將各類總成本平均分配於各該類產品上，卽得各別產品的單位成本。

分類成本制度與分批成本制度之計算方法大致相同，分類制度中的每類產品，卽相當於分批制度下的每批產品。惟分類制度往往將數批相同的產品歸爲一類，以計算其成本；所以分類成本制度常較分批成本制度簡單，而且可以節省人力、物力，及時間。但是分類成本制度對產品之分類必須精確，尤其是屬於同一類別的各項產品，其製造成本必須大致相等；否則，所求得之單位成本卽不够正確。

四、估計成本制度 (*Estimating Cost System*)

上述之分批、分步，或分類成本制度，都是計算實際成本，必須等產品製造完成後才能算出正確的結果；而製造業却常須先估計產品的成本，以便決定售價，作為報價或議價之基礎，俾能接受定單而從事生產，因此估計成本制度乃應運而生

所謂估計成本制度，係於產品未開始製造之前，預先根據以往的實際成本資料，對製造產品所需要的各項因素之成本加以估計，以算出產品成本。由於情況的變遷，預先估計的成本不可能完全正確，須待產品製造完成後，再與實際成本相印證，算出差異數額，並分析產生差異的原因，以便修正改進，俾作為下次估計成本之參考；經過若干次校正後，估計成本即可與實際成本相接近，而趨於正確。由此可知，估計成本制度雖然不是很完善的會計制度，却是步入完善成本會計制度之階梯；而且許多成本會計制度都需要運用估計的成本資料，所以事實上估計成本制度亦確實有其存在之價值。採用估計成本制度者，多為下列情況的製造業：

1. 企業規模較小，人力、財力有限，而產量又不多者。
2. 各期或各批產品的製造成本比較穩定者。
3. 製造程序簡單，產品種類也單純，而製造規格又一致者。

五、標準成本制度 (*Standard Cost System*)

上述的估計成本制度常含有主觀的成份在內，估計的結果可能會有偏差，以致必須經過長期間的修正或調整，才能趨近實際成本，而實際成本又未必經濟合理；尤其是，如果低估了成本則將發生虧損，若予以高估則可能喪失訂單，因此而有標準成本制度之產生。

所謂標準成本，係根據客觀的標準，參考以往的成本資料或性質相

同的其他製造業之成本資料，並預測生產因素之未來變動趨勢，以訂定生產某項產品所須耗用的人工、物料，以及工廠費用等所應該達成的成本標準。卽在預計較高的生產效率之情況下，訂定產量標準；建立合理的工資率和標準工時，以確定標準人工成本；分析產品所需要的物料數量及規格，以決定標準物料成本；選擇分配工廠費用的適當方法，以設定標準工廠費用。在生產作業進行的過程中，卽以此等預定的成本標準作爲統制實際成本之依據，務求將標準成本與實際成本之間的用量差異和價格差異減至最低限度，冀能以最經濟之成本，製成最合宜之產品。

標準成本制度係以估計成本爲基礎，而建立於分批成本制度上或分步成本制度上，所以標準成本制度可適用於任何製造業，但爲求達成預期的效果，則應具備下列條件。

1.應有完善的實際成本會計制度，因爲成本標準之訂定及差異之分析，皆須以實際成本爲基礎，若實際的成本資料不確實，標準成本之推行卽難望有理想的成果。

2.每項作業過程，都應該有精確的時間研究和動作研究作爲基礎，以確立合理的工時標準。

3.物料、工具、製造程序，及作業方法等與成本有關的事項，應力求標準化。

由以上的說明可以了解，標準成本卽爲預先估計在最完善的生產情況下之製造成本，所以標準成本制度在性質上也是一種估計成本制度，但是兩者之目的則迥然不同。估計成本制度之目的，在求預估的成本能符合實際成本；至標準成本之目的，則在控制實際成本，使能達成合理的成本。

本節所討論的各種成本會計制度，各有其特性及適用的情況，所以必須針對生產作業的性質或製造程序的特性而加以適當的選擇採用。如

果大規模的企業，　有數個不同性質的製造部門時，　爲了切合實際的需要，　也可以依照各別製造部門的特性，　而各自採用適宜的成本會計制度，以求達成良好之效果。

第九節　　預算及成本計算之評價

一個事業的成敗，　常決定於其管理之良窳，而管理階層的核心工作則在從事決策；但現代企業的管理決策之制定，不能單憑經驗、直覺，或臆斷，必須要有正確的資料作依據，其決策才能切實可行，其結果才能圓滿合理。尤其是生產企業的任何決策都離不開可靠的成本資料，所以提供成本資料的成本會計制度是現代生產企業不可或缺的工具，也是其管理階層必備的基本知識。

成本會計不僅是用於記錄在製造與銷售產品的過程中所發生的一切費用，以確定產品的總成本和單位成本；其積極目的在於運用成本資料從事分析與比較，以便了解所發生的成本是否經濟合理，冀能加以研究改進，俾供管理階層作決策之依據，更進而予以有效的控制，以求達成加強效率並降低成本之目的。此種對成本的預計和記錄，以至進而分析和控制的功能，乃是成本會計應用於管理決策的一種發展趨勢，而且此種趨勢由於預算制度之普遍應用而更見加強。

企業預算係對會計年度內整個營業過程的一種規劃與評估，並對企業的人力、物力，和財力加以調配與控制，俾使生產、銷售，及財務上的各項作業均能遵循預定計劃而協調進行，以求達成預期的目標。事實上，　一項營業計劃是否能順利推行，　以及其執行的結果是否能圓滿成功，　常需視該計劃規劃的是否周詳，　評估的是否正確，　調配的是否適當，以及控制的是否嚴密而定。成本會計不但能提供制訂決策的資料依

據，而且透過預算控制還可以對營業活動加以周密的規劃，對各項成本作正確的評估，對可用的有限資源合理的調配，並對作業的績效作嚴密的控制，以符合現代管理的要求。

　　孫子兵法有云：「多算勝，少算不勝，何況無算乎」！商場如戰場，實施預算控制和精確成本計算的生產企業雖然不一定能保證其必然成功；但是不運用預算控制和沒有正確成本計算的企業，在激烈的商場競爭中，可以斷言其遲早必定失敗。由此可見，預算制度和成本會計制度對生產企業的生存發展之關係是何等重大。

練 習 題

一、企業預算的意義如何？列述之。

二、預算控制為什麼是生產企業的有效管理工具？其理由何在？

三、生產企業實施預算控制會有那些益處？列述之。

四、生產企業欲求預算控制成功有效，應該具備那些先決條件？

五、企業預算依照所涵蓋期間之長短，可分為那幾種類別？

六、企業預算依照適用範圍之大小，可分為那幾種類別？

七、企業預算依照執行時之適應性，可分為那幾種類別？

八、生產企業之預算體系如何？舉例說明之。

九、銷貨預算如何編製？應該包括那些重要項目？

十、製造預算如何編製？應該包括那些重要項目？

十一、財務預算如何編製？舉例說明之。

十二、成本計算之目的何在？與生產企業之營業活動有什麼關係？

十三、通常所謂之製造成本，其中包括那些重要項目？列述之。

十四、何謂間接成本？包括那些重要項目？

十五、分攤工廠費用都有那些計算方法？列述之。

十六、何謂直接工資比例法？此法之利弊何在？

十七、何謂直接成本比例法？此法之利弊何在？

十八、何謂工作時間比例法？此法之適用情況如何？

十九、何謂機器工作時間比例法？其適用情況如何？

二十、分攤管理費用常用那些計算方法？列述之。

廿一、銷售成本分攤率之計算步驟如何？舉例說明之。

廿二、何謂同源產品？其成本資料所應表達的重點如何？

廿三、結合產品之成本如何計算？分別列述之。

廿四、副產品應難之成本都有那些處理方式？列述之。

廿五、生產企業計算成本都有那些不同的會計制度？列述之。

廿六、何謂分批成本制度？此法適用於何種情況？

廿七、何謂分步成本制度？此法適用於何種情況？

廿八、何謂分類成本制度？此法適用於何種情況？

廿九、何謂估計成本制度？如何使估計成本正確合理？

三十、何謂標準成本制度？此制與其他各種成本制度之間有什麼關連？

卅一、標準成本制度欲求達成期望的效果應具備那些條件？

卅二、為什麼生產企業的決策階層越來越重視成本資料？其原因何在？

第十八章　作業研究

第一節　作業研究的意義

所謂作業研究 (*Operations Research*)，卽是應用科學方法，提供客觀而又具體的數據，以便對業務情況加以分析比較，在有限的經濟資源 (*Economic Resources*) 之限制下，對所追求之目標，尋求最有利的解決途徑，俾憑此而擬訂適當可行之方案，以求達成最佳管理決策。

現代企業之管理問題日趨繁雜，決策者必須在各種複雜的情況下，作最明智而有利的抉擇，但在數量方法 (*Quantitative Method*) 未普遍採用之前，企業家的管理決策全憑其經驗或主觀的臆斷，毫無科學根據。近年來由於統計方法 (*Statistical Method*) 的進步，企業界也普遍試用統計方法來分析資料或解決問題，雖然統計方法的應用仍有限制，但用爲決策的依據總比直覺可靠，所以作業研究卽是應用客觀的數量方法，對所追求之目標，尋求最適當的答案，以供決策者作最佳抉擇的依據。

作業研究原爲作戰研究，起初只是提供戰爭決策的依據。在第二次世界大戰期間，英國遭受德國的空襲及海上封鎖，損失慘重，爲了減少空襲及海戰的損失，並有足夠的反擊準備時間，英國政府乃邀請專家，研究如何增加雷達 (*Radar*) 的觀測距離及縮短警報的傳遞時間，經由曼徹斯特大學 (*Manchester University*) 布萊琪敎授 (*Professor P. M. S. Blackett*) 主持該項研究工作，完成所謂有效警報系統及作戰管制系

統, 英國海、空軍採用後效果良好, 對戰力的增強及戰場損失的減少都有很大的貢獻; 繼而由美國海空軍作戰部擴大研究範圍, 並不斷發展新的功用。當時的主要用途是利用數量方法和統計方法來權衡敵我的勢力, 並評估可能產生的戰果, 俾據以調派軍隊及後勤補給。另外又可用模擬法 (*Simulation*), 對軍事演習作種種假設情況, 例如氣候、地形、兵力、裝備, 以及其他變故等, 以測定各因素對戰爭的影響。由於效果非常卓著, 在戰後其原則乃被逐漸應用到政府的行政機構, 及工商企業的管理問題上, 例如在政府可依據作業研究中的計量方法所獲得之數字資料, 來決定市區公用電話亭的配置, 公路及橋樑的修築, 擬定國家經濟發展計劃, 權衡外交政策, 以及研判國際局勢等, 而且其適用範圍正與日俱增。作業研究對生產企業之功用更是廣泛, 茲摘要列舉如下:

1. 確定最低成本與最大利潤的適當產量。

2. 選擇最理想的工廠區位和廠址。

3. 決定人與人、機器與機器, 或人與機器間的最佳調配, 以及人員與工作的最佳委派。

4. 選擇適當的運送方法及求取最合理的運輸費用。

5. 決定產品種類 (*Product Mix*) 與產品線 (*Product Lines*) 之最佳組合。

6. 決定在生產過程中連續製造程序與斷續製造程序之適當配合。

7. 選擇原料和零、配件之自製或外購何者有利, 俾有助於控制製造成本於最低。

8. 確定物料之經濟存量及經濟採購量, 以控制存管和籌購之總成本於最低。

9. 決定機器設備之適當汰換時間, 以及維護人員與器材之適當配備等問題。

作業研究之發展趨向主要有二：一爲建立科學的計量觀念；一爲從事實際的應用。爲了要使企業經營建立於合理可靠的數字基礎上，則必須使用一些精確的科學方法和步驟。而作業研究之應用，並不需要很高深的數學基礎，只需瞭解一些數學模式 (Mathematical Model) 的運用即可。同時，由於作業研究的廣泛應用，也能促進企業經濟的發展，例如對企業的生產現象、交換現象，以及需求現象分析之後，才能了解這些現象的眞實情況及性質，從而擬訂開展業務的新計劃，卽有利於企業的發展及經濟的成長。

作業研究的應用範圍雖然很廣泛，但通常只是提供在某些特定條件或假設情況下，該項業務之最佳處理方案。譬如希望減低成本，先需確定那些因素影響成本，再分別求出各種因素發生不同變動時之結果，以獲致最佳答案 (Optimum Solution)。因爲作業研究可以很客觀的顯示出各種不同方法所花費的成本，以及各種成本可能產生的收益，有此種可靠的資料作依據，則比較容易獲致適當的決策。又如希望充分利用機器的生產能量(Capacity)，以獲得最適宜的生產量，但因機器的性能不同，可用的資源數量及工作時間有限，各種不同的調配，卽會產生各種不同的結果，而作業研究則可選擇出最佳配合所能產生的最適宜產量，以獲致最大收益。

作業研究所涉及的範圍相當廣泛，凡是運用數量方法(Quantitative Method) 以提供決策資料的各種理論都可以包括在內，主要有線性規劃 (Linear Programming)、動態規劃 (Dynamic Programming)、對局理論 (Game Theory)、等候線理論 (Waiting Line Theory)、要徑分析 (Critical Path Analysis)、馬克夫分析 (Markov Analysis)，以及摹擬技巧 (Simulation Techniques) 等，玆選擇在生產管理方面運用較廣的幾種方法介紹如下。

第二節　線性規劃 (*Linear Programming*)

線性規劃係作業研究中處理分配問題 (*Allocation Problem*) 時，在各種已知條件下，獲致最佳解決方案的一種重要工具。此法在應用時有一個最基本的先決條件，卽各因素間的變動關係必須是直線關係。所謂直線關係就是其中一個因素發生增減變動時，其他因素也按一定比例增減，卽變數間的函數式係一次式，也就是微分學所謂函數之第一導數 (*First Derivative*) 爲一定，其線段之斜率 (*Slope*) 一定，而且爲直線，卽

$$a_1x_1 + a_2x_2 + a_3x_3 + \cdots + a_nx_n = b \cdots\cdots\cdots ①$$

例如按時計酬之報酬多寡與工作時間之長短，便是一直線關係。

由上述之說明可知方程式①必須是一次方程式的關係。而線性規劃旣是用作在已知條件限制下，求出利益函數爲最大或成本函數爲最小之方法，故須有其目的或標的函數 (*Objective Function*)，以求最大值 (*Maximum Value*) 或最小值 (*Minimum Value*)。而且其問題在獲致目的函數所要求的答案時，必定有某些限制條件，此種限制條件用等式或不等式表示之稱爲「限制式」(*Constraints*)，係用以限定某種事實可能發生的範圍。再者式中各變數之值必須大於或者等於零，卽不得爲負數，因爲通常表示資源的數量和價值時皆不用負值。茲將符合以上各點之線性規劃式說明如下：

其限制式爲

$$a_{11}x_1 + a_{12}x_2 + \cdots\cdots\cdots + a_{1n}x_n \leq b_1$$

$$a_{21}x_1 + a_{22}x_2 + \cdots\cdots\cdots + a_{2n}x_n \leq b_2$$

...

$$a_{m1}x_1 + a_{m2}x_2 + \cdots\cdots\cdots + a_{mn}x_n \leq b_m$$

其標的函數式爲

$$Max\ (x)\ or\ Min\ (x) = c_1x_1 + c_2x_2 + \cdots\cdots\cdots + c_nx_n$$

式中　$x_j \geq 0$，$(j=1\cdots\cdots n)$。且 a_{ij}，c_j 及 b_j 均爲已知數 $(i=1\cdots\cdots m)$。故上式可寫成

$$\Sigma a_{ij}x_j \leq b_i$$

$$Max\ (x)\ or\ Min\ (x) = \Sigma c_j x_j$$

上式應用到生產管理問題時，式中 x、a、b、c 及 m，n 等各符號所表示的意義如下：

$x_j =$ 達到最大總收益時，產品 j 的單位數量。

$a_{ij} =$ 每單位產品 j 所需原料 i 的單位數量。

$b_i =$ 可用之原料 i 的最大單位數量。

$c_j =$ 產品 j 的單位收益或單位成本。

$m =$ 原料的數量。

$n =$ 產品的種類。

應用線性規劃解決問題之方法很多，常用的有圖形解法、代數方程式解法、矩陣代數解法，以及單形法 (Simplex) 等。茲以實際事例說明其用法如下：

設某工廠有三部機器，以 M_1，M_2，及 M_3 表示之，用以生產兩種產品 P_1 及 P_2。三種機器之性能不同，但每一單位產品均需分別經過此三部機器之處理。茲將每部機器處理每一單位產品所需耗用之時間，每部機器每月可供利用之時間，及每一單位產品可能獲得之利潤等，列示於表 18-1。

表 18-1 線性規劃問題資料表

產品種類 單位利潤 製造時間 機器編號	P_1 $9	P_2 $10	機器可供使 用之時間
M_1	11分鐘	9分鐘	9,900分鐘
M_2	7分鐘	12分鐘	8,400分鐘
M_3	6分鐘	16分鐘	9,600分鐘

廠方總希望謀求最多的利潤，所以問題是 P_1 及 P_2 兩種產品的產量究竟應該怎樣配合才能使總利潤最大。首先分析每部機器的生產能量 (*Capacity*)，M_1 如果只製造 P_1 每月可生產 900 個單位，如果只製造 P_2 可生產1,100個單位；同理，M_2 可生產1,200個P_1 或700個 P_2；M_3 可生產1,600個 P_1 或600個 P_2。以上的產量只是兩種極端，每部機器都可以在兩極端範圍之內配合生產若干單位 P_1 及若干單位 P_2。

由於上述的分析及表18-1的資料可知，此問題之標的函數為

$$Max.\ f(P_1, P_2) = 9p_1 + 10p_2$$

條件式為　　$11p_1 + 9p_2 \leq 9,900$

$$7p_1 + 12p_2 \leq 8,400$$

$$6p_1 + 16p_2 \leq 9,600$$

$$p_1 \geq 0; p_2 \geq 0$$

函數式中變數 P_1 及 P_2 代表兩種產品，希望其組合能使函數值為最大。各式中 p_1 和 p_2 各自代表產品 P_1 及 P_2 之產量，而各方程式則分別表示 M_1，M_2，及 M_3 三部機器之生產能量，式中小於或等於之符號（≤）表示機器可能會有閒置時間 (*Idle Time*)。設 M_1 之閒置時

間為 I_1，M_2 及 M_3 之閒置時間各為 I_2 及 I_3。因此，上述之限制條件式卽可改寫成以下之聯立方程式：

$$11p_1+9p_2+I_1=9,900\cdots\cdots①$$

$$7p_1+12p_2+I_2=8,400\cdots\cdots②$$

$$6p_1+16p_2+I_3=9,600\cdots\cdots③$$

我們既然希望獲得最多之總利潤，卽必須由此聯立方程式求出能使標的函數值為最大之 P_1 及 P_2。但以上 3 組方程式裏含有 5 個未知數，為相依聯立方程式，若不假設一些條件，便得不到適當答案。茲先假定 $I_1=I_2=0$，卽假設 M_1 及 M_2 兩部機器皆充分利用，沒有閒置時間。解聯立方程式①及②得 $p_1=626$，$p_2=335$。將 p_1 及 p_2 之值代入③式得 $I_3=484$。將 p_1 及 p_2 之值代入標的函數式得 $f(p_1, p_2)=8,984$。

圖 18-1　線性規劃圖解

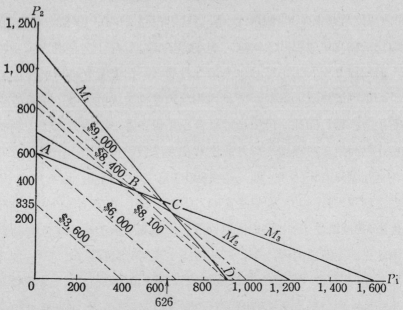

同理，也可以假設 $I_2=I_3=0$，或 $I_3=I_1=0$，但所求得的產品數量組合，不是 I 為負數，就是標的函數值小於\$8,984，I 為負值表示產量超過機器之負荷能力，無法採用；利潤小於\$8,984之產量組合也不利於採用。所以 $p_1=626$ 個單位，$p_2=335$個單位時，為最大利潤之產量組合。

此種又有兩個變數的二度空間 (*Two Dimensions*) 之線性規劃問題，也可用圖解法求出以上之答案，茲根據表18-1之資料作成圖18-1，以表示其可能解之範圍。圖中 M_1，M_2，及 M_3 三條線各表示三部機器之極端生產能量，所以各種不同產量之組合，應在此三條限制線和原點所構成的多邊形 *ABCDO* 的範圍之內。如果超出此多邊形之外，則表示超過機器的生產能量，無力製造如此多之產品。

為了試行決定能獲致總利潤最多之產量組合點，可先試畫若干平行於標的函數式的利潤線，此種利潤線決定於產品之單位利潤，例如生產400個單位P_1或生產360個單位 P_2，利潤皆為\$3,600，此 \$3,600 之利潤線即為二極端單位點間之聯線。此利潤線越向右上方移動表示利潤越大，而此線之向右上方移動也表示產量增多；但產量受機器的生產能量所限，不可能無限的增加，所以利潤線因受拘束式的限制，不可能隨意向右上方移動。因此，最佳產量組合點需視多邊形中與最右上方利潤線相切之點而定，即線型規劃之最佳解在多邊形之角點上。由圖18-1可知 *A* 點之利潤只有\$6,000，即只生產600個單位P_2之利潤，而不生產 P_1；*B* 點之利潤為\$8,400，即只生產937個單位 P_1 或只生產840個單位P_2，或生產470個單位 P_1 及417個單位 P_2 之利潤。但因每一單位產品均需經過此三部機器之處理，M_1 每月只能生產900個單位 P_1，M_3 每月只能生產600個單位 P_2，因此937個單位 P_1或840個單位 P_2，超過機器的生產能量，所以只有生產470個單位 P_1 和417個單位 P_2 才能獲得\$8,400

的利潤。與 C 點相切之利潤線趨近於$9,000，故選擇 C 點之產量組合，即生產626個單位 P_1 及335個單位 P_2 之總利潤爲最大。而此項結果與上述解聯立方程式所得的結果完全相符。

　　讀者若有興趣進一步了解如何運用圖形解法、矩陣代數解法，以及單形法求解各種收益最多或成本最低的線性規劃問題時，可以參閱作者編著之「作業研究（應用於管理決策）」第四章第二、三，及四節。

第三節　工作指派 (*Job Assignment*)

　　在管理上總希望將人、事、物作最佳調配，以求「人盡其才，物盡其用」，並發揮最大的工作效率。在作業研究中常用「匈牙利法 (*Hungarian Method*)」以解決工作委派問題，此法係由庫恩 (*H. W. Kuhn*) 於1955 年發表的，其標題爲「求解指派問題的匈牙利法 (*The Hungarian Method for the Assignment Problem*)」，所以此法又稱爲匈牙利法。應用此法分派工作，是求在某些已知條件下（如已知有 N 個員工，N 種設備或 N 種工作，並已知每一員工對每種設備或工作之效率等），如何使現有的人員、工作，或機器設備作最有利之配合，俾能以最低的成本，發揮最高之工作效率。欲求達成此種目的，必須有正確的工作評價 (*Job Evaluation*)，及合理的動作與時間研究 (*Time and Motion Study*) 等資料爲依據。茲以簡單之事例說明如何應用此法委派工作，以求產生最大的總績效或者花費最少的總成本。

　　假設現在有四件工作要分派給四名工人，每人的工作能力不同，而且同一工人對每件工作所能發揮的效率也不等，但希望每件工作都能指派最適當的工人擔任，以求發揮最高的總效率。方陣 (*Matrix*) A 裏各對應數字表示根據以往的統計資料獲知各工人對各項工作所能發揮的效

率，方陣 A 裏的對應數字越大，表示工作效率越高，反之，則表示工作效率低。

方　陣　A

工作項目 生產價值 工人	A	B	C	D
甲	6	2	3	1
乙	7	4	3	2
丙	8	10	7	3
丁	7	7	5	4

求最佳指派之進行步驟:

1. 尋求方陣 A 裏的最大數值，卽最大工作效率，以最大數值10與每項數值之差額而組成方陣 B；在方陣 B 中的各差額數值係表示機會損失，能使機會損失爲最少的分派，卽爲最佳指派。

方　陣　B

工作項目 機會損失 工人	A	B	C	D
甲	4	8	7	9
乙	3	6	7	8
丙	2	0	3	7
丁	3	3	5	6

2. 爲了能使機會損失最少而將工作調派最得當，將方陣 B 中每行 (column) 減以其中最小數值（卽工作效率最大者），所得之結果爲方陣 C。在方陣 C 中各行之 0，卽表示相對應之工人對該項工作之效率爲最高，也就是說由該工人擔任此項工作其損失爲最少。

方　陣　C

工人 \ 工作項目 機會損失	A	B	C	D
甲	2	8	4	3
乙	1	6	4	2
丙	0	0	0	1
丁	1	3	2	0

3. 再於方陣 C 中各列 (row) 減以其中最小值，所得之結果爲方陣 D。

方　陣　D

工人 \ 工作項目 機會損失	A	B	C	D
甲	0	6	2	1
乙	0	5	3	1
丙	0	0	0	1
丁	1	3	2	0

在方陣中加減一定數目，雖然改變了方陣中的數值，但不影響工作

的分派，而且爲了便於分派職務，通常總將方陣中的各行列減到使每個
人員至少有一件職務項下是零值。

4. 在方陣 *D* 中每行每列都有 0，卽可開始分派工作，在進行分派
時，儘可能以最少的橫線或縱線劃去方陣 *D* 中所有的零。在方陣 *D* 裏共
有 6 個 0，一條橫線卽可劃去 3 個，第一行劃條縱線又可劃去兩個，而
要劃去在末行（或末列剩下的一個用橫線或縱線皆可，但原則上希望保
留最小的數字，如果劃縱線則劃去的最小數字是 1，而劃橫線則劃去的
最小數字是 2，所以原則上是在第四列劃一橫線如方陣 *D'*。

方 陣 D'

工人 \ 機會損失 \ 工作項目	A	B	C	D
甲	0	6	2	1
乙	0	5	3	1
丙	0	0	0	1
丁	1	3	2	0

現在用三條直線卽可劃去所有的零，表示已有兩名工人可以分派到
適當工作，而且也有一項工作可以派到適當工人。但必須要 4 名工人在
各工作的對應值下都至少有 1 個 0，卽必須用 4 條直線才能劃去所有的
0 時，始可求得最後答案　所以必須繼續求方陣 *E*。

5. 尋求方陣 *D'* 裏未被劃線的最小數值，將該最小數字 1 加到有
直線相交的數字上，再將未劃直線的數字減 1，其餘劃過直線的數字不
變，此結果卽爲方陣 *E*。

方陣 E

工項作目　機會損失　工人	A	B	C	D
甲	0	5	1	0
乙	0	4	2	0
丙	1	0	0	1
丁	2	3	2	0

至於爲什麼要在橫線與縱線相交處加以最小值，而其他被直線劃過的數字不變？因爲劃橫線表示某工人已分派到最適當的工作，劃縱線則表示某工作已分派給最適當的工人擔任；因此，與交點相對應的工人不便再擔當該工作，或與交點相對應的工作不便再分派給該工人，以求避免重複分派或減少不當的分派。而其餘數值減以最小值的目的則在便於求其他較適當的分派。

6. 再以最少直線劃去方陣 E 裏所有的 0。方陣 E 裏的 0，也只要 3 條直線卽可全部劃去，如方陣 E′，所以還需要繼續求解。

方陣 E′

工項作目　機會損失　工人	A	B	C	D
甲乙丙丁	0 0 1 2	5 4 0 3	1 2 0 2	0 0 1 0

7. 以求方陣 E 的同樣方法，將方陣 E' 中未經劃線的數字減以其中最小值 1，再將直線相交處加以該最小值，所得之結果即爲方陣 F。

方　陣　F

機會損失 工項作目 工人	A	B	C	D
甲	0	4	0	0
乙	0	3	1	0
丙	2	0	0	2
丁	2	2	1	0

方陣 F 中至少要有 4 條直線才能劃去全部 0，所以現在可以求得最後答案。

8. 將方陣 F 中有 0 值的工作分派給各相對應之工人。與 B 工作相對應的只有一個 0 值，所以相對應的工人丙必須負責 B 工作。由於丙已經擔任了 B 工作，所以 C 工作只好由工人甲來擔任。再者，因爲工人甲已經擔當了 C 工作，所以 A 工作一定要乙來做。因此，剩下的 D 工作只好由丁來負責。此項分配結果如以下之方陣 F'。

由以上各工作分派的結果，再參閱方陣 A 裏所表示的生產價值，可知唯有如此分派，所得的數字和爲最大（3＋7＋10＋4＝24）；也就是說，唯有如此分派所產生的總效率才最高。該例題的資料比較簡單，亦可由觀察法求得最佳分派的結果，但是當資料繁多時却以匈牙利法較簡便。

其實指派法是一種求最小值的方法，卽求最低費用或最短工時的方

方　陣　F′

機會損失　工人 ＼ 工項作目	A	B	C	D
甲	0	4	⊡	0
乙	⊡	3	1	0
丙	2	⊡	0	2
丁	2	2	1	⊡

法，而此例是求最高效率，所以在方陣A裏先求各數值與其中最大數值之差，以轉變爲求最小值。如果方陣A裏的數字係代表各工人完成各工作所需要之時間，而求將各工作如何分配才能使工作時間最經濟，卽總工作時間最短，則無須將方陣A轉換爲方陣B之步驟。

　　應用指派法時，須注意資料必須成方陣，如果其中人員與職位不相等時，卽必須以假設的人員或職位補充其不足之數，以湊成方陣，才能求解。欲求進一步了解求最小值，或人員與職位不相等時之工作指派方法，請參閱作者編著之「作業研究（應用於管理決策）」第四章第六節。

第四節　運輸法 (*Transportation Method*)

　　在解決運輸問題時，常有許多限制條件，如工廠的產量、原料的需要量、倉庫的容量、運輸工具的供應，以及運送距離和運費的差別等；求解此等問題原爲線性規劃所討論的範圍，但是因爲應用日廣，而且對企業經營之決策問題日見重要，故予以個別討論。此法係研究如何以最低的運輸費用，或最短的運送時間，發揮最大的運輸效果，並對物料或

產品作最適當的配送。茲以簡單之事例說明如下:

假設某生產企業擁有 A、B、C、D 四個工廠,專門製造某種產品,為了便於推銷,在接近各主要市場處設有五個倉庫,各工廠的產品可以隨意運至任一倉庫,但運輸費用不同。表 18-2 所列者為每單位產品運至不同倉庫之費率;表 18-3 中所列示的是各工廠之生產能量及各倉庫之容納數量。

表 18-2　單位產品運費表

倉庫 單位運費 工廠	1	2	3	4	5
A	\$ 22	\$ 30	\$ 25	\$ 20	\$ 24
B	21	29	20	24	25
C	24	30	24	26	20
D	23	28	24	22	23

表 18-3　工廠產量及倉庫容量表

工　廠	產　量	倉　庫	容　量
A	200	1	150
B	100	2	300
C	400	3	100
D	400	4	200
		5	300
總　額	1,100		1,050

表 18-2 中每單位產品之最低運費為 \$20,即必須支付的最少數額,所能設法節省的只是高低運費間的差額,而且務求各工廠運到各倉庫的

總運費爲最低。若暫不考慮單位運費，只求其供需平衡，可先將各運費率減以20，把差額列於矩陣*A*裏右上角方塊內，再將各工廠的產量依各倉庫的容量，從矩陣的左上角開始呈階梯狀逐步向右下角分配到各倉庫，所以此法又稱爲階梯法 (*Stepping-Stone Method*)，或稱爲西北角法則 (*Northwest Corner Rule*)。

矩　陣　A

單位運費　　倉庫　　工廠	1	2	3	4	5	餘額	工廠的生產量
A	2 150	10 50	5	0	4		200
B	1	9 100	10	4	5		100
C	4	10 150	4 100	6 150	0		400
D	3	8	4	2 50	3 300	50	400
倉庫的容量	150	300	100	200	300	50	1,100

很顯然矩陣*A*中的安排並不理想，因爲要求節省運費就該把*A*廠的產品運到4號倉庫，*B*廠的產品運到1號或5號倉庫。茲先求出運費超過每單位20元的部份，以便與較優的配送方法算出之結果比較，也可以看出分配不當所增加的運輸成本。

超過每單位 20 元之運費＝150×\$2＋50×\$10＋100×\$9＋150×\$10＋100×\$4＋150×\$6＋50×\$2＋300×\$3＝\$300＋\$500＋\$900＋\$1,500＋\$400＋\$900＋\$100＋\$900＝\$5,500

現在運用觀察法對前面的不良安排試作改善，先由*A*工廠着手，看能否因改變遷儲量而減低成本。如果將原來運往2號倉庫的50個單位運

到 4 號倉庫去，每單位卽可節省10元，雖然 C 工廠須將原來運往 4 號倉庫的150個單位改運50個單位至 2 號倉庫，而使單位成本增加 4 元，但總成本却因此而省下50×$6($6 －$0)＝300元，同法可對每一工廠與倉庫之間的運送數量逐一調整，以求將總運費減至最少，玆將調整所得之最後結果列表如下：

矩　陣　B

運送量及單位運費 \ 倉庫 \ 工廠	1	2	3	4	5	餘額	總　額
A	|2	|10	|5	|0 200	|4		200
B	|1	|9	|0 100	|4	|5		100
C	|4 50	|10	|4	|6	|0 300	50	400
D	|3 100	|8 300	|4	|2	|3		400
總　額	150	300	100	200	300	50	1,100

現在運費超過20元以上者應爲50×$4＋100×$3＋300×$8＝$200＋$300＋$2,400＝$2,900，較以前的安排節省運費$5,500－$2,900＝$2,600，省下將近一半。由此可知，對運輸問題作適當的調配可以節省大量的運費，運輸成本之減低，對企業的競爭能力和利潤都有很大的貢獻，所以現代化的企業經營者，對運輸問題之適當調配也日漸重視。

　　上述的觀察法只適用於工廠和倉庫的數目都不多的情況下，若工廠的數目與倉庫的數目都很多時，運用觀察法不但花費時間，也難以得到理想的調配。通常在處理大量資料的運輸問題時，多採用「差額評估法」，此法的處理步驟如下：

1. 先求取各行和各列中最低與次最低的單位運費之差額，記於各該行的上方和各列的左端。例如 A 列中最低運費是 $20，次最低運費是 $22，兩者之差額爲 $2。此項差額表示，若不依照最低單位運費由 A 廠運至 4 號倉庫，則每單位產品至少將增加$2的運費。

2. 選擇各行列中運費差額最大者，優先考慮予以調配。

3. 比較該等最大差額的行列中列的供應量與行的需求量，對運輸成本最低的位置，盡可能調配最多的數量。

4. 重新列表，對於業已完全獲得滿足的行列中之運費卽可省略，因不必考慮再由其他工廠運送或再送至其他倉庫，故無須再加比較。

5. 繼續重複第 1 至第 4 個步驟，直到全部需求都獲得滿足爲止。

茲以上述用觀察法求解的運輸問題爲例，運用差額評估法的各項步驟來調配工廠與倉庫間之供求，並控制運輸的總成本於最低。首先將表 18-2 及表 18-3 中的資料併列於以下之矩陣 C，並求出各行及各列中最低與次最低的運費差額。

運費差額→		矩 陣 C						
		1	1	4	2	3		
單位運費 倉庫 工廠		1	2	3	4	5	餘額	工廠的生產量
2	A	$22	$30	$25	$20	$24		200
1	B	21	29	㉚	24	25		100
4	C	24	30	24	26	㉚		400
1	D	23	28	24	22	23		400
	倉庫的容量	150	300	100	200	300	50	1,100

　　第 3 行上方的運費差額在各行中爲最大是$4，卽第 3 號倉庫的需要量由 B 工廠供應最經濟，否則若山 C 或 D 廠供應，每單位卽將增加運費$4，所以第 3 號倉庫所需要的數量應該優先由 B 廠供應，以求節省運送成本。玆將選定的此項最低運費圈示出來，以便處理。

　　另外 C 列左端的運費差額在各列中爲最大也是$4，卽 C 廠運至 5 號倉庫的單位運費$20與運至 3 號倉庫的單位運費$24之差額，所以 C 廠的產品應該優先供應 5 號倉庫，否則，每單位卽將增加運費$4，此項選定的最低運費也加以圈示。

　　在矩陣 C 中運費的數字上劃圈者，表示依照此項運費由相對應的工廠運送相對應的倉庫之需要量最爲有利。如此調配後，B 廠生產的 100 個單位恰好完全運至第 3 號倉庫；C 廠生產的400個單位可以運送300個單位至第 5 號倉庫。現在 3 號及 5 號倉庫的需要量都已獲得滿足，不必再考慮由他廠運送；另外 B 廠的產品已全部運出，也無須再考慮運至其

矩　陣　D

運費差額 → 單位運費 工廠\倉庫	1	2	√ 2 (3)	√ (4)	5	餘額	工廠的生產量
2　A	$22	$30		($20)			200
√　B			$20 \ 100				(100)
2　C	24	30	26	$20 \ 300			100
1　D	23	(28)	22				400
倉庫的容量	150	300	(100)	200	(300)	50	1,100

他倉庫，因此不必再比較上述的各項有關運費之差額。矩陣 C 經選擇處理後，並比較其餘的各種運送情況之運費差額，得以上之矩陣 D。

　　觀察矩陣 D 中之運費差額，其中 A 列及第 4 行的差額較大是 $2，即第 4 號倉庫的需要量應由 A 廠來供應，否則每單位即將增加 $2 運費，故應優先考慮將 A 廠生產的 200 個單位運送至第 4 號倉庫。

　　另外第 2 行的運費差額也是 $2，即第 2 號倉庫的需要量由 D 廠供應與由 A 廠或 C 廠供應的運費差額，所以應優先考慮由 D 廠供應，以求節省運費。

　　至於第 1 號倉庫的需要量，只好由 C 廠和 D 廠的餘額來調配撥運，所需要的 150 個單位，應該由 D 廠供應 100 個單位，由 C 廠供應 50 個單位，所花的運費比較經濟。矩陣 D 經過權衡調配而獲致最低運費的運送方式後，可以用矩陣 E 表示如下：

矩　陣　E

運送量及單位運費 \ 倉庫 \ 工廠	1	2	3	4	5	餘額	工廠的產量
A				$20 / 200			200
B			$20 / 100				100
C	$24 / 50				$20 / 300	50	400
D	$23 / 100	$28 / 300					400
倉庫的容量	150	300	100	200	300	50	1,100

　　觀察矩陣 E 中的調配結果可以發現，此項結果與用觀察法所獲得的最佳調配結果完全一致，由此可知，運用差額評估法也可以求得運輸費用最低的適當調配。此法尤其適用於工廠及倉庫的數目較多的情況下，如果兩者的數目都非常多時，卽可交由電腦去處理，於最短的時間內獲得最適當的調配結果。

第五節　摹擬技巧之運用

　　所謂摹擬 (Simulation) 係指運用實體或模式 (Model) 以從事對基於事實或者假定的各種不同情況之試驗，俾能顯示在不同的或者不確定的情況下，實際從事決策或採取行動時所可能產生之結果。所以無論口頭的摹倣、文字的陳述，以及圖案的表達等方式，用以評估或代表眞實系統 (real system) 者，都可以稱爲摹擬。

　　由以上的說明可知，摹擬是一種用試驗方法解決在不確定情況下的錯綜複雜問題之技巧，可以將一些不易控制研究的複雜問題，轉換爲以模式爲代表的單純問題，以此較易控制的單純問題所獲致之研究結果，來推斷實際的複雜問題所可能產生之結果。

　　摹擬法被用作求解實際問題的工具，已經有很久的歷史，早期多用於解決物理上及工程上的問題，例如對設計的新型飛機，在製造之前必須先以模型在風洞中從事對不同風候、空氣阻力、飛行狀況，以及飛行速度等問題之摹擬試驗；又如船體之型態對水壓、水流之阻力、材料結構、流體動力，以及航速之影響等，也常以模型加以摹擬實驗。到1940年代末期，紐曼 (John von Neumann) 和厄拉穆 (Stanislaw Ulam) 才開始將摹擬的技巧應用於作業研究。尤其是近年來由於電腦的性能越來越優良，應用的範圍也越來越廣泛，可以花費較低的費用，在極短的

時間內處理大量的摹擬資料；因此，近年來乃將摹擬法應用於處理工商業和軍事上的複雜決策問題。

在處理摹擬問題時，我們常用蒙悌卡羅法(*Monte Carlo Method*)，此法是一種隨機抽樣的技巧，也就是一種依預定的機率分配 (*Probability Distribution*) 而產生隨機數 (*Random Number*) 的程序。蒙悌卡羅摹擬法是由紐曼命名的，在第二次世界大戰期間，在洛沙拉目斯科學實驗館 (*Los Alamos Scientific Laboratory*) 的物理學家被中子 (*Neutrons*) 的不規則動態所困惑，由數學家紐曼和厄拉穆提議的求解方法，逐步將各別事象依某種不規劃的出現機率而求得近似的答案。因為在洛沙拉目斯的研究工作需要保持高度機密，紐曼乃將此種依人為的不規則機率分配而隨機抽樣的求解程序以暗號 (*code name*) 蒙悌卡羅名之；因此，以後都將此類依照某種預定機率分配而隨機抽樣的摹擬技巧稱為蒙悌卡羅。

蒙悌卡羅法常應用於某種視機率而定的問題之求解，對此種問題難以從事實際試驗，也無法運用準確的數學公式加以分析，而且也不能從真實的母群題 (*real population*) 中取樣；因此，運用蒙悌卡羅法時，首先需要確定該變數的機率分配，然後藉選取隨機數而由此機率分配中取得有關該變數特性之資料。所以蒙悌卡羅摹擬是運用隨機數而產生與實際經驗俱有相同分配特性的一些人為事象 (*events*)，藉控制此種事象的變化，而試行摹擬問題的結果。以下將舉例說明，如何應用蒙悌卡羅摹擬法以解決投資風險的分析及設備的汰換等問題：

一、投資風險分析之摹擬

摹擬法常被運用於從事不確定的投資風險之分析，茲以分析推出新產品的投資問題為例，說明蒙悌卡羅摹擬法之運用如下。此項發展新產

品的投資，其營利能力需視下列因素而定，卽該項產品市場之預估、本公司可能獲致的市場佔有率 (*market share*)、市場的成長率、生產成本、銷售價格、產品的壽年，以及所需之設備成本等，但是以上各因素都只能作不確定的估計。

一般傳統的方法是對上述各項不確定因素作一個較恰當的單一估計數，然後再計量獲利能力，例如投資的淨現值 (*net present value*) 或報酬率 (*rate of return*) 等。但是用此種單一估計數的方法分析投資效益有下述兩項缺點：

1. 用單一估計數所計得之預期利潤，可能 與 實 際 情形不完全相符。

2. 無法測度投資的風險，卽不能確定投資計劃的獲利或虧損之機率。

例如應用單一估計數時，卽無法區別下述圖18-2中所顯示的兩項投資計劃之優劣。

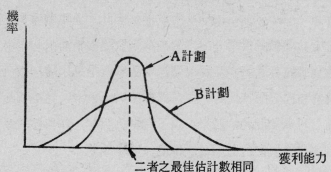

圖 18-2　投資計劃風險之比較

風險分析 (*Risk Analysis*) 卽是用於克服以上兩項缺點的一種運算技巧。通常是先對每個不確定因素設定一項機率分配，然後再運用蒙悌卡羅法，將此項機率分配結合成以投資計劃獲利性爲整體的一項機率分

配。現在用一個較簡單的例子解說如下：

假定推出某種新產品需要投資固定設備$5,000，有三項不確定的因素需要考慮，卽售價、變動成本，及銷售量。此項產品的壽命很短，可能只有一年。表18-4中列出上述不確定因素的各種情況及其各自可能發生的機率。爲了便於運算起見，假設表中各因素在統計上是獨立的；否則，將因機率的相依而需對摹擬過程加以修正。

表 18-4　風險分析中的不確定因素之機率分配

售價	機率	變動成本	機率	銷售量（單位）	機率
$4	0.3	$2	0.1	3,000	0.2
5	0.5	3	0.6	4,000	0.4
6	0.2	4	0.3	5,000	0.4

在此一簡單的例子中，只有 $3 \times 3 \times 3 = 3^3 = 27$ 種可能的不同結果，運用決策樹 (decision tree) 的分析方法也可以算出各種結果和其機率。但是在複雜的實際問題中，可能含有較多的不確定因素，而每種因素又可能具有10種或20種不同情況，整個問題卽可能有上百萬的可能結果；在此種情形下，摹擬的技巧應用於估計投資計劃的平均獲利能力及其風險卽非常有效，可以用實現各種不同利潤水準的機率顯示之。

爲了能夠依照表18-4中不確定因素的各種情況所列出的機率而產生隨機值 (random values)，可按各種結果可能出現的機率而設定若干相對應的隨機數，如下述之表18-5所列示者：

表 18-5 對應不確定因素之隨機數

售價	隨機數	比較次數	變動成本	隨機數	比較次數	銷售量	隨機數	比較次數
$4	(0—2)	0.30	$2	(0)	0.10	3,000	(0—1)	0.20
5	(3—7)	0.50	3	(1—6)	0.60	4,000	(2—5)	0.40
6	(8—9)	0.20	4	(7—9)	0.30	5,000	(6—9)	0.40

現在可以依照表18-5中所設定的與各不確定因素相對應的隨機數，從隨機數表中選出一位的隨機數 (*single-digit random numbers*)，再依次決定售價、成本，及銷售量。這幾個因素一旦決定，便可運用下式而算出利潤，卽

$$利潤＝（售價－成本）×銷售量－固定成本\$5,000$$

重複運用此式許多次，卽可產生許多不同的利潤情況，表18-6中是重複摹擬25次的結果。25次的小型取樣當然不足以完全正確的估計出平均獲利能力，如果將此種摹擬過程設計成電腦程式，而交由電腦去做，可以很容易的摹擬幾百次，卽可獲致更正確的結果。爲了說明簡單起見，以下的討論都是基於這25次的摹擬結果。

由表中運算的結果可以求出，平均利潤是 2.08 或 $2,080，此項結果可以與簡單分析法所得之結果作以下之比較。若用各不確定因素之最可能值爲單一估計值，則預估利潤應爲：

$$最可能利潤＝（\$5－\$3）×4,000－\$5,000＝\$3,000$$

由此可知，單一數估計之結果比摹擬所得之預期利潤相差很多。

在此種簡單的例子裏，可以將27種結果各自依機率加權而計算出預期利潤(*expected profit*)，此項預期利潤爲 $2,140。由此可知，摹擬25次所得之平均利潤與計得之預期利潤並不完全相同。而且預期利潤之計算過程中，無法了解投資計劃所附帶的風險 但是摹擬的25次結果中卻

表 18-6　風險分析例題中摹擬25次之結果

摹擬次數	隨機數	售價	隨機數	成本	隨機數	銷售量 （單位：千）	利　潤 （單位：千）
1	8	$6	0	$2	6	5	15
2	0	4	4	3	3	4	－1
3	6	5	2	3	2	4	3
4	1	4	4	3	0	3	－2
5	3	5	6	3	0	3	1
6	5	5	6	3	9	5	5
7	1	4	6	3	7	5	0
8	3	5	8	4	6	5	0
9	2	4	8	4	8	5	－5
10	1	4	6	3	1	3	－2
11	5	5	7	4	3	4	－1
12	9	6	9	4	6	5	5
13	4	5	9	4	7	5	0
14	7	5	2	3	6	5	5
15	9	6	5	3	3	4	7
16	0	4	5	3	0	3	－2
17	1	4	1	3	8	5	0
18	0	4	6	3	4	4	－1
19	8	6	8	4	6	5	5
20	9	6	2	3	4	4	7
21	0	4	7	4	7	5	－5
22	0	4	0	2	8	5	5
23	4	5	0	2	1	3	4
24	6	5	5	3	8	5	5
25	4	5	0	2	1	3	4
平　均							2.08

清楚的顯示出在何種情況下會發生虧損，以及虧損多少，例如在表18-6中第2、4、9、及10等各次所摹擬的結果。爲了便於顯示在風險分析中所獲知的風險程度，可以依照表18-6中之獲利能力而排列層次，用圖解來表示其樣本累積機率函數(*sample cumulative probability function*)，如以下之圖18-3：

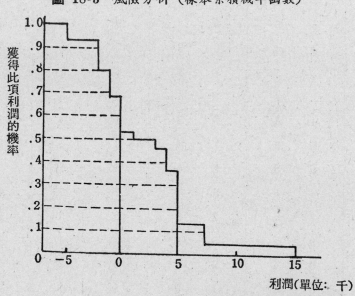

圖 18-3　風險分析（樣本累積機率函數）

利潤(單位：千)

由圖18-3中可以看出，有68％的機會可以獲得利潤（卽有32％的機會將蒙受損失），有36％的機會可以獲利＄5,000或＄5,000以上，獲利最多爲＄15,000，其機率爲4％。若摹擬的次數非常多，圖18-3中的梯狀線段將逐漸趨近圓滑，但並不能成爲連續的曲線，因爲各種不同的結果是間斷的(*discrete*)。

二、設備汰換之摹擬

摹擬法也常用於在不確定情況下爲設備的汰舊換新問題提供決策資

料，茲舉例說明如下：

設某貨運公司租用運貨卡車12部，現在考慮自行購置以替代租用。若決定自行購置，首批需要購買12輛車，以後當舊車損壞時還需逐輛購置以行汰換，俾能經常維持12輛車可供調度。爲了能夠達成有利的決策，公司的決策階層希望能夠預測今後十年內連同首批購置的12輛卡車共需購買多少輛，以便將此項購置成本與租用成本加以比較。

應用摹擬法求解此種簡單的問題，只需運用隨機數表卽可。首先需要知道通常一輛貨運車可以使用多久，但是因爲駕駛技術、保養程度、調派時間，以及路面情況等不可能完全一樣，所以車輛的壽命也不可能相等，下述之表18-7是貨車使用年限的統計資料：

表 18-7　貨車耐用年限之機率分配

年限（月）	百 分 比%
24	5
30	10
36	20
42	30
48	25
54	5
60	5

現在可以指定某些隨機數用以代表預期的貨車耐用年限，因爲有5％的貨車可以使用24個月，卽可用隨機數00至04代表耐用年限爲24個月的貨車數；有10％的貨車可以使用30個月，卽可用隨機數05至14代表之；同理，可以用隨機數15至34代表耐用年限是36個月的貨車數；以隨機數35至64代表耐用年限是42個月的貨車數目；…。以隨機數代表貨車耐用年限的全部資料列於表18-8：

表 18-8　代表貨車耐用年限之隨機數

年限（月）	隨　機　數
24	00—04
30	05—14
36	15—34
42	35—64
48	65—89
54	90—94
60	95—99

　　用上表所設定之各種隨機數以代表貨車的耐用年限卽可從事摹擬。應用隨機數表的最好方法是隨意從表中的任何一個隨機數開始，依照順序連續的讀下去，一直到摹擬完畢爲止，例如從隨機數表中讀得的隨機數爲：04, 86, 24, 39, 47, 60,……，此等隨機數所代表的貨車耐用年限分別爲：24個月，48個月，36個月，42個月，42個月，42個月，……。繼續摹擬一直到有12部貨車可以使用到第十年底。下述之表 18-9 卽爲應用蒙悌卡羅法獲取隨機數而摹擬之貨車耐用年限及十年內汰換的貨車數目。

　　以上的摹擬結果顯示，若要在十年內經常維持12輛貨車可供使用，除了首次需要購置12輛貨車之外，以後還要汰換27輛，總共需要購置39輛貨車。

　　我們無法肯定的指出上述摹擬結果之可靠性究竟如何，因爲無人能够確切知道貨車的眞實耐用年限。但是若表18-7中的統計資料（已往的耐用年限記錄）正確，而且所用的隨機數又分配均勻，則摹擬所得之結果應該與眞實情況相差不遠。在此例中，若反復摹擬許多次，則十年內需要購置的貨車數應該在38輛與40輛之間，卽大致接近39輛。所以若摹擬的技術正確，所獲得之結果應該具有相當程度的代表性。

表 18-9 模擬十年內貨車耐用年限

貨車數目 耐用年限 汰換次數	起初購置		1			2			3		
	隨機數	期限	隨機數	期限	累積期限	隨機數	期限	累積期限	隨機數	期限	累積期限
1	04	24	42	42	66	55	42	108	02	24	132
2	86	48	29	36	84	70	48	132			132
3	24	36	36	42	78	38	42	120			120
4	39	42	01	24	66	36	42	108	53	42	150
5	47	42	41	42	84	98	60	144			144
6	60	42	54	42	84	50	42	126			126
7	65	48	68	48	96	95	60	156			156
8	44	42	21	36	78	92	54	132			132
9	93	54	53	42	96	67	48	144			144
10	20	36	91	54	90	24	36	126			126
11	86	48	48	42	90	76	48	138			138
12	12	30	36	42	72	64	42	114	16	36	150

第六節 作業研究之評價

作業研究之應用範圍日益廣泛，尤其對於生產企業，在許多方面都可以提供決策的依據，所以其價值亦日受重視。不過作業研究還是一門新興的學問，仍在繼續發展之中，還沒有達到定型階段；而且，作業研究所應用的數量方法，仍有許多限制，例如必須假定許多已知的不變條件，但可能還有許多假定以外的條件沒有包含在內，而且事實上許多條件都在不斷的變化，尤其是所運用的數學模式只能討論幾個主要因素，而忽略了許多次要因素。所以有人認為作業研究的運用需要數量化是其

缺點，即作業研究之應用必須有數字資料爲依據，公式中之各因素必須數量化；但是有些因素（或條件）很難用一個肯定的數字表達，如果勉強用一個近似值，則答案即爲一近似值，甚至於有些無形因素或心理因素很難在公式中列出，因此，作業研究所得結果之可靠性，難免令人懷疑。

但是，如果不採用作業研究，即不採用數字資料爲依據，則問題中大部份因素都須依賴直覺或推測，所得之結果可能更不可靠，所以作業研究至少在可以數量化的資料裏，能幫助獲致較合理的答案。同時，將無形因素數量化所得的結果雖然可能是近似值，但總比沒有答案要好的多。

也有人認爲作業研究對問題之解答不能變通應用，只限於特定的問題，而且問題中某些因素變更，原有的方案即不適用。因爲要求最佳決策，則必須對問題中各主要因素妥加計量安排，否則，所得之結果即無法適合實際情況，所以研究對象中某些因素變更，即等於產生另外的新問題，必須重加研討以求適當之答案，故前一類似問題之答案可能不適用於新的問題。

以上各項確爲作業研究之缺點，運用時必須注意，正因爲作業研究距離成熟階段尚遠，許多有效的技術和方法尚待繼續研究改進之中，所以，與其消極的認爲作業研究的缺點太多，而廢棄不用，倒不如積極的從實驗中求改進，以期企業經營及管理上的許多複雜問題能在新技術和新方法之下，獲得更圓滿的解決。

練 習 題

一、何謂作業研究？其演進過程如何？

二、作業研究爲什麼會受到企業界的日漸重視？說明其原因。

三、作業研究可以應用於生產企業的那些決策事項？

四、作業研究的範圍如何？列述之。

五、何謂線性規劃？其功用如何？

六、線性規劃的特性如何？列述之。

七、求解下述標的函數最大之線性規劃式:

1. $\text{Max}(X) = 6x_1 + 4x_2$

　　受制於　$x_1 + 2x_2 \leq 4$

　　　　　　$3x_1 + x_2 \leq 7$

　　　　　　$x_1, x_2 \geq 0$

2. $\text{Max}(X) = 18x_1 + 5x_2$

　　受制於　$2x_1 + x_2 \leq 3$

　　　　　　$3x_1 + x_2 \leq 4$

　　　　　　$x_1, x_2 \geq 0$

八、求解下述標的函數最小之線性規劃式:

1. $\text{Min}(Y) = 4y_1 + 7y_2$

　　受制於　$y_1 + 3y_2 \geq 6$

　　　　　　$2y_1 + y_2 \geq 4$

　　　　　　$y_1, y_2 \geq 0$

2. $\text{Min}(Y) = 3y_1 + 4y_2$

　　受制於　$2y_1 + 3y_2 \geq 18$

　　　　　　$y_1 + y_2 \geq 5$

　　　　　　$y_1, y_2 \geq 0$

九、以圖形表示第七題中1.和2.兩式之結果，並說明其意義。

十、以圖形表示第八題中1.和2.兩式之結果，並說明其意義。

十一、以圖解法求解下述線性規劃式，並解釋所求得之各種結果。

$\text{Max}(X) = 8x_1 + 4x_2$

　　受制於　$3x_1 + x_2 \leq 4$

　　　　　　$2x_1 + x_2 \leq 3$

　　　　　　$2x_1 + 2x_2 \leq 5$

　　　　　　$x_1, x_2 \geq 0$

十二、求解下述線性規劃式，並驗證所得之結果。

$\text{Max}(X) = 2x_1 + 4x_2 + x_3$

　　受制於　$3x_1 \quad\quad + x_3 \leq 9$

　　　　　　$x_1 + 3x_2 + x_3 \leq 15$

　　　　　　$2x_1 + x_2 \quad\quad \leq 10$

$$2x_2 + x_3 \leq 11$$

$$x_1, x_2, x_3 \geq 0$$

十三、何謂匈牙利法？此法之目的何在？

十四、運用匈牙利法尋求最佳指派之步驟如何？列述之。

十五、玆將甲、乙、丙、及丁四人分別擔任四項不同工作時，所能產生之績效彙列
　　　於下表，表中之數值越大表示績效越高，試決定如何指派才能產生最高的總
　　　績效。

工 作 績 效 表

工人 ＼ 工作（績效）	A	B	C	D
甲	50	30	40	20
乙	70	40	30	50
丙	80	90	60	30
丁	60	70	50	40

作 業 成 本 表

機器 ＼ 工作（成本）	1	2	3	4
M_1	$11	$15	$13	$9
M_2	8	11	16	12
M_3	14	12	15	11
M_4	12	14	11	10

十六、設某工廠有四部機器可以分擔四項不同工作，玆將每部機器擔任各項工作之成本彙列如上表，試決定如何指派才能維持總成本於最低。

十七、在求解過程中爲什麼要在劃過橫線和縱線的相交處加以最小值？而其他被直線劃過的數值不變，申論之。

十八、運輸法係用以解決何種問題？其目的何在？

十九、運用差額評估法處理運輸問題的步驟如何？列述之。

二十、假定某生產企業有 A、B、C及D 四所工廠，生產相同的產品，在接近市場處設有四個倉庫，各廠的產量、各倉庫的容量，以及廠庫間運送所需的時間如下表，試決定如何運送才能使總運輸時數最少。

運　送　時　數　表　　（單位：小時/件）

倉庫＼單位運送時間＼工廠	A	B	C	D	容　量
1	6	5	12	4	20
2	8	8	7	13	60
3	9	4	5	12	70
4	20	16	10	23	50
產　量	50	20	80	50	200

廿一、設某企業在甲、乙、丙、丁四處建有四座工廠，在 A、B、C、D及E各城有五個倉庫。各工廠每月的產量分別爲：160、140、170，及130 個單位；五個倉庫的需要量分別爲：120、100、110、130，及140 個單位。由不同工廠運至各別倉庫的每單位運費如下表，試決定使總運輸成本最低 的分配方法。

單 位 運 費 表

單位倉庫運費 工廠	A	B	C	D	E
甲	$41	$46	$38	$36	$46
乙	39	44	51	49	42
丙	37	38	45	42	39
丁	40	43	47	47	43

廿二、何謂摹擬？可以應用於生產企業解決那些問題？

廿三、何謂蒙悌卡羅摹擬？應用於何種情況？

廿四、應用作業研究中的數量方法時，有那些限制？申述之。

第十九章　研究與發展

第一節　研究與發展的性質及其重要性

一、研究與發展的性質

研究工作依其性質之不同可分爲純粹研究 (*Pure Research*) 和應用研究 (*Applied Research*) 兩種類別。前者的目的在探求宇宙間的奧秘和自然界的基本定律及科學新知; 後者的目的則在尋求科學知識的實際應用和謀求解決實質問題。事實上, 兩者很難斷然區分, 而且兩者常是相輔相成的。譬如無線電 (*Radio*) 卽是運用電學原理而發明的; 愛克斯光 (*X-Rays*) 卽是應用光學原理而發明的。反之, 當尋求某種疑難問題的答案時, 也可能因而發現自然界的某種定理, 例如牛頓 (*Issac Newton*) 的萬有引力定律, 卽是由此而啓迪智靈所發明的。

研究屬於理論之探求, 而發展 (*Development*) 則着重實際之應用; 理論必得經過發展應用以證其效, 而實際作業則有賴學理之運用以爲指導。是以研究之目的在求發展, 而發展之基礎在於研究, 兩者之關係極爲密切, 兩者之業務又常互相衝接。

從事研究發展工作者, 不但希望發現自然界的奧秘, 更希望能探知同業間的業務秘密。假如能事先獲悉競爭者新設計的產品, 或新發明的製造技術等, 則可引以對本身的有關研究發展計劃作更佳設計, 或作適當的修正改進, 如此卽可在同業競爭中取得有利地位。

● **二、研容與發展的重要性**

現代生活中所享受的一切物質文明，諸如電燈、電話、電視、電冰箱、氣溫調節器、輪船、汽車，以及飛機等，無一不是研究與發展 (*Research and Development*) 的成果。而且現代科學正在日新月異的加速進步，生產技術和方法亦因之而有長足的發展和改進，任何生產事業，在不創新卽滅亡 (*Innovate or die*) 的挑戰下，如果墨守陳規，不求改進，隨時都可能因爲同業中研究出新的製造方法，以致舊法的製造成本過高，而無法與之競爭；或因新產品的發明，取代了原有的產品，而威脅到企業的生存。此種隨時都可能降臨的惡運，絕非任何其他營業活動上的努力所能克服，只有應合時代需要，加緊從事各方面的研究與發展，不斷的求改良求進步，才能永保企業於不輟，並謀求更大的發展。

在優勝劣敗與競爭淘汰的時代巨輪下，生產企產不只是消極的將產品推之於市，聽任其自生自滅，必須積極的力求改進其生產方法和生產技術而使產品日益精美，使生產過程及產品的質量皆能符合時代潮流，甚至要領先開創新時代，以求迎合並刺激消費者的新需要。並且要隨時創造新技術及新方法，推出新產品，以保持企業之經常進步。故現代企業經營之主要活動，研究發展已與生產和營銷三者形成鼎足並重之勢。研究發展之適用範圍日漸擴大，其活動亦日見重要；所以成功的企業，必定屬於富有進取精神而又不斷的從事於研究發展的企業家。

第二節　從事研究與發展的原因

根據統計資料顯示，研究與發展的失敗率經常高達90%以上，而且

又導致鉅額的費用支出，因此以往的觀念總認為研究與發展是一種花錢而不具實效的工作，為生產企業的一項負擔，所以多不願從事研究與發展工作，但時下一般具有遠見的企業家，觀念已在逐漸改變，大多能認清研究與發展的重要性。因為只有從事研究與發展才能為企業尋求專利，創造更多的財富，所以研究與發展也是一項有價值的投資。

研究工作通常多由大學中之研究院、大型企業、同業公會之技術研究機構、政府機關，及後勤部隊等各自策劃，或接受外界的委託，而從事於某項工作的研究發展。公家機關大多有固定的預算，作為從事研究與發展的費用，而許多大企業則以銷貨總額的某一固定百分比，作為研究與發展的費用。例如美國奇異電氣公司 (*General Electric Corporation*) 的研究發展費用通常為銷貨額的 2%，而杜邦 (*Du Pond*) 化工公司則高達 5.3%，萬國商業機器公司 (*International Business Machine Corporation*) 為 4%。

研究發展工作既然類似於投資，即很可能研究失敗，以致所化之費用完全白費。所以從事研究工作者，應先瞭解那些工作別人已經研究失敗，為什麼失敗？以及那些工作別人正在從事研究或尚未從事研究。研究工作正像探礦一樣，必須先付出相當大的代價，而且需要相當長的時間，但並不能保證一定成功，大多數的研究工作都是無結果的。通常，研究工作成功的機會大約只有10%，雖然10%的成功機率很低，但成功後的豐厚專利，却足以誘使研究發展工作之進行。根據美國國家科學基金會 (*The National Science Fundation*) 的報告，顯示出在最近廿五年來，美國的生產企業每化一元研究費，約可獲致二十五元的報酬。但研究發展並不是一本萬利，而且如果研究費用過高，則產品售價必高，即將影響產品的銷路；如果競爭者的研究費很低，其低廉的售價即將在市場競爭中取勝，所以由於競爭的關係，研究發展費用也不能化的太

多。雖然如此，但企業界仍競相從事於研究發展工作，推究其原因，約有以下各項：

一、政府的鼓勵

在美國營利事業所化之研究發展費用，列為免稅部份，如果生產企業不從事研究發展，則相當於研究費半數之營利，要繳納為盈利所得稅，故相當於政府支付半數研究發展費用。而研究成功所獲得之專利，則全歸企業獨享，所以將營利所得用於從事研究發展工作是非常明智的。

二、保持競爭的優勢

由於科學的昌明，生產技術及製造方法都在不停的改進，因此產品也在不斷的創新 (*Innovation*)，務求將生產成本減至最低，以優異的品質招徠顧客，俾能爭取廣大市場，謀求更多財富。所以同業間不但在售價上競爭，品質上也在競爭。不同產品間也有取代作用，時常因有新產品或代用品的出現而影響到原有產品的銷路，所以不同產業間也有競爭作用。生產企業為了謀求生存及發展，不但要在同業競爭中取勝，而且也要應付有取代性的產品之競爭；要想在激烈的商戰中立於不敗之地，則只有不斷的從事研究發展。

三、企業創造利潤

近年來生產事業的進步很快，任何性質的產品，如果不能適應時代潮流，隨消費者偏好的轉變而謀求改進，遲早都將遭受淘汰。一項發展成熟的產品，在自由競爭的經濟制度之下，利潤極其微薄；但是在專利權保障下的獨佔市場，一項創新的產品之利潤却極為豐厚，所以要想謀

求較多的利潤，只有從事研究發展，將研究成功的結果申請專利，以獲取有保障的利潤。所以研究發展不但為企業創造利潤，也為社會創造財富；而人類文明亦藉此而加速進步。

第三節 研究與發展之範圍

生產企業之研究與發展，通常多限於原有的業務範圍，但企業家無時不在謀求改進原有的業務，並不斷的擴充新業務，所以研究與發展之範圍極廣，舉凡直接或間接與營業有關之一切事務，皆需不斷的研究，而求其有更好的發展，茲將生產企業從事研究與發展之主要事項列述於下：

一、製造程序的研究發展

所謂製造程序，應包括機器設備之裝置、傳遞工具之配備，及製造方法之採用等。研究製造程序的目的，在求如何以機械工具來代替人工勞力，如何以優良有效的方法增加生產效率，降低生產成本，並改良產品之品質，以達到價廉物美的目的。所以對製造程序的研究和發展，其目的不僅在尋求一種新的製造方法即算滿足，而是為改良舊方法與發明新方法以求達到最有效率的程度，用以製造原有的產品或創新的產品。

其實，對製造程序的改良，並非研究部門所能單獨決定者，只是提出建議後，再與工程部門、生產部門、成本部門，以及其他有關單位會商研討後才能決定，以免顧此失彼。而且為慎重起見，對研究的結果，在未施行之前，最好先作試驗，並盡量發掘其弊端和缺點，俾能事前設法糾正改善，以求其達到盡善盡美的境地。

二、產品的研究和發展

商場的競爭，只有不斷的改良舊產品和推出新產品，才能永遠立於不敗之地，所以產品的研究與發展之主要目的，不外改良性和創造性兩種。所謂改良性即設計改良原有的產品，改良其品質和功能，以求增加其效用或改進使用方法；改善其形態和包裝，以求增加銷售的吸引力。所謂創造性即創造設計新的產品，或爲舊產品創造新的功用等，一種創新的產品，往往能刺激消費者的需求而增加其購買慾望，爲產品擴展銷路。所以產品的研究和發展之主要目的係在以最適宜的產品，以推廣更多的銷路。

三、市場的研究和發展

市場研究的主要目的在預測消費者的需求傾向及接受能力，以估計產品發展的前途，及決定最佳的分配通路 (*Distribution Channels*)。要想產品有銷路，一定要瞭解消費者的需要，然後設計最適合消費者需要的產品及品質，使消費者獲得最大滿足；而且要隨時研究，用最適當的分配通路將產品送達消費者手中。

通常，市場的研究和發展，都着重在產品用途之推廣及創新，以求適應市場的需要。但產品又分消費用品及工業用品，兩者在市場研究方面並不相同，消費用品除了適用外，還須注意其式樣及包裝之設計，俾能吸引顧客，刺激消費；至於工業用品則偏重於品質及功能，務求耐久適用，以建立顧客對企業之信心。

四、原料及廢物利用之研究發展

原料的好壞直接決定產品的品質，同時，原料價格的高低也直接影

響到產品的成本。所以研究原料的主要目的在尋求價廉物美的原料，以求改良產品的品質與減低生產成本。更進而研究發展原料的代用品，以尋求品質更好價格更低的新原料。

許多製造業在製造產品的過程中，經常會有剩餘的殘料或排出廢物，而且有些工業的廢物數量又相當可觀，如何變無用爲有用，使廢物成財物，亦爲研究發展部門的主要課題，許多企業都在研究如何利用廢物製造副產品，以謀求財富與增加可用資源。

五、組織之研究發展

一個現代化的大規模企業組織，員工人數衆多，內部 (internal) 及外部 (external) 關係錯綜複雜，以往只憑經驗而不重制度之組織形態，難以適應新的要求。如何使各階層員工分工合作，而又能協調配合，成爲一個有系統有效率的有機體，以達成預期之共同目標，卽必須有嚴密的組織，來推行科學的管理。而且在自由競爭的經濟制度之下，制度完善與組織堅强的企業機構，終必取得優勝的競爭地位；因此，現代研究管理問題時，每以研究組織問題爲重心。所以生產企業的研究部門必須適應社會情勢之需要，隨時對組織之形態、結構、機能，與制度等，作科學的研討，以確立健全的企業組織，並發揮科學的管理效能。

第四節　　產品之研究發展所需考慮的因素

生產企業經由研究工作所獲得的新技術和新知識，當然希望能應用到發展新產品或改良舊產品的工作上，但是對於從事產品的研究發展工作，則必須考慮以下各因素：

一、市場之潛在需求量

現代的工業產品，大多爲了銷售牟利，而產品是否有銷路，則視消費者對該產品的接受程度而定，至於產品被接受性的大小，則取決於以下各條件：

　　1. 是否適合消費者的需要。

　　2. 品質是否優良。

　　3. 價格是否低廉合理。

　　4. 多型是否美觀悅目。

　　5. 應用是否簡便耐久。

如果上述各項之答案皆爲肯定，當然可以從事此項新產品之發展。反之，則需權衡利弊再求改進，俾能迎合消費者的愛好，否則，卽應該考慮放棄。

二、研究發展費用和製造成本與預期收益之比較

產品之研究發展不僅需要注意其品質或功能之改進，並且還要考慮其研究發展過程中所需要花費的時間和需要支付的人力及物力，與發展成功後的製造成本，以及可能產生的利潤或收益率等，兩相比較，必須要收益大於費用時才值得從事。總之，成本務求最經濟，以達到預期中最高的利潤。

三、現有設備之利用程度

工廠機器設備之生產能量，以及員工之生產技術都有一定的限度，所以現有設備是否足以用來製造新產品，原有員工之生產技術能否勝任新的製造工作都是問題。所以對生產能力之適應性必須事先作周詳的考

慮及適當的安排，否則，增添設備後，原有設備及員工若不能充分利用，即將造成浪費和損失，也就間接增加了生產成本，而且生產技術粗劣則將影響產品之品質。

四、現有的營銷結構之適應性

生產企業的採購部門及推銷部門之經驗和能力畢竟有限，因此現有的購料部門能否獲得適宜的原料供應，現有之銷售部門、中間商，及承銷商是否適於推廣該項新產品，現有之推銷員是否有能力推銷該項新產品，諸如此類的事項都必須事先詳加考慮；否則，等將來原料不繼或成品堆存都會造成重大的損失。

五、對財務狀況之影響

投資製造一項新發展的產品，或改製一項舊有的產品，都需要花費大量的資金；因此，企業的財務負擔能力如何，必須加以愼重的考慮。而且該項產品是否足以增加企業在季節性波動或週期性波動時期收益之穩定性，亦需加以考慮；否則，或許將因此而加重企業之財務負擔。

六、對現有業務之影響

有些產品彼此之間是有替代作用的，也有些會互相競爭，因此即需研究新產品對原有之舊產品是否發生替代作用？對企業所製造之其他產品是否有競爭作用？擬發展之新產品，對企業之現有營業將會發生何種影響，必須事先加以周詳的考慮，否則若弊多於利，則將得不償失。

七、是否符合企業之一貫政策

若企業一向以產品價格低廉爲號召，但擬發展之產品却爲一項高價

而又象徵社會地位的奢侈品，即有損產品線之協調性和一致性，擾亂了顧客對企業之印象 (*Image*)，而違背企業之一貫政策。反之，如果企業專營象徵社會地位的高價產品，而新產品則為一項廉價品，也會發生同樣的不良影響。

八、專利權的考慮

專利權是對產品的發明者或創新者所給予的利益保障，但該項新發展的產品是否可以申請專利，而且是否會侵犯到他人已請得之專利權？也需要有周密的考慮。經過研究發展的產品如能獲得專利權，在有效期間內他人不得倣造，如此則能獨佔市場，可獲致較多的利潤，此為研究發展之最高期望。

第五節　研究與發展工作的劃分

商場如戰場，在激烈競爭優勝劣敗的情況下，企業之決策階層已逐漸覺察到必須設置一個專任其事的機構，來從事各項營業活動的研究與發展，以求取得有利的競爭地位。研究與發展是項長期永續的工作，大多不能於短期內完成，而且許多工作常是錯綜複雜彼此關連的，所以在研究期間，每個研究人員的職責亦須劃分清楚，彼此之間既需分工，又要合作，才能達到預期的目的。研究部門之設立及其工作之劃分，通常有以下幾種方式：

一、各製造部門分設研究單位

各廠或各製造單位各自設有其實驗室及研究員，從事於所屬各該部門的特殊問題之研究與發展，但其工作却直接或間接受中央研究部門所

統轄。此種分散式的研究組織，其優點是工作單純，容易產生具體的效果；而其缺點則是各研究單位間往往缺乏連繫與合作，研究範圍又過於狹窄，以致人員、或工作都可能重複浪費，因而加重企業之負擔。

二、依特殊目的而設立研究組織

有些企業亦常根據生產技術以及製造方法等特殊問題之不同要求，而分別設立研究發展部門，例如爲了要研究某項新產品的製造技術，而設立一個專案研究小組，待研究工作完成後，該專案研究小組卽告撤銷，或再以另外的專案小組而從事於其他研究工作。此種方法固然可以將人員集中調配，而且可以避免設備的重複；但研究範圍仍受限制，而且往往不能發揮主動研究的功能。

三、依需要而設立功能式的研究組織

功能式的研究組織，乃是專以研究工作所需要的技術之不同爲基礎，而依照功能分設研究單位，例如產品研究組，製造程序研究組，工程研究組，以及市場研究組等。假如企業主管希望研究利用生產過程中排出或剩餘之廢物，以製造副產品，則此項研究工作，可能涉及物理、化學、技術，及工程等多方面的專門學理與技術，故可交由研究部門內各有關技術單位之專家們分頭研究，再綜合其意見而提出研究報告。此種分組方式不論企業規模之大小皆可採用，而且其研究範圍又具有彈性。

四、學院式的研究組織

大規模的企業，其研究組織常採用科學式的工作劃分方法，卽類似各大學設院分系的辦法，將研究工作劃分爲化學、物理、力學、冶金、電機工程，以及機械工程等科別。如有需要，仍可再進一步劃分，以求

專精; 例如化學科可以再分爲理論化學、有機化學、無機化學、工業化學、農業化學、生物化學、醫藥化學, 冶金化學, 及化學工程等。

此種科學式的研究組織, 其優點是各有專責, 工作性質分明, 易於求精。但亦有其缺點, 卽對於牽涉廣泛之複雜問題, 常須由有關各科分別研究, 可能因不易連繫配合而曠時誤事, 而且各科皆欲有所表現, 可能會發生牽掣或影響他科之工作進行。當然, 如果能將各科之間作有效的連繫, 而且配合得當, 此種分排工作的方式仍不失爲良好的研究組織型態。

以上所述之四種研究組織型態及工作劃分方法, 各有利弊, 故大規模的生產企業爲了取長補短, 常常同時採用數種方法之綜合型態, 以從事於各種不同性質之研究與發展工作。例如美國的通用汽車公司 (*General Motor Corporation*), 在各製造部門分設研究單位, 以研究發展各部門之單獨問題, 又於總公司中專設研究發展部門, 從事於型式 (*Model*)、燃料、防震, 及安全等共同性專題之研究。研究發展工作的劃分, 無論採取何種組織方式, 對其所負之研究責任, 必須賦予相當的職權, 以便順利推行工作。生產企業除了自設研究機構外, 必要時尙可委託外界學術性的專門研究機構, 協助或代爲研究技術性的疑難問題。

第六節 研究計劃之處理及控制

研究計劃通常多來自企業內部之研究部門、營銷部門, 及生產部門等, 若干企業爲了鼓勵員工的研究興趣, 凡能提供有價值的改進業務之建議者, 卽予以某種獎勵, 或分以若干利潤。當研究部門接到研究計劃後, 卽可依企業之政策考慮此計劃之價值, 並須查核其是否會侵犯他人之專利權; 如果該計劃爲製造新產品或改良舊有產品, 則須與財務部

門、市場研究部門，及工程和生產部門等會商之，以調查其銷售的可能
性，現有生產設備的適應性，以及製造技術上是否有困難等，然後才能
決定該項計劃應否付諸實施。

在設有研究委員會之大規模企業中，任何研究計劃都須於事前送請
該委員會審查通過，再交由研究與發展部門擬定具體之研究細則，包括
研究計劃之範圍和目的、進行方法、進度中各階段工作之指派、定期審
核的時間表，以及財務上的支出等等，然後再提請最高主管核准實施。
在研究計劃付諸實施後，研究與發展部門或研究委員會，應對其進行過
程按期加以審查，各有關研究部門之負責人，對其所負責部門的研究工
作之進度情形應作定期性之報告，以便決定此研究工作是否應繼續進
行，或應否將研究計劃調整。

當研究計劃經試驗後認定可以成功，最好先試行製造，同時對其用
途與成本加以研究分析，並上市試行銷售，如果市場反映良好，然後才
可以從事大規模之製造。

研究計劃雖然不應專重利潤，但至少應有獲利之可能性，否則企業
怎麼肯浪費資金。不過，事實上，由於對未來的製造成本、成功的機
會，以及成功後的價值之估計，是件很困難的工作，所以在衡量研究計
劃的取捨時，應以最有成功把握者為優先，而不能以最有商業利潤者為
標準，因為對商業利潤之預計未必一定能成功；而較有成功可能之計
劃，却往往因其成功而獲得利潤。當然，要肯定一個計劃的"成功性"也
不是一件容易的工作。

第七節　專利權之申請

所謂專利權 (*Patent*)，係指政府為了鼓勵研究發展及創造發明，

而授予成功的創造者或發明人，對其成果享有獨佔製造及販賣使用的一種權利保障。其發明若爲一種方法，則專利權包括以此方法直接製成之物品。

對專利權之設置，初時曾有人反對，反對者認爲專利權有承認壟斷獨佔之意，將限制新發明之物品普遍製造和應用，並阻礙工業技術與產品之進步，會危害社會利益；而且發明人常借重於前人的研究心得及累積經驗，始可獲致成功，如果由成功者獨享利益，對曾花過心血的前人也有失公平。贊成者則認爲從事研究與發展的工作，既需時間又費財力，如果新產品及新技術等之發明，不能獲得保障利潤，則私人或私營企業將不肯投下大量資金以從事研究發展工作，而且發明人如果對其創造發明以家傳秘方之方式，也可以享受獨占利潤，但是一旦失傳或根本秘而不宣，世人豈不永難享受創造發明之利益。所以專利權之設置，實在是鼓勵研究創造，以發展工業技術及創造新產品的最佳方法，既能促進科學之發展，又增加社會之福利。茲將申請專利所須了解之事項列述如下：

一、專利權的範圍

我國的專利法（民國六十八年四月十六日公佈修正）將專利權分爲以下三類：

1. 發　明

凡新發明，具有產業上的應用價值者，經核准後，自公告之日起給予十五年之專利，但自申請之日起不得逾十八年。

2. 新　型

凡對於物品之形狀、構造，或裝置，首先創作合於實用之新型者，經核准後，自公告之日起給予十年之專利，但自申請之日起不得逾十二

年。

3. 新式樣

凡對於物品之形狀、花紋、色彩等，首先創造適於美感的新式樣者，經核准後，自公告之日起給予五年之專利，但自申請之日起不得逾六年。

二、專利權之歸屬

專利權之歸屬，因各國法律的保護程度之不同，而有不同之規定，美國爲重視私權的國家，其立法原意認爲，獲得專利之創造與發明爲私人之財產，可以出賣、出租、轉讓、贈予，或繼承，故其專利法中規定專利權屬於發明者之個人；若爲集體研究之結果而申請專利時，應以創造貢獻最多者爲代表人；但契約另有規定者不在此限。故美國各大企業，皆於聘請研究人員之契約上訂明，僱用期間與職責有關之創造發明歸企業所有，以免研究人員利用企業之設備及經費所研究之成果，歸研究人員獨享。

我國對專利權之歸屬，依民國六十八年四月十六日總統修正公佈之專利法第五十一至第五十四條，可分下列各種：

1. 受僱人職務上之發明，其專利權屬於僱用人。但訂有契約者，從其契約。(五十一條)

2. 受僱人與職務有關之發明，其專利權爲雙方所共有。(五十二條)

3. 受僱人與職務無關之發明，其專利權屬於受僱人。但其發明係利用僱用人資源或經驗者，僱用人得依契約於該事業實施其發明。(五十三條)

4. 受僱人與僱用人間所訂契約，使受僱人不得享受其發明之權益

者無效。(五十四條)

三、專利權之申請

申請專利係由發明人或其受讓人、繼承人，備具申請書向經濟部中央標準局辦理。如果以企業之名義申請，亦應於申請書上載明發明人之姓名，並附具同意讓與之證件。每一發明應各別申請，除有連帶關係者外，不得同文申請數件專利。申請書之填寫應以中文爲之，專有名詞須附有外文原名。同一物件或同性質之發明品如有二人以上申請專利時，先申請者准予專利；如有二人同日申請，則以二人之協議定之，如協議不成，皆不予專利。申請專利除填寫申請書外，並需具呈下列附件：

1. 詳細說明書及圖式

對申請專利的物品或製造方法及成分等，必須詳加說明，俾審核人能完全瞭解，以免遭受批駁。而且用詞要妥當概括，以免競爭者乘機仿造類似產品，而減低該項專利之價值，說明書應備同式三份，並詳載下列事項：

一　發明或創作名稱。

二　發明人或創作人姓名、籍貫（或國籍）、住址。

三　申請人姓名、籍貫（或國籍）、住址。如爲法人應加具其代表人姓名。

四　發明或創作摘要說明。

五　發明或創作詳細說明。

六　請求專利部分。

圖式應參照工業製圖法以墨線繪製，並註明符號。

2. 模型或樣品

創造或發明之物品，如已開始試製，則應附呈樣品同式三份；否

則，最好製成模型，以憑檢驗或審查。

3. 宣誓書

申請人尚需填寫宣誓書，以申明專利品確爲自己所發明。宣誓書應由登記有案之公司、工廠，或工業法團、技師、律師，或會計師簽章證明之。

申請專利之案件，經審查認定可予專利者，審查機關應將審定書連同申請說明書及圖式等予以公告，並將樣品或模型在適當之地點公開陳列六個月。公告之後，專利權便暫時生效，六個月內無人提出異議或提出異議不能成立時，專利權卽審查確定，並頒發專利證書。如申請人對不予專利之審定不服時，得於審定書送達之次日起，三十日內具文申請再審查。如對再審查之審定仍不服時，亦可於審定書送達之次日起，三十日內呈請經濟部爲最後核定。

第八節　商標之註册

生產企業爲使研究發展或加工製造之產品，以及批售或經紀之商品，與其他廠商之產品易於辨別，及爲創造商業信譽起見，往往利用圖案、符號，或文字構成顯著之記號，以爲其商品之標記，此種標記經註册專用後，卽稱爲註册商標。商標之專用期間，自註册之日起以十年爲限。但此項專用期間尚可依法申請延長，每次仍以十年爲限。

保護商標之目的係在防止僞造，以保護正當權益。因消費者常按商標以識別和購買其偏愛之商品。工商業者花費大量投資從事研究發展，以製造優良之產品，並建立營業信譽；法律爲了防止不正當的競爭，故制止濫用商標，以保護工商企業應有的權益。茲將設計商標及申請註册應注意之事項列述於下：

一、商標創製之規定

設計商標時應注意，有下列情形之一者不得申請註冊:

一　相同或近似於中華民國國旗、國徽、國璽、軍旗、軍徽、印信、勳章或外國國旗者。

二　相同於 國父或國家元首之肖像或姓名者。

三　相同或近似於紅十字章或其他著名之國際性組織名稱、徽記、徽章者。

四　相同或近似於正字標記或其他國內外同性質驗證標記者。

五　有妨害公共秩序或善良風俗者。

六　有欺罔公眾或致公眾誤信之虞者。

七　相同或近似於他人著名標章，使用於同一或同類商品者。

八　相同或近似於同一商品習慣上通用之標章者。

九　相同或近似於中華民國政府機關或展覽性質集會之標章或所發給之褒獎牌狀者。

十　凡文字、圖形、記號或其聯合式，係表示申請註冊商標所使用商品之說明或表示商品本身習慣上所通用之名稱、形狀、品質、功用者。

十一　有他人之肖像、法人及其他團體或全國著名之商號名稱或姓名，未得其承諾者。但商號或法人營業範圍內之商品，與申請註冊之商標所指定之商品非同一或同類者，不在此限。

十二　相同或近似於他人同一商品或同類商品之註冊商標，及其註冊商標期滿失效後未滿二年者。但其註冊失效前已有二年以上不使用時，不在此限。

十三　以他人註冊商標作為自己商標之一部分，而使用於同一商品

或同類商品者。

二、商標註册之手續

工商企業設計專用之商標，爲了保護權益，防止競爭者冒用，得向經濟部中央標準局申請註册。如申請者爲獨資或合夥，則由申請人具名蓋章，並加蓋營業廠商之印章卽可。如申請者爲公司，須繳驗公司核准登記之文件。如該公司尚在申請登記中，可用公司經理之名義申請，待公司登記核准後再辦理移轉註册手續。

商標註册之申請，須塡申請書一式二份及下列附件：

1. 商標圖樣十張及印板一枚。

2. 商業登記證（或公司執照）及工廠登記證影印本各一份存查，原登記證送驗後發還。

3. 註册費及公告費等。

經商標主管機關審查合法者，除以審定書通知申請人外，並登載於商標公報，候滿三個月，而無利害關係人提出異議時，卽准予註册。如有不合則予核駁，但申請人仍可於接到核駁書三十日內依法提出訴願。

練　習　題

一、研究與發展的性質如何？申述之。

二、研究發展工作與生產企業的生存發展之關係如何？申論之。

三、研究發展成功的比例很低，但是生產企業爲什麼還要花費大量金錢從事研究發展，其理由何在？

四、政府爲什麼要以免稅的方式鼓勵企業界從事研究發展，其原因何在？

五、生產企業所從事的研究發展工作都包括那些事項？列述之。

六、如何從事製造程序的研究發展？舉例說明之。

七、如何從事產品的研究發展？舉例說明之。

八、如何從事市場的研究發展？舉例說明之。

九、如何從事原料及廢物的研究發展？舉例說明之。

十、如何從事組織結構的研究發展？舉例說明之。

十一、從事產品的研究發展都需要考慮那些重要因素？列述之。

十二、產品是否受消費者歡迎決定於那些因素？列述之。

十三、生產企業設置研究發展部門都有那些不同的型式？列述之。

十四、在何種情況下需要各作業部門分別自行設立研究發展單位？其利弊何在？

十五、在何種情況下可以依照特殊目的而設立研究組織？其利弊何在？

十六、在何種情況下可以依照需要而設立功能式的研究組織？舉例說明之。

十七、學院式的研究組織有什麼利弊？申述之。

十八、研究發展計劃應如何適當處理？費用應該怎樣控制？

十九、何謂專利權？其範圍如何？

二十、專利權之歸屬經常引起糾紛，如何能將此類糾紛減至最低限度？

廿一、申請專利權時應該呈送那些附件？列述之。

廿二、何謂註册商標？商標註册之目的何在？

廿三、那些圖案或標章不得申請註册為商標？列述之。

廿四、申請商標註册時，應填報那些附件？列述之。